硅通孔三维集成关键技术

王凤娟　尹湘坤　余宁梅　杨　媛　著

科 学 出 版 社

北　京

内 容 简 介

本书针对基于硅通孔（TSV）三维集成技术中的互连、器件、电路、系统等多个设计层次中存在的模型评估、特性优化、可靠性提升、三维结构实现等核心科学问题，介绍相关前沿领域内容和研究进展，重点论述TSV建模和优化、TSV可靠性、三维集成电路热管理、TSV三维电感器、TSV滤波器等关键技术。研究成果可为关键前沿领域的战略研究布局和技术融通创新提供基础性、通用性的理论基础、技术手段和知识储备，为推进三维集成技术在电子信息系统领域的产业化提供关键技术储备和理论支撑。

本书可供高等院校微电子、电子信息、封装、微机电系统、力学、机械工程、材料科学等专业的高年级本科生、研究生和教师使用，也可供相关领域的工程技术人员参考。

图书在版编目(CIP)数据

硅通孔三维集成关键技术 / 王凤娟等著. —北京：科学出版社，2024.3
ISBN 978-7-03-077390-6

Ⅰ. ①硅…　Ⅱ. ①王…　Ⅲ. ①集成电路－封装工艺　Ⅳ. ①TN405.94

中国国家版本馆CIP数据核字（2024）第004434号

责任编辑：宋无汗 / 责任校对：高辰雷
责任印制：师艳茹 / 封面设计：陈　敬

科学出版社出版
北京东黄城根北街16号
邮政编码：100717
http://www.sciencep.com
北京中科印刷有限公司印刷
科学出版社发行　各地新华书店经销
*
2024年3月第　一　版　开本：720×1000　1/16
2024年3月第一次印刷　印张：12 1/4
字数：247 000

定价：135.00元

（如有印装质量问题，我社负责调换）

前　言

集成电路按照摩尔定律高速发展几十年后，遇到特征尺寸的瓶颈。三维集成电路是公认的继续发展摩尔定律的关键之一。硅通孔（TSV）技术是采用高密度、高集成度的三维集成互连技术。依据三维集成电路原理，基于 TSV 的三维无源器件被广泛研究和讨论。国外对我国高端微波/射频集成电路芯片等领域严格封锁之际，作者对微型化三维集成微波/射频/太赫兹电路性能分析、芯片级热应力管理和无源器件等的研究，有助于推动集成电路产业的微型化和一体化发展，在三维集成电路技术的微型化应用方面具有一定的社会意义和经济意义。

本书主要包括 TSV 结构及特性研究、三维集成电路热管理、微型化三维器件等内容。TSV 结构及特性研究方面，介绍地信号-硅通孔（GS-TSV）、同轴-环型 TSV、重掺杂屏蔽 TSV、PN 结 TSV 等结构，并分析其特性。三维集成电路热管理方面，主要研究三维集成电路的热应力及散热问题。微型化三维器件方面，介绍 TSV 三维电感器、TSV 集总滤波器、TSV 太赫兹滤波器等无源器件的设计及特性分析。本书可以为推进三维集成技术在电子信息系统领域的产业化提供关键技术储备和理论支撑。

全书共 6 章，每章自成系统，同时又相互联系。书稿撰写分工如下：余宁梅负责第 1 章，王凤娟负责第 2、3 章，尹湘坤负责第 4、5 章，杨媛负责第 6 章，全书由王凤娟统稿和定稿。本书得到了霍英东教育基金会高等院校青年教师基金项目（171112）、国家自然科学基金重大研究计划（92364101）、国家自然科学基金面上项目（62274133）、国家重点研发计划（2022YFB4401303）、中国博士后科学基金面上项目（2017M613173）、陕西省创新能力支撑计划——青年科技新星计划项目（2020KJXX-093）、陕西省重点研发计划项目（2023-YBGY-118）、陕西省留学人员科技活动择优资助项目（2022-016）、陕西省教育厅青年创新团队建设科研计划项目（21JP080）的资助，在此表示感谢！感谢柯磊、侯仓仓、李瑞奇、杨卓钰、卢颖、任嘉硕、邓悦、牛新宇和禄旭等参与统稿工作，感谢课题组王刚、屈晓庆、李玥、刘景亭、任睿楠、黄嘉、柯磊等为本书付出的辛勤劳动！

由于作者水平、知识背景和研究方向的限制，书中难免存在疏漏之处，恳请各位读者不吝指正。

目　　录

第1章 绪　论

1.1 概　述

在摩尔定律定义下，集成电路的性能提升主要来自半导体工艺的发展。然而，随着集成电路的特征尺寸减小到纳米尺度，半导体工艺制程的提升逐渐达到物理极限，量子效应、短沟道效应等小尺寸效应凸显，摩尔定律遭遇难以突破的技术瓶颈，传统的平面集成技术已经难以满足新型系统集成的发展要求。未来电子信息系统将持续向更高集成度、更高性能、更高工作频率等方向发展，集成电路技术进入后摩尔时代，演进方向主要包括延续摩尔定律、扩展摩尔定律和超越摩尔定律三类，如图 1-1 所示，主要发展目标涵盖了建立在摩尔定律基础上的生产工艺特征尺寸的进一步微缩，以增加系统集成的多重功能为目标的芯片功能多样化，通过三维集成和系统级封装等实现器件功能的融合和产品的一体化。

其中，面向延续摩尔定律方向，单芯片集成规模的增长和特征尺寸的减小极其艰难，工艺难度、成本都呈指数式提高；面向超越摩尔定律方向，新工艺、新材料、新器件等技术的产业化应用尚需相关理论的深入积淀和较长周期的探索；面向扩展摩尔定律方向，逻辑、模拟、存储等多种功能、多种材质、多种结构的器件、单元、芯片、系统被叠加到同一芯片内，为低成本、高性能、多功能的微型系统集成提供了非常重要的现实解决方案，已经成为引领集成电路发展、推动电子技术创新的重大基础技术，是支撑电子信息装备在传感、通信领域能力变革的重要技术平台，同时也是当前电子信息技术研究的核心技术之一。

作为主要的技术解决方案，三维集成技术成为业界公认集成电路技术的未来发展方向，也是后摩尔时代集成电路及微系统持续发展的有力保证[1-2]。基于硅通孔（through-silicon-via, TSV）的三维集成技术将多层同质、异质芯片或电路模块在垂直方向堆叠，并通过硅通孔实现层间互连[3]，从而可大幅缩短互连线长度、减小互连延时、提高数据传输带宽、减小芯片面积、提高集成度，并具有堆叠方式灵活、工艺一致性好、可靠性高等优势[4-6]，是目前研究的热点课题。微系统架构及基于 TSV 的三维集成电路示意图如图 1-2 所示。

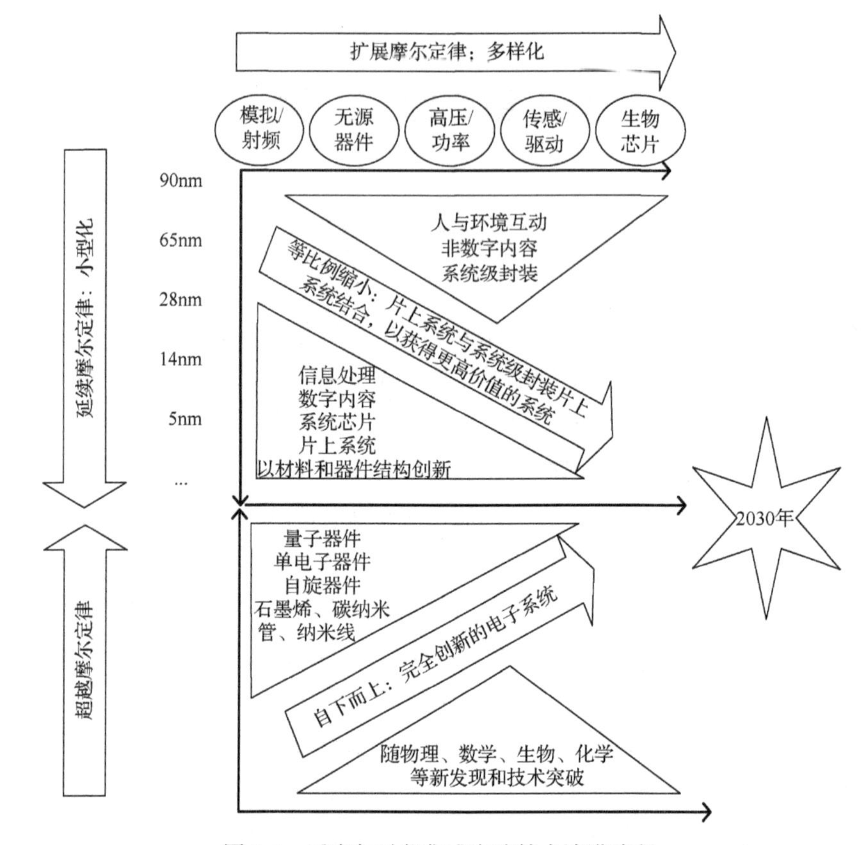

图 1-1　后摩尔时代集成电路技术演进路程

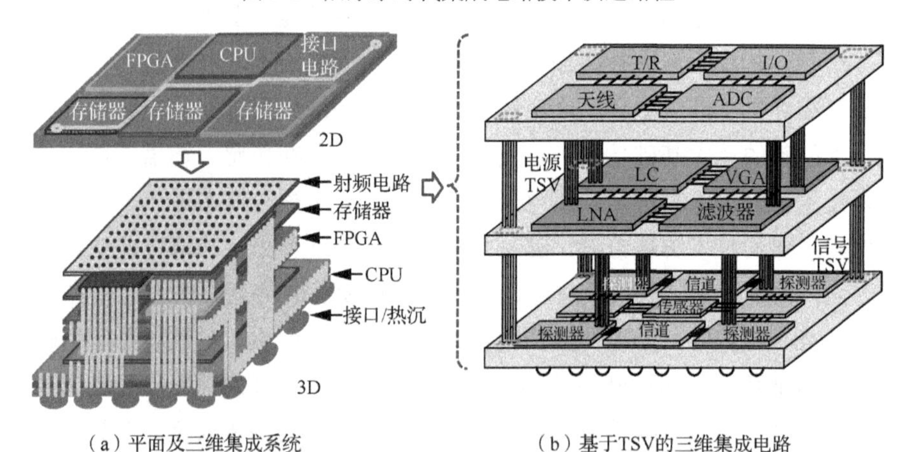

（a）平面及三维集成系统　　（b）基于TSV的三维集成电路

图 1-2　微系统架构及基于 TSV 的三维集成电路示意图

FPGA：现场可编程门阵列；CPU：中央处理单元；T/R：发射器和接收器；I/O：输入输出端；LC：电感器和电容器；LNA：低噪声放大器；VGA：可变增益放大器；ADC：模数转换器

与传统的平面集成相比，基于TSV的三维集成技术具有如下优点：

（1）提高集成度。通过采用多层堆叠结构，基于TSV的三维集成密度大幅提高，从而减小了封装体积和质量，有利于整机系统的进一步微型化，并且减小了芯片的形状因子（form factor），提高了集成电路及微系统的机械可靠性。

（2）可实现异质集成。基于TSV的三维集成技术采用特殊的上下层芯片垂直堆叠的结构，可以方便地将不同材料（氮化镓等Ⅲ-Ⅴ化合物半导体、掺杂硅、石墨烯、碳纳米管等）、不同功能（模数转换器（analog-to-digital converter, ADC）、可变增益放大器（variable gain amplifier, VGA）、低噪声放大器（low noise amplifier, LNA）、输入输出端（input/output, I/O）、有源相控阵（active electronically steered array, AESA）、传感器、存储器、微处理器、射频电路、微机械系统等）的异质芯片集成到一个系统中，形成片上系统（system on chip, SoC），从而实现集成电路及系统的一体化、微型化集成。

（3）减小互连长度。随着集成度的提高，电路与系统的长互连线中的信号延时、衰减、串扰都成为制约传统二维集成电路发展的瓶颈。三维集成架构中的TSV密度高达$10^4 mm^{-2}$，实现了上下层堆叠芯片之间短而密的垂直互连，大幅缩短了电路模块内相邻器件之间的局部互连线长度和不同电路模块之间的全局互连线长度，从而降低了延时和功耗，提高集成电路及微系统的内部互连质量和工作频率。

（4）降低设计和加工成本。与二维集成电路相比，相同集成度的三维集成电路（3D IC）具有更大的成本优势。一方面，由于芯片上下层堆叠放置，TSV实现了上下层芯片信号之间的垂直互连，大幅降低布线复杂度，从而降低了设计成本；另一方面，不再一味地追求光刻精度的提高和特征尺寸的减小，而是基于已有的技术节点工艺进行堆叠处理，从而降低了芯片的制造成本。此外，在异质异构单元组成的三维集成架构中，各种不同的功能模块可以在不同的工艺下分别制造，最后采用TSV互连堆叠即可，具有非常高的工艺兼容性，从而降低了异质集成电路的工艺开发成本，并且缩短了研发和加工周期。

基于这些优点，三维集成技术可实现提高集成电路与系统性能、降低功耗、减小质量和体积的目的。同时，充分利用TSV互连的三维设计自由度，可制成新型三维硅基无源器件，为有效提升集成电路及系统的性能和集成度提供了有效技术途径。此外，基于TSV的微波三维集成技术可以使不同衬底材料、不同工艺制程、不同类别的多种微电子芯片和微波无源系统实现三维混合集成，被业界称为下一代电子革命，对于未来电子系统的多功能集成化、微型化、轻量化发展都有颠覆性影响，非常适用于通信微系统的智能化、微型化、便携化。可见，基于TSV的三维集成技术将是未来智能电子系统多功能、一体化集成发展的必然趋势。

1.2 研究进展

鉴于TSV和三维集成技术在微型化、高密度系统集成方面的巨大优势，基于TSV的三维集成技术研究是国际学术非常前沿的热点领域。

西方发达国家近年来都在大力研发基于TSV的三维集成技术，并制订了详细的后期研究计划。美国国防高级研究计划局（Defense Advanced Research Projects Agency, DARPA）先后推出的半导体技术先期研究网络计划和电子复兴计划，都把三维单芯片系统集成作为主要技术突破手段，以确保在电子领域的领先地位。欧盟先后启动电子微系统立方体计划和人脑计划，都把三维集成和TSV技术作为实施芯片系统“极小化”和“智能化”异质异构化集成的主要实施方案。我国科技部、国家自然科学基金委员会等部委一直倡导推进电子信息系统的智能化、微型化、集成化，在系统、模块和芯片各个层次安排了高密度TSV相关技术攻关计划。国内许多高校与研究所有关微电子、光电子、微纳电子、电子元器件和先进制造技术等专业预研计划和基金计划都安排了针对性的技术研究和项目支持。

在具体理论细节和技术实施方面，经过近年来的技术攻关和探索，基于TSV的三维集成技术已经取得全面突破，形成了全套、成熟的三维集成技术体系，主要包括：TSV结构建模及互连传输、三维集成电路热管理、基于TSV的三维无源器件、基于TSV的三维无源滤波器。

1.2.1 TSV结构建模及互连传输

由于三维集成电路中传输信号的频率和传输速率越来越高，基于TSV的三维集成技术应用也越来越广泛。在TSV的信号互连传输和新型三维架构方面，2020年IEEE国际固态电路会议（ISSCC）上报道了3种基于TSV的三维芯片：韩国三星电子[1]实现了一款传输速率高达640GB/s的动态随机存取存储器（dynamic random-access memory, DRAM），其速率提升的关键在于采用高密度的TSV阵列减小了布线长度、优化了功能布局，但是仍然没有解决TSV插入损耗导致的信号抖动问题；韩国SK海力士[2]采用TSV构成三维I/O阵列，实现了一款512GB/s的DRAM，TSV的应用大幅减小了其芯片面积；法国Vivet等[3]基于65nm工艺实现了40μm间距的TSV阵列，在一款96核处理器中实现了3Tbps/mm^{2}的带宽密度，但TSV互连引入的高频损耗成为制约其性能的瓶颈。由此可见，采用TSV互连可以实现新的三维芯片架构，具有非常显著的集成优势和性能潜力，然而其插入损耗问题也成了亟须突破的瓶颈。

在 TSV 结构的寄生参数提取方面，Piersanti 等[7]解释了从时域提取必要参数，以确定 TSV 耦合电容的滞后行为，可以将该算法提取出的 TSV 等效电容应用到标准电路的仿真器中，并验证了准确性。Liao 等[8]基于准静态场理论，推导了考虑邻近效应、线间串扰和涡流效应的屏蔽对-硅通孔（SP-TSV）宽带阻抗模型，该模型具有出色的传输特性和高抗干扰性。进一步给出由阻抗模型计算的寄生参数，并通过有限元分析法验证了该模型与三维全波模拟和解析计算高度吻合。对于电流信号频率在慢波波段和趋肤效应波段内的寄生参数提取，Ndip 等[9]在 3D IC 中对不同电阻率的 Si 衬底中的 TSV 建立提取模型，分析了不同电阻率的衬底对 TSV 的电学特性的影响，在 0～100GHz 对比了 TSV 寄生参数的提取方法，并量化了该方法，对其做了分类讨论，还分析了仿真工具提取 TSV 寄生参数的原理，验证了结果的准确性。

关于 TSV 电学特性的研究，Wang 等[10]考虑 TSV 的金属氧化物半导体(MOS）效应，对锥型结构 TSV 电容-电压（C-V）特性进行分析，对泊松方程进行求解，并提出了锥型结构 TSV 寄生电容的数学表达式。通过与三维寄生参数提取工具（Q3D）的仿真结果对比，验证了解析模型的正确性。Chen 等[11]提出了一种基于重掺杂-绝缘体-硅结构的同轴硅结构，并对硅通孔进行了理论分析研究，所提出的同轴硅-绝缘体-硅（silicon-insulator-silicon, SIS）-TSV 具有灵活的阻抗控制、良好的匹配和低插入损耗，并且与迄今为止报道的各种同轴 TSV 结构相比，以更简单的结构及更低的制造成本支持 30Gbps 数据传输。Zhao 等[12]进行了 Cu-碳纳米管（carbon nanotube, CNT）复合 TSV 的高频分析，建立配置有效的复电导率以准确表征动力学电感 Cu-CNT 复合 TSV 的电学模型，验证了与 CNT-TSV 相比，Cu-CNT 复合 TSV 可以改善 TSV 的导电性，并且可以抑制动态电感变化的影响。与 Cu-TSV 相比，Cu-CNT 复合 TSV 在性能上可以表现出更好的折中，并且大大提高了可靠性。也就是说，Cu-CNT 复合 TSV 在可靠性和性能之间可以提供比 Cu-TSV 和 CNT-TSV 更好的折中。Qu 等[13]提出了一种有效的回路阻抗提取方法和由多层 TSV 包围的信号 TSV 模型，根据该方法，可计算具有不同数量和位置的多层 TSV 的有效耦合衬底电容。基于电阻-电感-电容-电导（R-L-C-G）参数的计算值，建立了等效电路和双端口网络模型。通过模拟和测量结果验证模型的 S 参数，然后讨论不同形式的地面 TSV 对中心信号和耦合电容的影响。

在 TSV 互连传输的耦合噪声分析方面，Song 等[14]研究了多个 TSV 的耦合问题，提出了一种可以有效用于全芯片提取的模型，并分析 TSV 寄生参数对耦合和延迟的影响。该模型表明，不相邻的 TSV 也会造成不可忽视的耦合噪声，因此，基于该模型提出了一种有效的方法来降低整体耦合水平。Mondal 等[15]提出了一种新颖的 TSV 三维电感结构，其带有接地 TSV 屏蔽，以获得更好的屏蔽噪声性能。此外，还针对电感提出了电路模型，可以减少基于有限元的三维全波模拟的仿真时间。严格的 3D 全波模拟在高达 10GHz 的频率下进行，以验证电路模型。与传统的 3D 电感相比，发现基于 TSV 的 3D 电感对 TSV-TSV 串扰噪声具有弹性。仿真结果表明，在 3D 电感器和噪声探头之间，在 2GHz 处可实现−33dB 以上的隔离度。Kim 等[16]提出了一种显式的基于半导体物理的 TSV 电容−电压（C-V）模型。TSV 的 C-V 迟滞的影响在模型中得到证明，并且 TSV 电容根据直流偏置电压和 TSV 的尺寸进行建模，所提出的模型通过与测量结果进行比较来验证 C-V 迟滞的影响。模型中的滞后效应与测量结果很好地相关。该模型可用于电路级仿真，以扩展该模型的可能应用，但不限于分级配电网阻抗分析、RC 延迟分析、输入输出功耗分析，以及串扰和眼图仿真任何使用 TSV 的 3D IC 系统。

对于 TSV 三维传输线矩阵结构，Lim 等[17]通过 TSV 提出了基于三维传输线矩阵方法的有源电路噪声耦合模型，并分析了噪声耦合路径。所提出的模型可以精确估计 3D IC 中的 TSV 和有源电路之间的噪声耦合系数。此外，赵景龙等[18]也提出使用保护环和接地 TSV 来屏蔽结构，以抑制 3D IC 中的噪声耦合，所提出的噪声抑制方法可以通过阻断有源电路的噪声路径来减小 TSV 噪声。Hsu 等[19]提出了考虑三维集成电路半导体效应的精细等效电路模型。在所提出的模型中，TSV 周围的耗尽区被建模为与分布式电压相关的电容器和电阻器。利用所提出的模型，与全波模拟器所需的时间相比，可以在相对短的模拟时间内准确地获得噪声行为，并使用所提出的模型证明 TSV 引起的衬底噪声对有源电路的影响。与无噪声衬底上的反相器相比，受噪声衬底影响的 CMOS 反相器在逆变器输出端偏差 34mV。

在 TSV 互连传输的信号完整性优化方面，Lee 等[20]开发了一种基于三维分区的力导向布置器 NaPer，以减少 TSV 之间的总耦合噪声，以及它们之间的最大耦合噪声，并介绍了两种去噪力：TSV 去耦力和 TSV 密度力。Kim 等[21]通过考虑在硅衬底上有效的衬底电流环路和在 TSV 内电流的邻近效应，提出了一种新的宽带等效电路模型，该模型能在宽频率范围内准确预测 TSV 的电气性能。当与全波电磁仿真相比时，所提出的模型在高达 100GHz 的工作频率时，相关性仍然良好，并且通过考虑硅内形成的涡流流动，提出了一种 TSV 等效电路模型，该模型能预测高达 100GHz 的电性能[22]。通过 TSV 的结构大小和材料属性，得到所提出的电路模型的寄生元件；通过结构尺寸变化，对该模型的电学特性进行了研究。

综上所述，对于 TSV 结构建模和互连传输优化的研究多集中在寄生参数的提取和串扰耦合等对信号传输的影响，几乎没有 TSV 工作在低频频段的慢波模式和射频频段的趋肤效应模式下的相关研究报道，而工作频率有低频段、中频段、射频段之分，并且信号在低频段和射频段的应用也非常广泛。TSV 电学特性会随着信号工作频率的变化而发生改变，使得信号在通过 TSV 传输时，会受到噪声或者耦合干扰的影响。因此，研究 TSV 等效电路的电学特性可以为日后 3D IC 的封装技术提供理论指导，尤其是 TSV 在慢波模式和趋肤效应模式下对电学性能和等效电路进行研究，可以为微波宽频应用下的 TSV 应用提供理论支撑和准确评估模型。

1.2.2　三维集成电路热管理

半导体材料的衬底或基板一般由硅构成，填充金属一般选用铜（Cu），而 Cu 的热膨胀系数是硅的 8 倍左右，因此热膨胀系数的不匹配是集成电路应力产生的主要原因之一。

为了评估基于 TSV 的三维集成电路应力问题，Kinoshita 等[23]通过对 TSV 空隙周围热应力的研究分析，提出在退火工艺条件下，硅的最大主应力估计为 400MPa 左右，几乎与硅的弯曲强度相似，应力集中发生在材料的拐角和界面部分，对 TSV 结构造成的影响甚至引起断裂。Guo 等[24]使用 2D Lame 理论研究 TSV 热应力的问题，介质固定使用 SiO_2，更换不同的填充金属材料，通过对比解析模型和有限元法进行计算，同时为了更加精确地与有限元法结果匹配，解析模型采用修正因子进行了修正，结果显示应力主要分布在环型 TSV 周围，热应力影响程度较大。

为了评估应力对有源器件载流子迁移率的影响，Ryu 等[25]通过关注电子器件所在表面附近的应力特性，研究了 TSV 结构中的热应力对载流子迁移率和阻止区（keep-out zone, KOZ）的影响。通过有限元分析表征近表面应力，并通过考虑 Si 表面附近的压阻效应来评估应力对载流子迁移率的影响。基于载流子迁移率大于 5%的标准估计 KOZ 的尺寸。这些结果将有助于电路设计人员改善三维平面图，从而最大化晶体管和 I/O 密度，同时又不损害其给定模拟或数字应用的晶体管器件的完整性。

为了减小 TSV 引入的热应力，提高可靠性及集成度，国内外学者做出了很多努力。接下来将从基于圆柱型-硅通孔（C-TSV）的应力减小新结构、新型 TSV 结构、芯片设计与工艺三方面出发来介绍不同减小 TSV 热应力的方法。制造工艺中的高温环境及使用中的热循环都会产生应力，为了减小应力，可以从减小单位面积产热量和应力释放两个方面出发。相关研究表明[26]，TSV 经 250℃下 120min 热处理后，TSV 热应力可降低到原来的 1/5。从电路设计布局优化出发，可以增大热点的间距[27]，或在其附近布置用来散热的热硅通孔（TTSV）和再分布层（RDL）[28]来增强散热，以减小芯片热可靠性问题。TSV 结构中，由于 SiO_2 的介电常数（$K_{SiO_2}=3.9$）较低，通常将其作为绝缘层材料，从改变 TSV 介质层材料，从而改善热机械应力及削弱其对衬底影响这一思路出发。美国佐治亚理工学院提出了一种方法，将介质层材料替换为 SU-8[29]，这种高分子聚合物绝缘层 TSV 制作工艺和 C-TSV 类似。此法不仅能够减小 TSV 所引入的应力在衬底的影响，还可以减小寄生电容，改善电学性能。使用高分子聚合物介质层的优点在于易获得更好的表面平整性与完整性，铜不容易发生扩散。与之相似，清华大学提出将介质层替换为聚碳酸亚丙酯（poly propylene carbonate, PPC）（$K_{PPC} = 2.9$）[30]和苯并环丁烯（benzocyclobutene, BCB）（$K_{BCB} = 2.5$）[31]，来改善制造过程中产热机械可靠性问题的消极影响。由于空气具有最低的介电常数（$K≈1$），且空气介质层为金属层在径向提供了自由变形的空间，能够切断 TSV 引入的应力对衬底的影响。据研究，利用空气间隙可能是超低电容、超低热机械应力 TSV 的最终解决方案，因此进一步提出，将高分子聚合物介质层多元不饱和聚碳酸亚丙酯（PPC）（250℃热分解）或 BCB（反应离子刻蚀（RIE））移除，形成空气间隙 TSV[32]。两种空气间隙 TSV 相比，后者 TSV 侧壁上有一层额外的 SiO_2，且内层的 SiO_2 能够抑制消极影响因素，如有机残留物、移动电荷和形成空气间隙的牺牲聚合物刻蚀引起的界面腐蚀。空气间隙 TSV 的优点是衬底径向应力大幅度减小，缺点是由于铜柱失去了介质层及衬底轴向的束缚，轴向应力在与铜柱相接触的 SiO_2 介质层处产生较大的应力集中，易导致可靠性问题。几种制造空气间隙 TSV 的方法已经被提出，如 SiO_2 的非保形沉积和聚合物牺牲层的释放等[33-34]。

通过改变 TSV 金属层材料，使用单壁碳纳米管（single-walled carbon nanotubes, SWCNT）[34-35]和超低电阻率硅（ultra low-resistivity silicon, ULRS）等[36]作为 TSV 金属层导电材料，也能有效减小 TSV 引入的热应力，提高其热机械可靠性。因瓦合金-硅通孔（Invar TSV）中的热机械应力至少是具有相同几何形状的铜基 TSV 中的热机械应力 0.2 倍。相较于铜 TSV，SWCNT TSV 的优点是具有优异的导热性，利于散热，电流密度更高，以及出色的电气和机械性能。然而，碳纳米管的生长温度很高，不适合 CMOS 等各种新技术[37]。一种使用 ULRS 作为金属层，空气间隙作为介质层的硅-空气-硅（silicon-air-silicon, SAS）TSV 结构[38]被提出。该结构通过双面半环型蚀刻工艺制造，制成具有完整空气间隙的 TSV。基于 ULRS 的处理流程简单，成本低，并且能够避免 Cu TSV 的各种可靠性问题，以及由聚合物牺牲层释放形成的空气间隙时，因聚合物残留导致漏电流增加的问题[32]。SAS TSV 结构实现了超低且稳定的电容密度及超小泄漏电流密度，显示了 SAS TSV 结构在三维集成方面的巨大潜力。

通过在 TSV 周围衬底处设计应力减小结构来减小 TSV 在硅衬底引入的应力，北京大学孙汉等[39]提出了一种应力释放结构，通过在 TSV 周围衬底处刻蚀环型沟槽，从空间上使得沟槽内外应力的直接联系被阻断，并且研究了衬底材料为各向同性硅，选用不同规格的沟槽时，衬底表面的径向热应力。但是硅实际为各向异性的，所以仿真结果定量的分析应略有差别。佐治亚理工学院和北京大学提出两种硅中介层空气隔离 TSV 结构[40-41]，此结构能够有效减小热机械应力，并有良好的散热性能。

由于在工艺上实现 TSV 金属层完全填充的成本较高且成品率低，为了规避此问题，金属层为部分填充的环型 TSV（annular through-silicon-via, ATSV）被提出。ATSV 结构是在 C-TSV 的基础上对金属层部分填充，IBM 公司已经提出两种实现工艺[42]。新加坡微电子所等也已经制造出 ATSV，并对 TSV 金属层铜柱中心使用高分子材料进行填充，以降低应力水平。Li 等[43]提出中空 ATSV 结构，该结构采用溅射工艺形成中空环型金属层，工艺简单且利于应力释放，能够提高集成度，有很好的射频性能，导电性能虽稍逊于完全填充 TSV，却也足够。

同轴 TSV 具有良好的电学传输特性[44]。为了改善同轴 TSV 的热机械特性，可将金属层间的介质材料全部或部分地替换为高分子聚合物。Ndip 等[45]提出将介质层部分用 BCB 填充的同轴 TSV。结合空气间隙的想法，中国科学院[46]提出空气间隙同轴 TSV，将介质层部分填充，其余为空气。此法的提出是通过改变金属层内外径比例和介质层填充角度θ来改变其阻抗特性，改善带宽，也一定程度上减小了热机械应力。Wang 等[47]提出了多种方法来减小应力影响，如将同轴 TSV 外侧金属屏蔽层替换为接地的高掺杂层（highly doped layer, HDL），与常规同轴 TSV 相比，该结构电气和热机械可靠性均有显著改良。北京理工大学[11]提出一种基于重掺杂硅-绝缘体-硅结构的同轴 TSV，使用 ULRS 作为内外导体，热机械性能优良且易于制造。由于同轴 TSV 涉及一系列复杂的制造过程，包括用于完全填充内部和外部屏蔽层的长时间 Cu 电镀，以及用于形成厚氧化物的高成本沉积，此外在高长宽比（aspect ratio, AR）TSV 填充中容易形成空气间隙，因此 Wang 等[48]基于同轴 TSV，结合环型 TSV，提出了一种同轴-环型 TSV（coaxial annular TSV, CA-TSV）。相较于同轴 TSV，此结构在保证优异的信号完整性前提下减小热机械应力的影响，并提出了一种可行的 CA-TSV 制作工艺，与标准的基于铜的同轴 TSV 相比，因为可以同时形成外部和内部导体，制造步骤更加简单。Mei 等[49]提出了 CA-TSV 的简化闭合形式模型，其电阻、电感、电容和电导表达式均与 HFSS 仿真结果有很好的一致性。Qian 等[50]提出将两层金属层间的介质替换为高分子聚合物，研究对比了不同设计参数下的电学特性，但并未对热机械特性进行表征。

在三维集成电路散热模型及优化方面，因为三维集成堆叠结构的特殊性无法测试到所有位置的温度，所以需要建立热分析模型观测温度分布情况。另外，三维集成电路中的设计成本较高，可提前进行热分析，设计人员根据分析结果预估器件的失效风险及结构的可靠性。目前，热特性的分析方法可分为有限元分析法和解析法两种。第一种方法是根据传热方程求出有限个离散点的解，再通过插值法求得其他点上的解。第二种方法是利用傅里叶热传导方程建立热阻网络，并通过电路分析方法分析电压和电流的关系来获得温度数据。日本富山县立大学的 Matsuda 团队在 2015 年，通过实验方法测试了四种不同厚度（50μm、100μm、200μm、410μm）的芯片在单层和堆叠放置两种情况下的稳态热分布。实验结果表明，410μm 和 200μm 的芯片在两种封装状态下的温度分布基本无差异，而厚度较薄的 50μm 和 100μm 的芯片与芯片堆叠后的温度与单芯片相比变得更高。Matsuda 等[51]利用有限元分析软件 Ansys Icepak 对 50μm 和 410μm 的堆叠结构芯片进行温度仿真，仿真结果显示厚度为 410μm 的芯片表面温度分布与实验测试结果走势相似，仿真结果的温度值比测试结果低 7K，Matsuda 等展望通过建立一个包含陶瓷封装和布线结构的仿真模型以优化仿真结果。

2014 年，Souare 等[52]用嵌入式原位传感器分别对厚度为 80μm 和 750μm 的晶圆温度分布进行研究。嵌入式原位传感器测量是将热点分布的上层芯片和传感器所在的下层芯片通过μ-bumps 和 TSV 键合，在不改变测试晶圆形态的情况下获得单块芯片的温度分布，再根据传感器分布，处理后形成温度云图。Souare 等将建立的有限元分析模型与实验数据进行对比。将后道工序（BEOL）层和单根 TSV 结构简化为整块同质金属，但保留其材料的各向异性，以达到降低仿真结构复杂度的同时保证数据的可靠性。在网格划分时，由于 TSV（直径为 10μm）与晶圆（直径为 3×10^5μm）尺寸相差较大，在晶片区域选择粗网格，最大网格尺寸为 5000μm；在芯片区域选择细网格，最小网格尺寸为 5μm，以优化仿真所需时间。有限元分析结果显示，减薄后硅衬底的最大温度更容易在耗散功率增加时达到允许温度极限。有限元分析结果与测量结果相比，最大误差仅为±1%。2016 年，赵朋团队[53]通过有限元分析软件 COMSOL 对一个含有两层芯片的 3D IC 模型进行稳态功耗下的热仿真，对比不同直径 TSV 对温度的影响和相同路径下的温度，结果表明不同直径下温度走势相同，但随着 TSV 直径的增大，3D IC 的最高温度不断降低。

对于三维集成电路中散热和时序互相影响问题，可以采用协同分析避免误判。Serafy 等[54]在 2016 年提出一套对添加微流道散热结构的 3D IC 模型进行热和时序协同优化的研究方法，分析中通过温度模型的热反馈优化布线，过程中涉及多次热评估，耗费时间过长，截取 $2\mu m\times2\mu m\times L$ 大小的节点单元进行局部分析，使用热阻网络对热流进行建模，对比添加微流道散热结构前后的热模型，各层结构等效为热阻，每个网格点的功率被建模为电流源，节点电压代表温度。对比添加微流道散热结构前后的 3D IC 热阻模型内的热流变化，发现添加微流道散热结构后 3D IC 内的热可行区域面积增大。2019 年，Zhao 等[55]在 3D IC 中 TSV 分配优化的研究中，基于热阻模型确定热 TSV 插入位置和插入数量的最优解，通过加入热 TSV 降低了节点附近的热阻，提高了散热效率。由于典型 3D IC 中 TSV 铜柱外围的二氧化硅绝缘层厚度仅为几微米，基板厚度为几十毫米，其尺寸相差两个数量级，对仿真来说是极大的挑战。傅广操等[56]在 2017 年提出对 3D IC 中的 TSV 所在衬底层、焊接凸点层、微焊球层等包含复杂结构的层结构，按照层内部各材料所占结构比例建立均匀材质的热传导层模型以简化热仿真模型，计算结果与商用软件提取的导热系数的最大误差为 1.67%。这种方法有效简化了仿真模型，提高仿真效率，可以用于研究 3D IC 整体的温度变化，对于局部结构受温度影响的研究，可以以此仿真结果作为热载荷进行探讨。热阻模型计算得到的温度场分布与 COMSOL 有限元仿真结果对比，吻合度较高，有效简化了仿真模型中的精细结构。

两种对热特性的研究方法相比，各有可取之处，有限元分析方法已得到很多研究人员的认可，其仿真结果与实验结果具有较高的精度。但随着 3D IC 结构集成度越来越高，结构越来越复杂，一个高精度的复杂模型仿真过程通常需要较长时间，且对模拟环境有一定的要求，大规模有限元分析受到计算机计算速度和内存的限制[57-58]，有限元仿真面临精确度和仿真周期不可兼得的困境。通过建立热阻模型可以有效地减少仿真时间，提高仿真效率[59-60]，但通常需要通过有限元仿真进一步验证准确性，最终得到可应用于多个相似结构的热阻模型。

大量的研究集中于提高三维集成电路的散热效率。Para 等[61]在 2017 年的研究中设计了一种铜柱散热结构，硅衬底正面器件完成制造后，在硅衬底背面刻蚀硅孔洞并填充电镀铜，这些铜块的深度与有源区保持一定距离而非穿透整个硅衬底通孔。这一方法将衬底体积 20%的 Si 替换为 Cu，是为了降低衬底的热阻，实验证明，集成在衬底的 Cu 可以提高 10%的散热能力。Sarvey 团队[62]的研究中也利用了类似的提供低热阻通路的思路，通过在堆叠芯片的上方加铜材质的导热桥建立上方芯片与底部热沉之间的低热阻散热通道，将靠近导热桥的最上层芯片温度由 75.6℃下降到 36.7℃。这种方法在封装体内加入无源结构，制作成本较低，且有效地提高了散热效果，但制造工艺较为繁琐。在 2018 年，Zhu 等[63]提出了一种基于通道构图的优化方法，是对三维芯片堆叠结构中不同功耗层的独立微流控冷却通道方法。应用优化方法使得不同功耗层间温差由 12℃降至 7℃。利用微流道主动冷却需要输入功率，以及外部组件的辅助，类似的散热结构还有强制对流设备（风扇和喷嘴）、泵送回路（热交换器和冷板）和冰箱（基于佩尔捷热电和蒸汽压缩式制冷机）等[64-66]。这些冷却方法均可以有效散热，但是无法以足够小的尺寸嵌入 3D IC 结构中，所占体积过大，与 3D IC 小型化的理念背道而驰。

TSV 被认为是一种将产生的热量快速传递到周围环境的结构，为此，可以插入额外的热 TSV（TTSV）。Bagherzadeh 团队[66]在 2020 年提出一种平衡温度和线长的优化方案，依据优化方案布局的 TTSV 在线长增加 3.5%的情况下，温度由 116℃下降至 100℃。班涛等[67]在 2017 年通过一种协同考虑 TSV 数量与芯片最高温度的算法优化布局，有效降低了芯片的峰值温度。Hsu 等[68]研究了 TSV 布局对散热效果的影响，结果证明，相同 TSV 数量下，垂直堆叠的 TSV 比未优化前温度下降 8%。TTSV 通常表现为热管或导热管道，但是要将器件层中热点产生的热量快速传递到 TTSV 仍然面临阻碍[67,69-70]，需要有集成度更高的横向散热辅助结构来缓解严重的平面热量堆积问题。

此外，Jiang 等[70]对 TSV 热应力的特性进行了实验测量和数据分析，采用非常精确的晶圆曲率技术和显微拉曼光谱技术，形成了一种互补的方法来表征 TSV 结构的形变和应力，对整个 TSV 的微观结构进行分析，为后一步对变形机理的研究提供了依据。在实验观测的基础上，考虑硅的各向异性和铜的塑性，对热应力进行有限元分析。TSV 阵列结构的应力分布结果显示，塑性形变主要集中在靠近硅界面的整个通孔内部，是对 TSV 造成挤压的主要因素。在引入应力的前提条件下，会使通孔结构及其周围发生形变，严重的可能会进一步造成通孔的凹陷或者凸起，甚至因为形变，位移过大而出现断裂情况，从而对由 TSV 构成的电学器件的电学性能产生影响，甚至使其丢失。退火过程产生的热应力是引起电学可靠性问题的来源之一，如会对衬底电阻率造成影响，针对不同的衬底类型会对 TSV 自身参数，如电感、电容、品质因数等造成影响，从而影响其电学特性。在电流通过的情况下，会产生电流分布非常密集的区域，同时考虑焦耳热效应，如果不能施加有效的散热手段，也会使得局部存在温升，从而导致热应力的产生，位移形变同样会对 TSV 结构及电学特性产生不可逆的影响，如集成电路中的短路现象等。因此，整个的现象衍生出了对 TSV 结构的多物理场耦合的问题。Gao 等[71]提出了基于 Tonti 图的离散几何方法，用来对 TSV 的多物理场现象进行分析，通过统一拓扑算子，建立微分形式的场求解器，来解决通孔结构中电阻损耗引起的热机械应力等问题，为使用 TSV 三维集成技术的推广和应用提供了理论支撑及数据支持。

1.2.3　基于 TSV 的三维无源器件

片上电容、电感是电子系统中最为重要的关键无源器件，其电容/电感值、自谐振频率、品质因数等参数直接影响系统的性能。由于无源器件的尺寸一般远大于有源器件，且并不遵循摩尔定律逐年等比例缩小的规律，因此成为集成电路及电子系统小型化、集成化发展道路上的主要瓶颈。基于 TSV 的三维集成技术引入了垂直方向上的设计自由度，可以在硅衬底三维空间内实现无源器件的灵活布局和电磁场耦合优化，实现各种硅基三维集成的无源器件。此外，其多层芯片或模块的三维集成可以显著提高系统集成密度，兼具工艺一致性好、调试加工成本低、可靠性高等优点。因此，基于 TSV 互连的硅基三维集成技术可以突破现有互连技术及集成架构的瓶颈，是实现无源器件微型化、高性能集成的有效技术途径。

在三维无源电感器件方面，传统电感器主要是由线圈组成的螺旋电感器，这一类电感器有一些不可避免的问题，如电感器的高频特性差、绕线间的寄生电容较大、绕组线圈和空气接触的散热面积小造成散热困难等。相比上述的传统电感器，目前在新型电感器的设计中，提出了许多新型技术和新型材料，如 TSV 技术、再分布层（RDL）技术和石墨烯技术及铁芯非晶磁性材料[72-75]，这些新型电感器在很大程度上改善了上述的一些问题。在描述 TSV 电感器模型之前，首先介绍基于 RDL 的平面螺旋电感器。RDL 作为当今先进封装技术的组成部分，其作用是实现扇入区的阵列封装，这是因为只有极少数芯片输入输出端口是按照面阵列形式来进行设计的。

Bian 等[75]基于 RDL 电感器及制造工艺流程，提出了 RDL 电感器的电路等效模型，研究了 RDL 电感器的匝数、内径、金属线宽度和金属线间距对电感和品质因数的影响比重。通过电磁仿真软件 HFSS 对四个变量仿真处理的结果表明，匝数和内径对 RDL 电感器的电感和品质因数影响比重大于金属线宽度和金属线间距。因为在 RDL 电感器的制作中采用了电镀厚铜工艺，所以 RDL 电感器品质因数高于传统片上电感器。西安电子科技大学[76]提出了一种基于 TSV 的三维集成电感器电感计算模型，通过对比 TSV 电感器匝数从 1 到 10 的数据，发现 TSV 电感器电感模型计算数据与 Q3D 仿真数据有很好的一致性，两者最大误差小于 3.5%，而该误差主要由 TSV 和 RDL 连接处磁场的变化引起。同时，周成等对比了 TSV 三维环型电感器与 RDL 螺旋电感器的电感和品质因数，研究数据得出 TSV 电感器的品质因数在低频 0.1～2GHz 时高于 RDL 螺旋电感器，在 1GHz 时品质因数达到最大 18，但随频率超过 2GHz，其品质因数将小于 RDL 螺旋电感器。

由于 TSV 电感器在低频段的良好表现，TSV 电感器具有在低频、低功耗、调节和传感等领域独特的应用潜力[77]。因为 TSV 电感器掩埋于有损衬底里面，所以 TSV 电感器在高频段的品质因数会有严重的下滑。为了使 TSV 电感器更好地用于高频波段，Rongbo 等[78]提出了一种新型微通道屏蔽结构用于提高 TSV 三维电感器的电感和品质因数。但是，由于 TSV 电感器完全掩埋于有损基板中，其品质因数较低，该新型微通道屏蔽结构可减小电磁泄漏，从而提高电感和品质因数。仿真发现，基于微通道屏蔽结构的 TSV 电感器的品质因数和电感分别提高了 21 倍和 17 倍。由于对三维微通道电感器结构进行全波仿真非常耗时，因此为微通道屏蔽 TSV 电感器开发了一套基于压缩感测的设计策略，该策略仅需要非常少的仿真时间。与具有相同设计规格（品质因数、电感和自谐振频率）的微通道屏蔽 TSV 电感器相比，TSV 螺旋电感器面积大 5.44 倍。

Khaled 等[79]提出了关于三维 TSV 螺旋电感器的一种高精度的电感闭式表达式，通过 EM 仿真软件对大量不同参数的三维 TSV 螺旋电感器进行仿真，然后与电感闭式表达式进行对比，结果显示出较好的一致性，且误差小于 5%。结果表明，TSV 螺旋电感器的品质因数比平面片上螺旋电感器改进 120%，比基于三维通孔的螺旋电感器改进 76%。此外，基于 TSV 的三维螺旋电感器自谐振频率比 2D 螺旋电感器高 38%，比基于三维通孔的电感器高 3%。在相同电感和品质因数条件下，TSV 螺旋电感器仅占 2D 平面螺旋电感器面积的 15%，占三维通孔螺旋电感器面积的 60%。

在三维无源电容器件方面，传统电容器主要由两个平板导体组成，中间用绝缘材料分离，一般为塑料薄膜、纸等。为了获得更大的电容，传统电容器的面积主要是两个导体平板的面积，所以传统电容器的体积大、品质因数小且电容密度小。目前提出了许多新型电容器，如基于 TSV 的电容器、基于多孔碳材料的超级电容器和陶瓷贴片电容器等，与电感器一样面临着相同的问题，物理面积占电路的比重太大，而且无法与其他电路模块集成。

Ye 等[80]给出了三维嵌入式电容器的结构及其制造工艺流程，接着又对三维嵌入式电容器进行了物理表征和电学表征，表征得出三维嵌入式电容器的电容密度为 1100nF/mm^2，而单槽电容器的电容密度只有 440nF/mm^2，如此高的电容密度，使得三维嵌入式电容器可在 3D/2.5D ICs 应用中拥有很大潜力。由于 TSV 阵列电容器的电容主要由 TSV 与 TSV 之间的耦合电容提供，Ramadan 等[81]认为在低频情况下利用电容矩阵与电容矩阵之间的关系来提取 TSV 阵列电容的耦合电容是不准确的，在通过 ANSYS Q3D Extractor 提取的电容值与均质介质模型得出的电容值之间，耦合电容百分比误差达到了 70%。误差主要是因为均质介质模型结论成立的前提是在均匀的介质下，而 TSV 周围的介质是非均匀的。于是，提出了一种更精准的增强均匀介质模型，考虑到硅和二氧化硅之间界面空间的相关介电常数不同，对 TSV 阵列耦合电容的计算有了一个更精确的理论基础。

同时，Ali 等[82]提出了两种不同的方法来计算 TSV 阵列之间的耦合电容。第一种方法是用闭合形式的表达式来估算耦合电容，在用闭合形式的表达式计算时，多个测试用例中得出的最大误差为 10%。第二种方法是指得到一定维度上的初始测量电容，然后使用标度方程得到其他维度的电容，这样可在很大程度上减小电容误差值。Li 等[83]提出了基于 TSV 中介层的三维高密度电容器，该电容器以 TSV 阵列内表面的金属-绝缘-金属（MIM）结构为特征。通过对基于 TSV 中介层的三维电容器的电容密度、漏电流、击穿电压、谐振频率和等效串联电阻进行表征，可清楚得到它的特性。实验结果表明，TSV 中介层的三维电容器的电容密度为 5nF/mm^2，在低于 10V 的偏置电压和接近 20V 的击穿电压下，电容器漏电流小于 2.5μA。测试结果表明，电容器自谐振频率约为 45MHz，等效串联电阻约为 14.04Ω，而绝缘层的损耗是造成自谐振频率和等效串联电阻较大的主要原因。

以上内容主要研究了 TSV 阵列电容器的相关特性，因为 TSV 与硅之间不是均匀介质，原始的均匀介质模型不适用于 TSV 阵列电容器的电容计算，所以提出了 TSV 阵列电容器的非均匀计算模型，很大程度上降低了误差率。同时表征了 TSV 阵列电容器的电容密度为 1100nF/mm^2，硅衬底电磁损耗导致 TSV 阵列电容器的寄生电容和寄生电感比较大，从而使得电容器的品质因数有很大的提升，采用相对介电常数大的高阻硅可提高 TSV 阵列电容器的电容。

1.2.4 基于 TSV 的三维无源滤波器

无源滤波器的微型化发展主要面临无源器件尺寸过大、有效频率过低和器件之间片上集成难、严重互连损耗两方面的瓶颈和制约，而基于 TSV 的三维集成技术为片上滤波器的微型化集成提供了新的突破手段。在集总型滤波器方面，2019 年北京大学[84]基于 TSV 技术实现了一种插入损耗为 2.2dB 的 X 波段滤波器，面积为（2.8×3.7）mm^2。2020 年 Prigent 等[85]结合 TSV 和基片集成波导（SIW）技术提出了一款 D 波段滤波器，带内插入损耗约为 2.2dB，面积仅为（2.26×0.55）mm^2。2021 年 Shin 等[86]基于集成产品开发（IPD）研发了一款 6.7GHz 带通滤波器，面积仅为（1.6×0.8）mm^2，插入损耗小于 1.2dB。我国许多高校与研究所也开展了 TSV 技术及三维集成的研究：清华大学、香港科技大学、中国电子科技集团公司第五十五研究所等科研单位相继开展了基于 TSV 技术的三维集成技术研究；中国电子科技集团公司第十研究所、中国电子科技集团公司第三十八研究所、中国电子科技集团公司电子科学研究院、电子科技大学和东南大学都先后开展了射频/微波无源电路技术研究，并试制了若干样品；浙江大学、中国科学院深圳先进技术研究院在 TSV 建模及优化方面取得了相关研究成果；台湾大学分别基于 TSV 的单层和堆叠芯片实现了二阶耦合带通滤波器，中心频率分别为 27.6GHz 和 17.5GHz，插入损耗分别为 5dB 和 6.5dB；西安电子科技大学[87]在 TSV 建模优化、热管理、基于 TSV 的微波器件等多方面开展了广泛研究。2021 年，基于 TSV 技术提出了一款尺寸仅为 0.42mm×0.25mm 的硅基三维集成滤波器[88]，截止频率为 10.5GHz，插入损耗仅为 0.14dB，如图 1-3 所示。该滤波器的等效集总模型是一个三阶低通滤波器（LPF），其中电感由基于 TSV 和 RDL 技术的新型电感器提供，而电容由基于 RDL 的叉指电容器提供，为了弄清楚滤波器的特性，对新型电容器和电感器的电容和电感及品质因数特性进行了分析。同时，TSV 低通滤波器占有很小的面积，只有 $0.028\lambda_g\times0.017\lambda_g$（$\lambda_g$是截止频率为 f_c 的波长），而且在通带外有很好的滚降率。同时，TSV 的 LPF 仿真结果与流片出来的实物测试结果吻合较好，证明了 TSV 滤波器的可行性[89]。2021 年基于 TSV 和双层 SIW 提出了一款 41.4GHz 的可重构双工器[90]，通道隔离大于 30dB。

西安理工大学 Wang 等[91]利用环型 TSV 电容器和 RDL 平面螺旋电感器得到了一个五阶 LPF，该滤波器与理想 LC 滤波器在滤波特性上有着很好的一致性且拥有极小的尺寸，其面积仅为 0.01mm^2。与此同时，对 RDL 平面螺旋电感器特性进行研究，分析得出电感和品质因数随不同线圈数目、RDL 宽度和金属线间距的变化关系，也对环型 TSV 电容器的特性进行研究，分析得出电容和品质因数随不同介质层厚度和不同频率的变化关系。尹湘坤等提出了一种基于 TSV 的新型微型化 LPF。Wang 等[92]提出了基于圆柱型 TSV 的 LPF，首先在 ANSYS Q3D Extractor 软件中建立电容器和电感器模型，电感器是利用 RDL 技术设计的螺旋电感器结构，

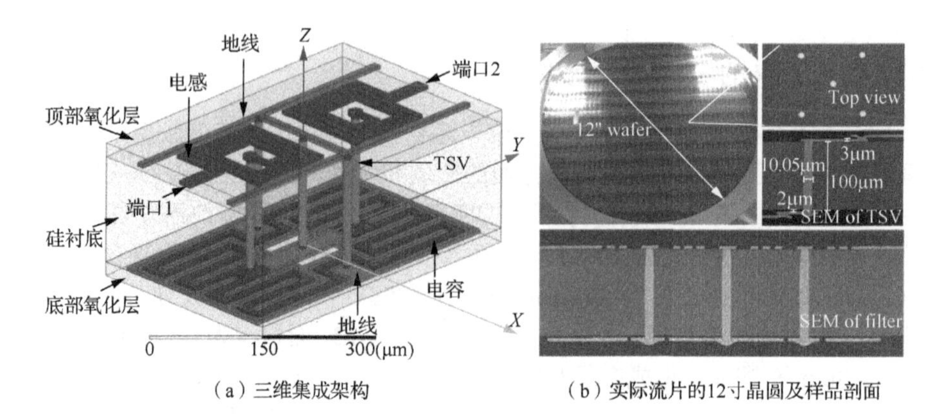

（a）三维集成架构　（b）实际流片的12寸晶圆及样品剖面

图 1-3　基于硅通孔的硅基三维集成滤波器

Top view：顶视图；SEM of TSV：TSV 的扫描电子显微镜照片；
SEM of filter：滤波器的扫描电子显微镜照片；wafer：晶圆

电容器是圆柱型 TSV 阵列电容器结构；其次根据 ADS 中的电路图，在 HFSS 中将电感器和电容器连接起来；最后仿真得到 TSV 滤波器的曲线，通过对照滤波器的 *S* 参数可以得出 TSV 滤波器与理想 LC 滤波器在滤波特性上有很好的一致性，同时 TSV 滤波器面积很小，只有 0.1085mm^2，且易于集成。Salah 等[93]介绍了以 TSV 互连模式作为一种新型带通滤波器（band pass filter, BPF）的结构，该结构由 TSV 螺旋电感器和微型化 TSV 电容器组成。其中，TSV 螺旋电感器可通过增加串联和并联电容器来转换成 BPF。通过 HFSS 电磁仿真可知：铜是降低导体损耗的最佳选择；高阻硅衬底是衬底降低插入损耗的最佳选择；直径较大的 TSV 可减小滤波器插入损耗；TSV 之间的耦合效应对 BPF 的性能起着重要作用；从电场分布来看，电场主要集中在 TSV 表面，这也是耦合效应的主要来源；该 BPF 的通带为 20GHz，即从 80GHz 至 100GHz，且在 90GHz 的插入损耗为 1.5dB。滤波器的通带可通过改变耦合 TSV 的尺寸来调谐；滤波器尺寸为 180μm×120μm×300μm。Tseng 等[94]提出了两个紧凑的宽带微波 BPF，它们具有不同的工作带宽，并制造在硅中介层上，因为充分利用了硅中介层的优势，基于 TSV 设计的滤波器可以使其面积最小化。一种 TSV 的 BPF 是利用单个中介层设计的，另一种 TSV 的 BPF 是利用堆叠中介层设计的，结构紧凑的 TSV BPF 可轻松与其他电路组件集成。仿真结果显示：在 27.6GHz 和 17.5GHz 的工作中心频率下，两个 BPF 的工作带宽分别达到中心频率的 28%和 43%；同时，两个 BPF 在相应的中心频率处的最小插入损耗分别为 5dB 和 6.5dB，单中介层和堆叠中介层 BPF 的体积为（1.53×0.73×0.34）mm^{3}和（0.745×0.705×0.68）mm^3。

综上所述，利用 TSV 三维集成技术设计自由度和超高集成密度，便于实现各种紧凑型集总滤波器结构，电感可由 RDL 螺旋电感器和 TSV 电感器提供，电容可由 TSV 阵列电容器和 RDL 叉指电容器提供，而且 TSV 的选择可以为圆柱型 TSV，还可以为环型 TSV。同时通过仿真和流片证明了 TSV 滤波器的可行性、小面积和可集成性。但目前已有的硅基三维集成系统和射频滤波器中，TSV 仍然主要用于信号互连，其 IPD 器件在邻近 RDL、TSV，以及其他电路模块中都引入耦合寄生效应，并且受硅衬底噪声的影响较大，导致带内损耗、体积、集成度和高频性能都有待进一步提升。

由于 TSV 集总滤波器的设计频段没有涉及太赫兹（THz），因此需要设计高频段 THz 的 TSV 滤波器传输结构进行进一步分析。在 THz 波导滤波器方面，英国伯明翰大学[95]采用双层 SU-8 光刻胶加工技术于 2012 年研制了中心频率为 300GHz 的五阶对称容性耦合波导滤波器。2013 年西班牙马德里理工大学[96]采用深反应离子刻蚀硅微加工技术，研制了两款基于 WR-1.5 波段的带通波导滤波器，中心频率分别为 550GHz 和 640GHz。2014 年，美国加州理工学院[97]喷气推进实验室研制了一种 E 面分裂滤波器，中心频率为 982GHz。

我国电子科技大学在微加工技术 THz 波导滤波器方面进行了深入的研究，2012～2015 年研制了多款波导滤波器，分别为 D 频段三阶和五阶波导滤波器[98]、中心频率为 385GHz 的矩形波导 E 面膜片耦合结构 THz 滤波器[99]、中心频率为 380GHz 六阶膜孔耦合带通波导滤波器[100]、中心频率为 805GHz 基于 WR-1.0 标准的 THz 矩形波导滤波器[101]、工作频率在 1THz 及以上的双矩型谐振腔的带通滤波器[102]。中国电子科技集团公司第五十四研究所开展了基于微机电系统（MEMS）技术的低损耗小步进可调太赫兹滤波器关键技术研究。中国科学院半导体研究所开展了基于机械波导器的 MEMS 超窄带滤波器研究。

在波导滤波器方面，由于其具有高性能和封闭结构，在许多毫米波电路中广泛应用于信号和功率传输。Hu 等[103]提出了一种基于 TSV 的 SIW 滤波器，滤波器的仿真曲线得出：SIW 作为高通滤波器（HPF）工作时，与传统矩形波导的性能非常相似，基于 TSV 的 SIW 传输损耗高达 9dB，传输损耗主要来源于低阻硅（low resistivity silicon, LRS）的电磁泄漏。LRS 引起的介电损耗达 7dB，所以 LRS 是制约基于 TSV SIW 应用的重要因素。同时得出：若采用高阻硅衬底和低损耗高导电的导体，基于 TSV 的 SIW 将会有一个很小的传输损耗。

Liu 等[104]提出了一种基于电介质通孔（through-dielectric via, TDV）技术的基片集成波导带通滤波器（substrate integrated waveguide band pass filter, SIW BPF）。滤波器介质腔的绝缘材料由苯环丁烯和玻璃组成，介质腔刻蚀在 LRS 上，将 TDV 置于介质腔中可使传输系统的耦合损耗和涡流损耗显著降低，保证了毫米波频段所需的高精度和紧凑性。基于 TDV 的 SIW 滤波器的中心频率为 159.69GHz，−3dB 时带宽为 20GHz。对于基于 TSV 的 SIW 滤波器，波导结构和膜片之间的耦合使得 SIW 滤波器电磁损失很小，而 SIW 滤波器被证明可应用于 THz 频段，采用高阻硅可提高 SIW 滤波器的传输损耗，让滤波器性能更加提升。

从以上研究进展可以看出，国内外 THz 波导滤波器的中心频率鲜有高于 1THz 的，而且只研究了单个波导滤波器的单一电学特性，并没有给出复杂应用环境下的多物理场耦合特性。

1.3 主要内容及安排

本书主要介绍硅通孔三维集成关键技术，内容主要立足于作者教学和科研成果，全书共 6 章。其中，第 1 章是绪论，主要对硅通孔三维集成关键技术进行简单介绍，并重点概括了国内外研究进展，包括 TSV 结构建模、热管理、基于 TSV 的三维无源器件和滤波器研究进展；第 2 章是 TSV 结构及特性，主要讨论地信号-硅通孔（GS-TSV）等效电路模型及电学特性、同轴-环型 TSV 电学特性、重掺杂屏蔽 TSV 结构及特性分析和 PN 结 TSV 结构及特性分析；第 3 章是三维集成电路热管理，主要讨论 TSV 热应力分析及优化、三维散热模型及验证；第 4 章是 TSV 三维电感器，重点介绍 TSV 三维螺旋电感及多物理场耦合特性和基于 TSV 的可调磁芯电感器；第 5 章是 TSV 集总滤波器设计及特性分析，主要介绍 TSV 低通滤波器设计及特性分析和 TSV 高通滤波器设计及特性分析；第 6 章是 TSV 太赫兹滤波器设计，主要讨论 TSV 太赫兹发夹滤波器设计和 TSV 太赫兹 SIW 滤波器设计。

参 考 文 献

[1] OH C S, CHUN K C, BYUN Y Y, et al. 22.1A 1.1V 16GB 640GB/s HBM2E DRAM with a data-bus window-extension technique and a synergetic on-die ECC scheme[C]. San Francisco: 2020 IEEE International Solid-state Circuits Conference, 2020.

[2] LEE D U, CHO H S, KIM J, et al. 22.3A 128Gb 8-High 512GB/s HBM2E DRAM with a pseudo quarter bank structure, power dispersion and an instruction-based at-speed PMBIST[C]. San Francisco: 2020 IEEE International Solid-state Circuits Conference, 2020.

[3] VIVET P, GUTHMULLER E, THONNART Y, et al. 2.3A 220GOPS 96-Core processor with 6 chiplets 3D-stacked on an active interposer offering 0.6ns/mm latency, 3Tb/s/mm^2 inter-chiplet interconnects and 156mW/mm^2@ 82%-peak-efficiency DC-DC Converters[C]. San Francisco: 2020 IEEE International Solid-state Circuits Conference, 2020.

[4] EBEFORS T, FREDLUND J, PERTTU D, et al. The development and evaluation of RF TSV for 3D IPD applications[C]. San Francisco: IEEE International 3D Systems Integration Conference, 2013.

[5] CHUI K J, WANG I T, CHE F, et al. A 2-tier embedded 3D capacitor with high aspect ratio TSV[C]. Lake Buena Vista: 2020 IEEE 70th Electronic Components and Technology Conference, 2020.

[6] LIN Y, APRIYANA A A A, LI H Y, et al. Three-dimensional capacitor embedded in fully Cu-filled through-silicon via and its thermo-mechanical reliability for power delivery applications[C]. Las Vegas: IEEE 70th Electronic Components and Technology Conference, 2020.

[7] PIERSANTI S, PELLEGRINO E, DE PAULIS F, et al. Algorithm for extracting parameters of the coupling capacitance hysteresis cycle for TSV transient modeling and robustness analysis[J]. IEEE Transactions on Electromagnetic Compatibility, 2017, 59(4): 1329-1338.

[8] LIAO C, ZHU Z, LU Q, et al. Wideband electromagnetic model and analysis of shielded-pair through-silicon vias[J]. IEEE Transactions on Components, Packaging and Manufacturing Technology, 2018, 8(3): 473-481.

[9] NDIP I, CURRAN B, LOBBICKE K, et al. High-frequency modeling of TSVs for 3-D chip integration and silicon interposers considering skin-effects, dielectric quasi-TEM and slow-wave models[J]. IEEE Transactions on Components, Packaging and Manufacturing Technology, 2011, 1(10): 1627-1641.

[10] WANG F J, ZHU Z M, YANG Y T, et al. Capacitance characterization of tapered through-silicon-via considering MOS effect[J]. Microelectronics Journal, 2014, 45(2): 205-210.

[11] CHEN Z M, XIONG M, LI B H, et al. Electrical characterization of coaxial silicon-insulator-silicon through-silicon vias: Theoretical analysis and experiments[J]. IEEE Transactions on Electron Devices, 2016, 63(12): 4880-4887.

[12] ZHAO W S, ZHENG J, HU Y, et al. High-frequency analysis of Cu-carbon nanotube composite through-silicon vias[J]. IEEE Transactions on Nanotechnology, 2016, 15(3): 506-511.

[13] QU C, DING R, LIU X, et al. Modeling and optimization of multiground TSVs for signals shield in 3-D ICs[J]. IEEE Transactions on Electromagnetic Compatibility, 2017, 59(2): 461-467.

[14] SONG T, LIU C, PENG Y, et al. Full-chip signal integrity analysis and optimization of 3D IC[J]. IEEE Transactions on Very Large Scale Integration Systems, 2016, 24(5): 1636-1648.

[15] MONDAL S, CHO S B, KIM B C. Modeling and crosstalk evaluation of 3-D TSV-based inductor with ground TSV shielding[J]. IEEE Transactions on Very Large Scale Integration Systems, 2016, 25(1): 308-318.

[16] KIM D H, KIM Y, CHO J, et al. Through-slicon via capacitance-voltage hysteresis modeling for 2.5-D and 3-D IC[J]. IEEE Transactions on Components, Packaging and Manufacturing Technology, 2017, 7(6): 925-935.

[17] LIM J, CHO J, JUNG D H, et al. Modeling and analysis of TSV noise coupling effects on RF LC-VCO and shielding structures in 3D IC[J]. IEEE Transactions on Electromagnetic Compatibility, 2018, 60(6): 1939-1947.

[18] 赵景龙, 缪旻. TSV 阵列耦合参数求解算法研究与实现[J]. 北京信息科技大学学报(自然科学版), 2017, 32(4): 39-44.

[19] HSU Y A, CHENG C H, LU Y C, et al. An accurate and fast substrate noise prediction method with octagonal TSV model for 3-D ICs[J]. IEEE Transactions on Electromagnetic Compatibility, 2017, 59(5): 1549-1557.

[20] LEE Y M, PAN K T, CHEN C. NaPer: A TSV noise-aware placer[J]. IEEE Transactions on Very Large Scale Integration Systems, 2017, 25(5): 1703-1713.

[21] KIM K, HWANG K, AHN S. An improved 100GHz equivalent circuit model of a Through Silicon via with substrate current loop[J]. IEEE Microwave and Wireless Components Letters, 2016, 26(6): 425-427.

[22] KIM K, HWANG K, AHN S. Wideband equivalent circuit model for a through silicon via with effective substrate current loop[C]. Seoul: 2015 IEEE Electrical Design of Advanced Packaging and Systems Symposium, 2015.

[23] KINOSHITA T, SUGIURA T, KAWAKAMI T, et al. Thermal stresses around void in through silicon via in 3D SiP[C]. Toyama: 2014 International Conference on Electronics Packaging, 2014.

[24] GUO Y X, CHU H. High-efficiency millimeter-wave substrate integrated waveguide silicon on-chip antennas using through silicon via[C]. Nanjing: 2010 IEEE International Conference on Ultra-Wideband, 2010.

[25] RYU S K, LU K H, ZHANG X, et al. Impact of near-surface thermal stresses on interfacial reliability of through-silicon vias for 3-D interconnects[J]. IEEE Transactions on Device and Materials Reliability, 2010, 11(1): 35-43.

[26] LEE C C, HUANG C C. Induced thermo-mechanical reliability of copper-filled TSV interposer by transient selective annealing technology[J]. Microelectronics Reliability, 2015, 55(11): 2213-2219.

[27] ATHIKULWONGSE K, PATHAK M, LIM S K. Exploiting die-to-die thermal coupling in 3D IC placement[C]. San Francisco: Proceedings of the 49th Annual Design Automation Conference, 2012.

[28] WANG F, LI Y, YU N. A highly efficient heat-dissipation system using RDL and TTSV array in 3D IC[C]. Xi'an 2019 IEEE International Conference on Electron Devices and Solid-state Circuits, 2019.

[29] THADESAR P A, BAKIR M S. Novel photo-defined polymer-enhanced through-silicon vias for silicon interposers[J]. IEEE Transactions on Components, Packaging and Manufacturing Technology, 2013, 3(7): 1130-1137.

[30] DUVAL F F C, OKORO C, CIVALE Y, et al. Polymer filling of silicon trenches for 3-D through silicon vias applications[J]. IEEE Transactions on Components, Packaging and Manufacturing Technology, 2011, 1(6): 825-832.

[31] CHEN Q, HUANG C, TAN Z, et al. Low capacitance through-silicon-vias with uniform benzocyclobutene insulation layers[J]. IEEE Transactions on Components, Packaging and Manufacturing Technology, 2013, 3(5): 724-731.

[32] HUANG C, WU D, WANG Z. Thermal reliability tests of air-gap tsvs with combined air-SiO_2 liners[J]. IEEE Transactions on Components, Packaging and Manufacturing Technology, 2016, 6(5): 703-711.

[33] CHEN Q, HUANG C, WU D, et al. Ultralow-capacitance through-silicon vias with annular air-gap insulation layers[J]. IEEE Transactions on Electron Devices, 2013, 60(4): 1421-1426.

[34] YIN X K, ZHU Z M, YANG Y T, et al. Thermo-mechanical characterization of single-walled carbon nanotube (SWCNT)-based through-silicon via (TSV) in (100) silicon[J]. Nanoscience and Nanotechnology Letters, 2015, 7(6): 481-485.

[35] SALAH K, ISMAIL Y. Design of adiabatic TSV, SWCNT TSV, and Air-Gap coaxial TSV[C]. Lisbon: 2015 IEEE International Symposium on Circuits and Systems, 2015.

[36] LUO X, XIAO L, WANG X. Crack-free fabrication and electrical characterization of coaxial ultra-low-resistivity-silicon through-silicon-vias[J]. IEEE Transactions on Semiconductor Manufacturing, 2020, 33(1): 103-108.

[37] KAUSHIK B K, MAJUMDER M K, KUMAR V R. Carbon nanotube based 3-D interconnects - a reality or a distant dream[J]. IEEE Circuits and Systems Magazine, 2014, 14(4): 16-35.

[38] ZHANG Z, DING Y, CHEN Z, et al. A novel silicon-air-silicon through-silicon-via structure realized using double-side partially overlapping etching[J]. IEEE Electron Device Letters, 2020, 41(10): 1544-1547.

[39] 孙汉, 王玮, 陈兢, 等. TSV 的工艺引入热应力及其释放结构设计[J]. 应用数学和力学, 2014, 35(3): 295-304.

[40] OH H, THADESAR P A, MAY G S, et al. Low-loss air-isolated through-silicon vias for silicon interposers[J]. IEEE Microwave and Wireless Components Letters, 2016, 26(3): 168-170.

[41] MA S L, XIA Y M, LUO R F, et al. Design, Fabrication and stress evaluation of Si electrical interconnection air-gapped from Si interposer[C]. Changsha: 2015 16th International Conference on Electronic Packaging Technology, 2015.

[42] ANDRY P S, TSANG C K, WEBB B C, et al. Fabrication and characterization of robust through-silicon vias for silicon-carrier applications[J]. IBM Journal of Research and Development, 2008, 52(6): 571-581.

[43] LI C, ZOU J, LIU S, et al. Study of annular copper-filled TSVs of sensor and interposer chips for 3-D integration[J]. IEEE Transactions on Components, Packaging and Manufacturing Technology, 2019, 9(3): 391-398.

[44] HO S W, RAO V S, KHAN O K N, et al. Development of coaxial shield via in silicon carrier for high frequency application[C]. Singapore: 2006 8th Electronics Packaging Technology Conference, 2006.

[45] NDIP I, CURRAN B, GUTTOWSKI S, et al. Modeling and quantification of conventional and coax-TSVs for RF applications[C]. Rimini: 2009 European Microelectronics and Packaging Conference, 2009.

[46] YU L, SUN J, ZHANG C, et al. Air-gap-based RF coaxial TSV and its characteristic analysis[J]. Journal of Electronics(China), 2013, 30(6): 587-598.

[47] WANG F J, YU N M. An effective approach of improving electrical and thermo-mechanical reliabilities of through-silicon vias[J]. IEEE Transactions on Device and Materials Reliability, 2017, 17(1): 106-112.

[48] WANG F J, ZHU Z M, YANG Y T, et al. An effective approach of reducing the keep-out-zone induced by coaxial through-silicon-via[J]. IEEE Transactions on Electron Devices, 2014, 61(8): 2928-2934.

[49] MEI Z, DONG G. A simplified closed-form model and analysis for coaxial-annular through-silicon via in 3-D ICs[J]. IEEE Transactions on Components, Packaging and Manufacturing Technology, 2018, 8(9): 1650-1657.

[50] QIAN L, XIA Y, HE X, et al. Electrical modeling and characterization of silicon-core coaxial through-silicon vias in 3-d integration[J]. IEEE Transactions on Components, Packaging and Manufacturing Technology, 2018, 8(8): 1336-1343.

[51] MATSUDA T, YAMADA K, DEMACHI H, et al. Analysis of temperature distribution in stacked IC with on-chip sensing device arrays[J]. IEEE Transactions on Semiconductor Manufacturing, 2015, 28(3): 213-220.

[52] SOUARE P M, FIORI V, FARCY A, et al. Thermal effects of silicon thickness in 3-D ICs: Measurements and simulations[J]. IEEE Transactions on Components, Packaging and Manufacturing Technology, 2014, 4(8): 1284-1292.

[53] 赵朋, 林洁馨, 傅兴华. 三维集成电路 TSV 热特性的 COMSOL 模型[J]. 唐山学院学报, 2016, 29(3): 41-46.

[54] SERAFY C, BAR-COHEN A, SRIVASTAVA A, et al. Unlocking the true potential of 3-D CPUs with microfluidic cooling[J]. IEEE Transactions on Very Large Scale Integration Systems, 2016, 24(4): 1515-1523.

[55] ZHAO Y, HAO C, YOSHIMURA T. Thermal and wirelength optimization with TSV assignment for 3D-IC[J]. IEEE Transactions on Electron Devices, 2019, 66(1): 625-632.

[56] 傅广操, 陈亮, 唐旻, 等. 基于等效热模型的系统级封装仿真技术[J]. 电子技术, 2017, 46(9): 5-7.

[57] MAGGIONI F L T, OPRINS H, BEYNE E, et al. Fast transient convolution-based thermal modeling methodology for including the package thermal impact in 3D IC[J]. IEEE Transactions on Components, Packaging and Manufacturing Technology, 2016, 6(3): 424-431.

[58] CHENG H C, LI R S, LIN S C, et al. Macroscopic mechanical constitutive characterization of through-silicon-via-based 3-D integration[J]. IEEE Transactions on Components, Packaging and Manufacturing Technology, 2016, 6(3): 432-446.

[59] WU M L, LAN J S. Analytical and finite element methodology modeling of the thermal management of 3D IC with through silicon via[J]. Soldering & Surface Mount Technology, 2016, 28(4): 177-187.

[60] LU J Q. 3-D Hyperintegration and packaging technologies for micro-nano systems[J]. Proceedings of the IEEE, 2009, 97(1): 18-30.

[61] PARA I, MARASSO S L, PERRONE D, et al. Wafer level integration of 3-D heat sinks in power ICs[J]. IEEE Transactions on Electron Devices, 2017, 64(10): 4226-4232.

[62] ZHANG Y, SARVEY T E, BAKIR M S. Thermal challenges for heterogeneous 3D IC and opportunities for air gap thermal isolation[C]. Kinsdale: 2014 International 3D Systems Integration Conference, 2014.

[63] ZHU H L, HU F, ZHOU H, et al. Interlayer cooling network design for high-performance 3D IC using channel patterning and pruning[J]. IEEE Transactions on Computer-aided Design of Integrated Circuits and Systems, 2018, 37(4): 770-781.

[64] WANG S X, YIN Y, HU C X, et al. 3D Integrated circuit cooling with microfluidics[J]. Micromachines, 2018, 9(6): 287-301.

[65] 李晖, 李左翰, 胡少勤, 等. 高密度电子系统的微热控技术研究[J]. 微电子学, 2020, 50(4): 548-554.

[66] REN Z Q, ALQAHTANI A, BAGHERZADEH N, et al. Thermal TSV optimization and hierarchical floorplanning for 3-D integrated circuits[J]. IEEE Transactions on Components, Packaging and Manufacturing Technology, 2020, 10(4): 599-610.

[67] 班涛，潘中良，陈倩. 考虑峰值温度和 TSV 数目的三维集成电路芯片的布图规划方法研究[J]. 数字技术与应用, 2017, 35(12): 103-105.

[68] HSU P Y, CHEN H T, HWANG T T. Stacking signal TSV for thermal dissipation in global routing for 3-D IC[J]. IEEE Transactions on Computer-aided Design of Integrated Circuits and Systems, 2014, 33(7): 1031-1042.

[69] NI T M, CHANG H, ZHU S D, et al. Temperature-aware floorplanning for fixed-outline 3D IC[J]. IEEE Access, 2019, 7: 139787-139794.

[70] JIANG T, RYU S, ZHAO Q, et al. Thermal stress characteristics and impact on device keep-out zone for 3-D ICs containing through-silicon-vias[C]. Honolulu: 2012 Symposium on VLSI Technology, 2012.

[71] GAO Z, XU X, YAN S, et al. Multiphysics coupling analysis of TSV by using discrete geometric method based on tonti diagram[C]. Miami: IEEE Conference on Electromagnetic Field Computation, 2016.

[72] NEUMAYR D, BORTIS D, KOLAR J, et al. Origin and quantification of increased core loss in MnZn ferrite plates of a multi-gap inductor[J]. CPSS Transactions on Power Electronics and Applications, 2019, 4(1): 72-93.

[73] SAI R, KAHMEI R D R, SHIVASHANKAR S A, et al. High-Q on-chip C-band inductor with a nanocrystalline mnzn-ferrite film core[J]. IEEE Transactions on Magnetics, 2019, 55(7): 1-4.

[74] LI X, KANG J H, XIE X J, et al. Graphene inductors for high-frequency applications-design, fabrication, characterization, and study of skin effect[C]. San Francisco: 2014 IEEE International Electron Devices Meeting, 2014.

[75] BIAN X H, GUO H Y, ZHANG L, et al. Simulation and modeling of wafer level silicon-base spiral inductor[C]. Guilin: IEEE International Conference on Electronic Packaging Technology & High Density Packaging, 2012.

[76] GOU S L, DONG G, ZHENG M. Accurate inductance modeling of 3-D inductor based on TSV[J] IEEE Microwave and Wireless Components Letters, 2018, 28(10): 900-902.

[77] ZHUO C, CHEN B X. System-level design consideration and optimization of through-silicon via inductor[J]. Integration the VLSI Journal, 2017, 65: 362-369.

[78] UMAMAHESWARA R T, RONGBO Y, CHENG Z H, et al. On the efficacy of through-silicon-via inductors[J]. IEEE Transactions on Very Large Scale Integration Systems, 2014, 23(7): 1322-1334.

[79] KHALED S, ALAA E R, HANI R, et al. A closed form expression for TSV-based on-chip spiral inductor[C]. Seoul: IEEE International Symposium on Circuits and Systems, 2012.

[80] YE L, TAN C S. Physical and electrical characterization of 3d embedded capacitor: A high-density mim capacitor embedded in TSV[C]. Orlando: 2017 IEEE 67th Electronic Components and Technology Conference, 2017.

[81] RAMADAN T, YAHYA E, DESSOUKY M. Coupling capacitance extraction in through silicon via (TSV) arrays[C]. Cairo: 2015 IEEE International Conference on Electronics, Circuits, and Systems, 2015.

[82] ALI K, YAHYA E, ISMAIL Y. Different scenarios for estimating coupling capacitances of through silicon via (TSV) arrays[C]. Cairo: 5th International Conference on Energy Aware Computing Systems & Applications, 2015.

[83] LI J, MA S L, LIU H, et al. Design, fabrication and characterization of TSV interposer integrated 3d capacitor for sip applications[C]. San Diego: 2018 IEEE 68th Electronic Components and Technology Conference, 2018.

[84] SUN Y, JIN Y, CAI H, et al. Design, fabrication and measurement of TSV interposer integrated X-band microstrip filter[C]. Hong Kong: International Conference on Electronic Packaging Technology, 2019.

[85] PRIGENT G, FRANC A, WIETSTRUCK M, et al. Substrate integrated waveguide bandpass filters implemented on silicon interposer for terahertz applications[C]. California: IEEE MTT International Microwave Symposium, 2020.

[86] SHIN K R, EILERT K. Lumped element high precision X-band bandpass filter with through silicon via (TSV) integrated passive device (IPD) technology[C]. San Diego: IEEE Radio and Wireless Symposium, 2021.

[87] LU Q, ZHU Z, SHAN G, et al. 3-D compact 3dB branch-line directional couplers based on through-silicon via technology for millimeter-wave applications[J]. IEEE Transactions on Components, Packaging, and Manufacturing Technology, 2019, 9(9): 1855-1862.

[88] YIN X K, WANG F J, PAVLIDIS V F, et al. Design of compact LC lowpass filters based on coaxial through-silicon vias array[J]. Microelectronics Journal, 2021, 116: 105217.

[89] YIN X K, ZHU Z M, LIU Y, et al. Ultra-compact TSV-based L-C low-pass filter with stopband up to 40GHz for microwave application[J]. IEEE Transactions on Microwave Theory and Techniques, 2019, 67(2): 738-745.

[90] LIU X X, ZHU Z M, LIU Y, et al. Compact bandpass filter and diplexer with wide-stopband suppression based on balanced substrate-integrated waveguide[J]. IEEE Transactions on Microwave Theory and Techniques, 2021, 69(1): 54-64.

[91] WANG F J, YU N M. An ultracompact butterworth low-pass filter based on coaxial through-silicon vias[J]. IEEE Transactions on Very Large Scale Integration Systems, 2017, 25(3): 1164-1167.

[92] WANG F J, HUANG J, YU N M. A low-pass filter made up of the cylindrical through-silicon-via[C]. Shanghai: 2018 19th International Conference on Electronic Packaging Technology, 2018.

[93] SALAH K, ISMAIL Y. New TSV-based applications: Resonant inductive coupling, variable inductor, power amplifier, bandpass filter, and antenna[C]. Grenoble: 2015 IEEE 13th International New Circuits and Systems Conference, 2015.

[94] TSENG Y C, CHEN P S, LO W C, et al. Compacted TSV-based wideband and bandpass filters on 3-D IC[C]. Las Vegas: 2013 IEEE 63rd Electronic Components and Technology Conference, 2013.

[95] SHANG X B, KE M L, WANG Y, et al. WR-3 band waveguides and filters fabricated using SU8 photoresist micromachining technology[J]. IEEE Transactions on Terahertz Science and Technology, 2012, 2(6): 629-637.

[96] LEAL-SEVILLANO C A, RECK T J, JUNG-KUBIAK C, et al. Silicon micromachined canonical E-plane and H-plane bandpass filters at the terahertz band[J]. IEEE Microware and Wireless Components Letters, 2013, 23(6): 288-290.

[97] RECK T, JUNG-KUBIAK C, LEAL-SEVILLANO C, et al. Silicon micromachined waveguide components at 0.75 to 1.1THz[C]. Tucson: 39th International Conference on Infrared, Millimeter, and Terahertz Waves, 2014.
[98] ZHAO X H, BAO J F, SHAN G C, et al. D-band micromachined silicon rectangular waveguide filter[J]. IEEE Microwave and Wireless Components Letters, 2012, 22(5): 230-232.
[99] HU J, XIE S Y, ZHANG Y. Micromachined terahertz rectangular waveguide bandpass filter on silicon-substrate[J]. IEEE Microwave and Wireless Components Letters, 2012, 22(12): 636-638.
[100] XIE S Y, HU J, ZHANG Y, et al. Design of a micromachined waveguide bandpass filter for terahertz application[C]. Shenzhen: 2012 International Conference Microwave and Millimeter Wave Technology, 2012.
[101] LEI D, LIU S, ZHANG Y, et al. A micromachined 805GHz rectangular waveguide filter on silicon wafers[C]. Beijing: 2014 IEEE International Conference on Communiction Problem-solving, 2014.
[102] LIU S, HU J, ZHANG Y, et al. 1THz Micromachined waveguide band-pass filter[J]. Journal of infrared Millimeter & Terahertz Waves, 2015, 37: 435-447.
[103] HU S M, WANG L, XIONG Y Z, et al. TSV technology for millimeter-wave and terahertz design and applications[J]. IEEE Transactions on Components, Packaging and Manufacturing Technology, 2011, 1(2): 260-267.
[104] LIU X X, ZHU Z M, LIU Y, et al. Wideband substrate integrated waveguide bandpass filter based on 3D-ICs[J]. IEEE Transactions on Components, Packaging and Manufacturing Technology, 2019, 9(4), 728-735.

第 2 章　TSV 结构及特性

近年来，对 3D IC 的相关研究越来越多。因为 3D IC 是将芯片在垂直空间中堆叠起来，所以极大地缩短了传统 2D IC 中的互连线，并降低了互连线上的功耗，同时提高了系统的集成度。TSV 作为 3D IC 的关键技术，引起了广泛的关注。但是随着信号工作频率 f 的不断升高，TSV 的电学特性发生改变，并且受 TSV 之间信号串扰的影响。因此，对 TSV 在高频下的电路特性进行研究对三维集成电路的小型化发展具有重要意义。

2.1　GS-TSV 等效电路模型及电学特性

地信号-硅通孔（GS-TSV）的结构示意图如图 2-1 所示。GS-TSV 由两个 TSV 组成，TSV 由一根金属柱（Cu）和外部一层氧化层（SiO_2）组成。其中，金属柱用来传输信号，而二氧化硅层的作用是将铜与硅衬底隔离，防止漏电流[1]。柱型 TSV 的结构示意图如图 2-2 所示。

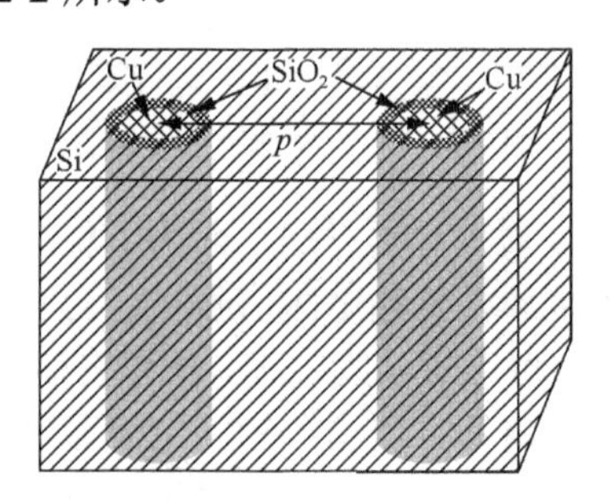

图 2-1　GS-TSV 的结构示意图

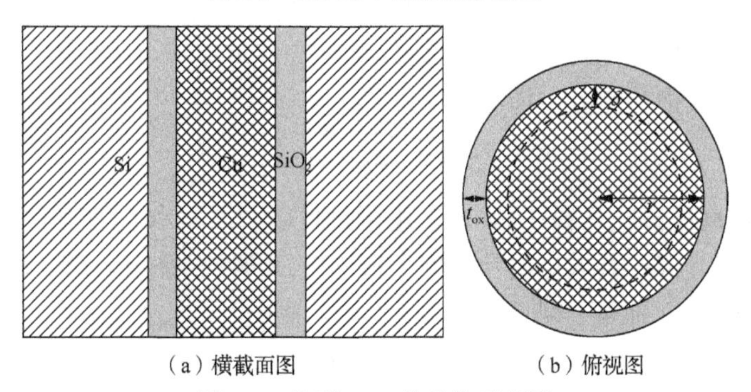

（a）横截面图　　（b）俯视图

图 2-2　柱型 TSV 的结构示意图

根据当前的工艺技术，在表 2-1 中列出了 GS-TSV 结构参数值。在 3D IC 中，通常采用柱型结构的 TSV 实现系统中各模块的电学连接，TSV 内部等效电路图如图 2-3 所示。柱型 TSV 中的金属柱是用来传输信号的，需要导电性比较好的金属，所以可以采用的填充金属有铜（Cu）、钨（W）等多种良导体材料。

表 2-1　GS-TSV 结构参数值

参数	符号	值/μm
TSV 高度	h	50
金属柱半径	r	3
氧化层厚度	t_{ox}	0.1
TSV 间距	p	20

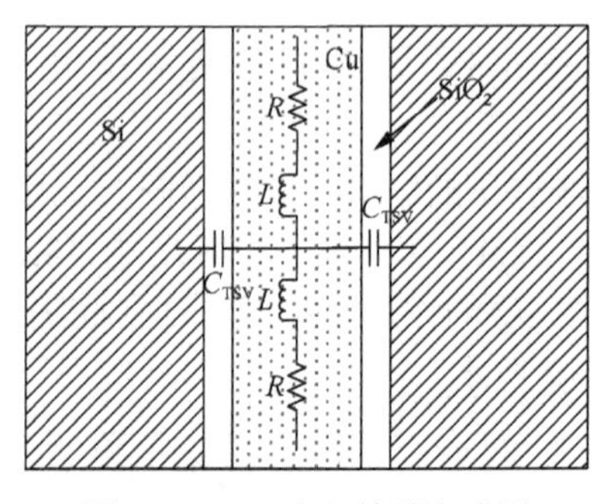

图 2-3　TSV 内部等效电路图

TSV 实际上是由一根金属柱穿透衬底，而为了将金属柱与衬底隔离，在金属柱外层加一层氧化层。当金属柱传输电流信号时，衬底接地，使得金属柱与衬底在氧化层两面产生电势差，可以等效为电容，所以在研究 TSV 电学特性时，需要考虑氧化层寄生电容。由电路基本理论可知，电流通过金属导体时，由于导体自身电阻及导体内部产生了阻止电流流动的电磁场，电流在导体上产生损耗，因此在对电路进行电学特性分析时，需要将金属柱等效为电阻与电感的串联。

在本章中，柱型 TSV 采用的填充金属为铜（Cu）。在 TSV 中，其寄生电阻通常分为交流和直流两部分，即

$$R=\sqrt{R_{dc}^2+R_{ac}^2} \tag{2-1}$$

式中，R_{dc} 是直流情况下的 TSV 等效电阻，可以利用基本电路理论中的柱型导体电阻计算公式计算，其大小仅与柱型 TSV 中的金属柱半径 r、TSV 的高度 h 和填充金属的电阻率 ρ 有关，即

$$R_{dc}=\frac{h\rho}{\pi r^2} \tag{2-2}$$

在直流情况下，可以利用式（2-2）对柱型 TSV 的填充金属等效寄生电阻准确表达。但是随着信号工作频率 f 的增高，信号流过 TSV 金属柱时会产生趋肤效应，工作频率越高，趋肤效应的影响越明显。因此，在交流信号通过 TSV 时，要考虑趋肤效应带来的影响，才能准确表达 TSV 的电学特性。当信号通过 TSV 金属柱——铜时，趋肤效应使得电流在金属柱横截面上不是均匀分布。R_{ac} 是交流情况下的 TSV 等效电阻，即

$$R_{ac} = \frac{k_p h \rho}{2\pi r \delta} \tag{2-3}$$

式中，δ 为趋肤深度，表示电流在导体表面下 $1/e$ 的深度，即

$$\delta = \sqrt{\frac{\rho}{\pi f \mu_0 \mu_{Cu}}} \tag{2-4}$$

式中，f 表示信号工作频率；真空磁导率 $\mu_0 = 4\pi \times 10^{-7}$ H/m；μ_{Cu} 表示 TSV 金属柱铜的相对磁导率。k_p 表示趋肤效应修正系数，即

$$k_p = \frac{p}{2r} \tag{2-5}$$

式中，p 表示 TSV 之间的间距。

系统的信号工作频率 f 越来越高，并且应用新型的低电阻率材料，所以互连线上电阻的影响越来越小，互连线上电感的影响反而相对变大了。因为互连线上的感抗 ωL 会随着频率的增高而增大，尤其是在高频情况下，其影响甚至超过了电阻，所以在高频时，就需要对 TSV 的寄生电感进行准确建模，才能准确地拟合其电学特性。

在 GS-TSV 中，电流流过传输信号的 TSV 和接地的 TSV 的大小一样，方向相反，所以 GS-TSV 之间只存在一种互感 M，如图 2-4 所示，传输信号的 TSV 上的感应电压 V_s、接地的 TSV 上的感应电压 V_g 分别为

$$V_s = L\frac{di}{dt} - M\frac{di}{dt} \tag{2-6a}$$

$$V_g = L\frac{di}{dt} - M\frac{di}{dt} \tag{2-6b}$$

因此，根据电路基本知识可知，在 GS-TSV 回路（Loop）上的总电压降是

$$V_{Loop} = V_s + V_g = 2(L\frac{di}{dt} - M\frac{di}{dt}) \tag{2-7}$$

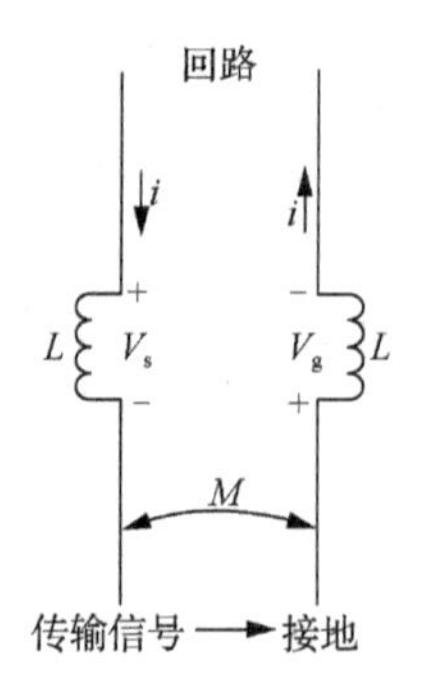

图 2-4　GS-TSV 的电流分布及寄生电感示意图

因为 GS-TSV 回路中存在回路电感 L_{Loop}，所以会产生总的电压降 V_{Loop}，GS-TSV 回路中的回路电感 L_{Loop} 可以表示为

$$L_{\text{Loop}} = 2(L - M) + \frac{R}{2\pi f} \tag{2-8}$$

传输信号的 TSV 上的寄生电感 L_{Signal} 与接地的 TSV 上的寄生电感 L_{Gnd} 可以表示为

$$L_{\text{Signal}} = L_{\text{Gnd}} = L - M + \frac{R}{2\pi f} \tag{2-9}$$

上述电感的计算方式是基于理论推导，具体的计算参数还需要根据实际仿真电路进行调整或修改。

在研究电路的电学特性时，由于电容可以直接影响电路的整体电学性能，电路中的电容是必须要考虑的电学参数之一。同样地，TSV 的寄生电容也是研究其电学特性的重要参数，因为信号通过 TSV 传输时，其寄生电容会造成信号的延时、串扰和功耗等问题。本节将介绍柱型 TSV 的寄生电容模型。

如图 2-2 所示，TSV 金属柱外层裹着一层氧化层或介质层用来与半导体衬底隔离，即金属-氧化层-半导体（MOS）结构。当电流信号通过 TSV 时，会有一个偏置电压产生，随着偏置电压的增加，会在半导体一侧形成耗尽层，因此其寄生电容 C_{TSV} 的组成部分有氧化层电容和耗尽层电容[2]。氧化层电容的大小与氧化层的厚度 t_{ox}、TSV 金属柱的半径 r 和 TSV 的高度 h 有关，即

$$C_{\text{ox}} = \frac{2\pi\varepsilon_0\varepsilon_{\text{SiO}_2}h}{\ln\dfrac{r + t_{\text{ox}}}{r}} \tag{2-10}$$

式中，ε_0 表示真空介电常数，ε_0=8.854×10^{-12}F/m；$\varepsilon_{\text{SiO}_2}$ 表示 SiO_2 的相对介电常数，$\varepsilon_{\text{SiO}_2}$=4；$t_{\text{ox}}$ 表示氧化层厚度。

半导体内耗尽层电容的表达式如式（2-11）所示：

$$C_{\text{dep}} = \frac{2\pi\varepsilon_0\varepsilon_{\text{Si}}h}{\ln\dfrac{r+t_{\text{ox}}+w_{\text{dep}}}{r+t_{\text{ox}}}} \tag{2-11}$$

式中，ε_{Si} 表示半导体 Si 的相对介电常数，ε_{Si}=11.9；w_{dep} 表示半导体一侧耗尽层宽度，其表达式可以由一维泊松方程求解，经验表达式如式（2-12）所示：

$$w_{\text{dep}} = \sqrt{\frac{4\varepsilon_{\text{Si}}V_{\text{th}}\ln\dfrac{N_{\text{A}}}{n_1}}{qN_{\text{A}}}} \tag{2-12}$$

式中，N_{A} 表示注入杂质浓度；$n_1=1.5\times10^{16}\text{m}^{-3}$，表示硅的本征载流子浓度；$V_{\text{th}}$=25.9mV，表示热电压；单位电荷量 $q=1.6\times10^{-19}\text{C}$。

TSV 的寄生电容 C_{TSV} 是由 C_{ox} 和 C_{dep} 串联组成的，即

$$C_{\text{TSV}}=\left(\frac{1}{C_{\text{ox}}}+\frac{1}{C_{\text{dep}}}\right)^{-1}=\left[\frac{1}{2\pi\varepsilon_0\varepsilon_{\text{SiO}_2}h}\cdot\ln\frac{r+t_{\text{ox}}}{r}+\frac{1}{2\pi\varepsilon_0\varepsilon_{\text{Si}}h}\cdot\ln\frac{r+t_{\text{ox}}+w_{\text{dep}}}{r+t_{\text{ox}}}\right]^{-1} \tag{2-13}$$

当 GS-TSV 电路的工作频率处于高频波段时，半导体衬底的导电性会使衬底产生损耗，其中有两种损耗，分别是电场偶合损耗和磁场偶合损耗。因此，在研究 GS-TSV 的电学特性时，需要考虑衬底的寄生参数，用电导 G_{Si} 和电容 C_{Si} 的并联来表示衬底的损耗特性。电容 C_{Si} 和电导 G_{Si} 的表达式分别为

$$C_{\text{Si}} = \frac{\pi\varepsilon_0\varepsilon_{\text{Si}}h}{\ln\left[\dfrac{p}{2r}+\sqrt{\left(\dfrac{p}{2r}\right)^2-1}\right]} \tag{2-14}$$

$$G_{\text{Si}} = \left(\frac{\sigma_{\text{Si}}}{\varepsilon_{\text{Si}}}+\omega\tan\delta_{\text{Si}}\right)\cdot C_{\text{Si}} \tag{2-15}$$

式中，$\tan\delta_{\text{Si}}=0.005$，表示硅的损耗正切角；$\omega=2\pi f$，表示角频率。随着信号工作频率的升高，$G_{\text{Si}}$ 增大不明显，因此可以将 $\omega\tan\delta_{\text{Si}}$ 的影响忽略，将式（2-15）化解为

$$G_{\text{Si}} = \sigma_{\text{Si}}\cdot\frac{C_{\text{Si}}}{\varepsilon_{\text{Si}}} \tag{2-16}$$

上述的电阻、电容、电感及衬底电导的表达式需要根据实际电路做相应的调整。

当工作频率在慢波模式频段内时，强界面极化导致在 SiO_2-Si 界面处形成薄的空间电荷层，使得通过 TSV 传播的信号有非常慢的相速度，而且在慢波模式波段

内，信号通过 TSV 时，氧化层内会有微弱电流进入半导体衬底，从而形成衬底漏电流，所以考虑到 TSV 之间的硅衬底存在损耗，将其等效成电导 G，而氧化层 SiO_2 为介质。由于氧化层两边会产生电势差，故在对 TSV 做电学特性分析时，将其等效成电容 C_{SiO_2}，然后根据电路基础理论将 TSV 金属柱等效成电阻 R 和电感 L 串联，建立慢波模式中 GS-TSV 的等效电路模型，如图 2-5 所示。

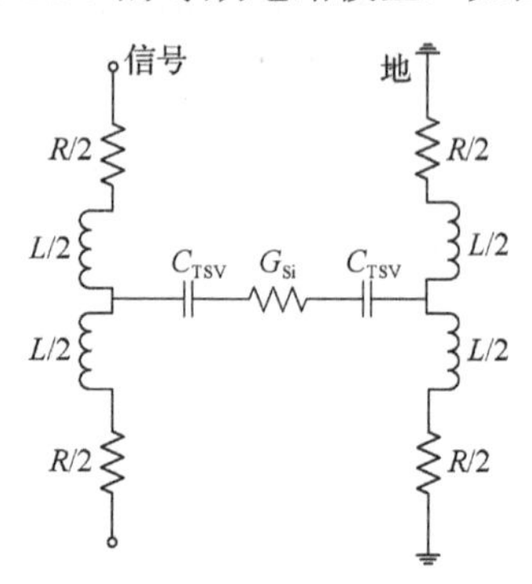

图 2-5 慢波模式中 GS-TSV 的等效电路模型

将图 2-5 中的等效电路模型在 ADS 中搭建，而在 ADS 中搭建时，需要添加频率仿真元件，以及测试的输入端阻抗 50Ω，GS-TSV 等效电路中的寄生电感 L、寄生电阻 R、等效电容 C 和等效电导 G 等寄生参数的表达式，如式（2-17）～式（2-20）所示。

GS-TSV 的寄生电感可通过式（2-17）得出：

$$L = \mu_0 \cdot \frac{t_{Si}}{\pi r} \tag{2-17}$$

式中，r 表示 TSV 金属柱的半径。

GS-TSV 的寄生电阻可通过式（2-18）得出：

$$R = \frac{4}{3}\pi L \frac{f}{f_{SSi}} \tag{2-18}$$

式中，f 表示频率；f_{SSi} 表示趋肤效应特征频率；L 表示 TSV 的等效电感。

GS-TSV 中氧化层的等效电容可通过式（2-19）得出：

$$C_{SiO_2} = \varepsilon_0 \varepsilon_{SiO_2} \frac{\pi r}{t_{SiO_2}} \tag{2-19}$$

式中，t_{SiO_2} 表示氧化层厚度。

GS-TSV 中衬底的等效电导可通过式（2-20）得出：

$$G_{Si} = \sigma_{Si} \frac{\pi r}{t_{Si}} \tag{2-20}$$

式中，σ_{Si} 表示硅衬底电导。

以上是慢波模式的等效电路寄生参数的数学解析模型。在微波电路中，通常用 S 参数来表示信号传输的完整性。本部分首先利用 ADS 仿真软件搭建 GS-TSV 的电路模型进行仿真，其次利用 EM 工具 HFSS 软件对 GS-TSV 三维仿真模型进行仿真，最后将其结果与 ADS 的插入损耗 S_{21} 结果对比，如图 2-6 所示。结果表明：在 0～10GHz 频段内，GS-TSV 慢波模式的等效电路的 ADS 结果与 HFSS 仿真数据拟合效果较准横电磁波（TEM）模式等效电路的结果要好。这是因为 0～15GHz 频段属于慢波模式频段，而在慢波模式中 GS-TSV 的等效电路的结构与准 TEM 模式下 GS-TSV 的等效电路的结构不相同；低频情况下，慢波模式中等效电路的参数计算方式不同，更能贴合 TSV 真实电学特性。

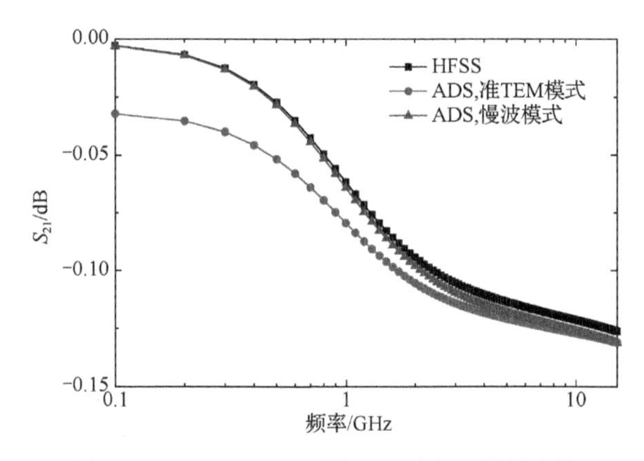

图 2-6　HFSS 和 ADS 的插入损耗 S_{21} 结果比较

从图 2-6 中可以看出，在 0～2.5GHz 的低频段时，慢波模式中 GS-TSV 的等效电路的插入损耗曲线有限元软件 HFSS 仿真的结果拟合更好，从而验证了慢波模式中 GS-TSV 的等效电路的准确性；随着信号工作频率 f 的增加，GS-TSV 的准 TEM 等效电路的插入损耗曲线渐渐向 HFSS 仿真曲线靠拢，而慢波模式等效电路的插入损耗曲线逐渐远离 HFSS 仿真曲线，这说明在频率较高时，慢波模式等效电路的准确性下降，而准 TEM 模式的等效电路的精度提高。

TSV 金属柱的半径 r 是 GS-TSV 的关键结构参数，其变化对 GS-TSV 的各个电学参数及插入损耗 S_{21} 都有很大的影响。在 0～15GHz，插入损耗 S_{21} 随 TSV 金属柱半径 r 变化的曲线图，如图 2-7 所示。结果表明：在信号工作频率 f 不变时，随着 TSV 金属柱半径 r 的增加，插入损耗 S_{21} 减小。这是由于随着 TSV 金属柱半径 r 增加，TSV 金属柱的等效电阻变小，信号通过 TSV 金属柱传输时，损耗降低，故而说明随着 TSV 金属柱半径 r 的变大，TSV 传输信号的完整性变好。

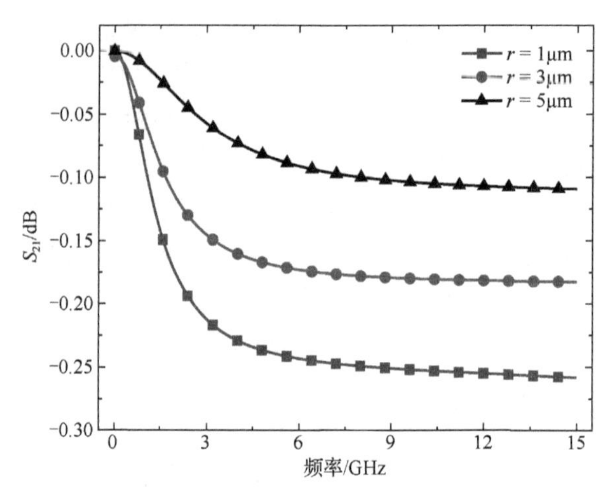

图 2-7　插入损耗 S_{21} 随 r 变化的曲线图

同时，从图 2-7 中还可以看出，当 TSV 金属柱半径 r 不变时，插入损耗 S_{21} 随着频率 f 的升高而增大。在 0～3GHz 频段，插入损耗 S_{21} 增加迅速，其主要原因是随着工作频率 f 的增加，TSV 金属柱中电流逐渐发生趋肤效应，使得 TSV 金属柱的等效电阻增大，从而导致 TSV 传输信号完整性变差；在 3～15GHz 频段，插入损耗 S_{21} 增加平缓，其主要原因是当信号工作频率 f 超过 3GHz 时，趋肤效应对 TSV 金属柱的等效电阻影响减弱，使得插入损耗 S_{21} 变得平缓。因此可以得出，随着工作频率的升高，TSV 完整传输信号的能力变差，当工作频率大于 3GHz 时，开始变化平缓。

电阻 R 是研究 TSV 电学性能的重要参数，电阻的大小直接影响 TSV 的信号传输能力，而金属电阻受到多方面的影响，其中金属材料的结构参数就是影响金属电阻的重要因素，因此研究 TSV 结构参数 r 变化对电阻的影响是很有必要的。电感 L 通过导体中电流变化产生的感生电动势来量度。当交流电流通过导体时，会改变磁场，则处在变化磁场中的导体内部就会产生阻止电流流动的电势，所以当交变信号通过 TSV 传输时，会使得 TSV 金属内部产生感应电势，俗称电感。电感对传输线的影响是不能忽视的，所以需要在等效电路中考虑到电感的作用，TSV 结构参数 r 的改变对电感的影响值得深入研究。

在 0～15GHz，电阻 R 随 TSV 金属柱半径 r 变化的曲线图，如图 2-8 所示。结果表明：在信号工作频率不发生改变的情况下，随着 TSV 金属柱半径 r 的增加，电阻 R 值变小。这是因为 TSV 金属柱是横截面均匀的金属，当其半径 r 增大，则其横截面积必然增大，使得金属柱的等效电阻减小，说明随着 TSV 金属柱半径 r 的增加，TSV 传输信号的能力变强。TSV 金属柱电感 L 随其结构参数 r 变化的曲线图，如图 2-9 所示。结果表明：当信号工作频率 f 不变时，在 0～15GHz 频率范围内，随着 TSV 金属柱半径 r 增大，电感 L 值越来越小。这是由于随着电感的磁芯有效截面积和有效磁路长度变小，电感 L 逐渐减小，TSV 电感 L 与金属柱半径 r 呈线性减小关系。

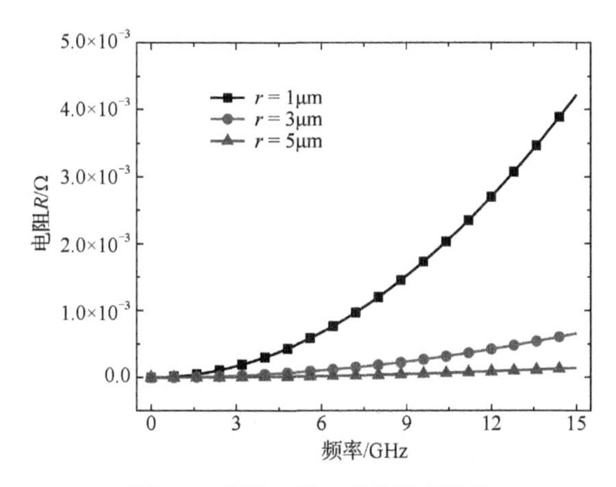

图 2-8　电阻 R 随 r 变化的曲线图

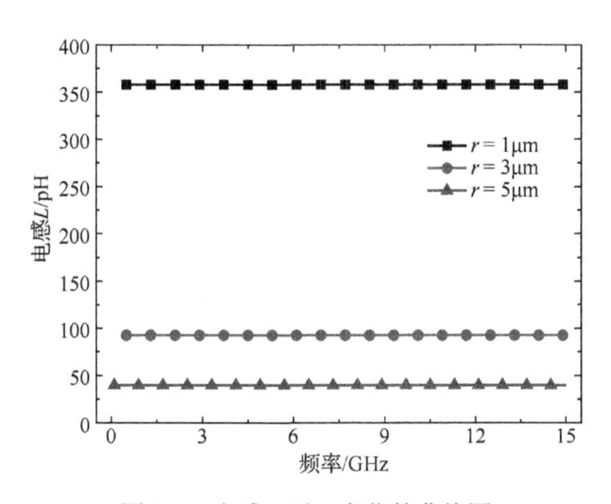

图 2-9　电感 L 随 r 变化的曲线图

因为 GS-TSV 由两根 TSV 组成，TSV 之间的材料是硅衬底，当信号通过 TSV 传输时，会发生衬底漏电流情况，所以需要研究衬底导电能力。衬底的导电能力会影响 TSV 的信号传输完整性，所以研究衬底的电学特性是非常重要的。电导 G 随金属柱半径 r 变化的曲线图，如图 2-10 所示，随着金属柱半径 r 的增加，衬底电导 G 相应增大的变化趋势更加直观明显。

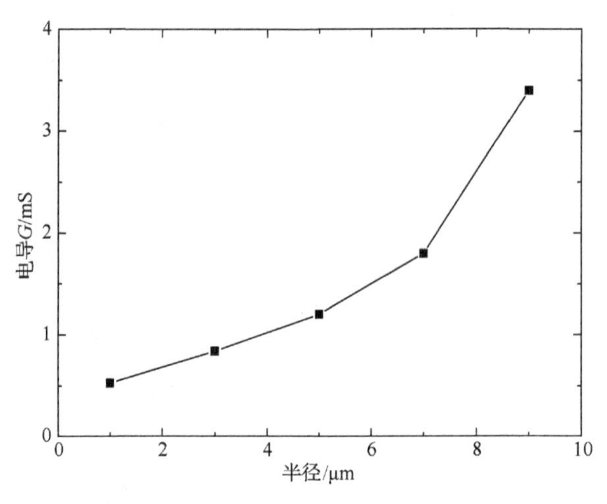

图 2-10　电导 G 随 r 变化的曲线图

因为 TSV 是用来传输信号的传输线，所以在信号的传输中，TSV 高度 h 相当于传输线的长度，TSV 高度 h 对 TSV 传输信号的能力影响非常大。因为 TSV 高度 h 会直接影响其电学参数的大小，从而影响信号的完整性，所以研究其高度 h 对 TSV 电学性能的影响是非常重要的。

在 0～15GHz 范围，插入损耗 S_{21} 随 TSV 高度 h 变化的曲线图，如图 2-11 所示。结果表明：当信号工作频率 f 不变时，随着 TSV 高度 h 的增加，插入损耗 S_{21} 变大。其原因是随着 TSV 高度 h 的增加，传输线的长度增加，TSV 上的等效电阻增加，其等效电感也增大，从而导致信号在 TSV 上传输时的损耗增大，TSV 传输信号的完整性变差。

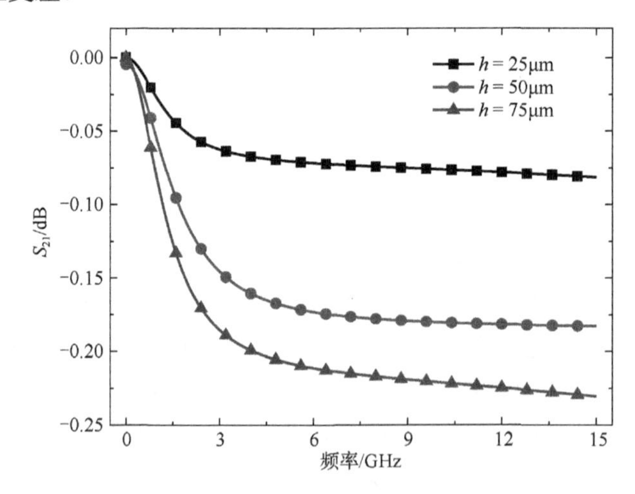

图 2-11　插入损耗 S_{21} 随 h 变化的曲线图

在 0～15GHz 频率范围，电感 L 随 h 变化的曲线图，如图 2-12 所示。结果表明：当工作频率 f 不发生变化时，随着 TSV 高度 h 增高，电感 L 线性增大。这是因为随着 TSV 高度 h 的增大，TSV 等效电感 L 与高度 h 呈线性关系。

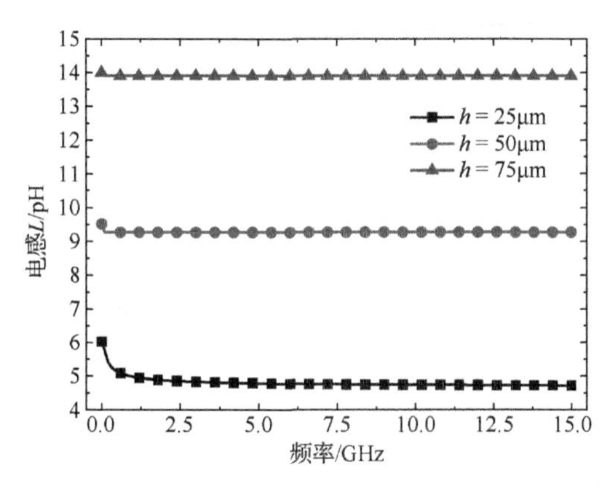

图 2-12　电感 L 随 h 变化的曲线图

电阻 R 随 h 变化的曲线图，如图 2-13 所示。结果表明：在 0～15GHz 频率范围，当信号工作频率 f 不发生变化时，随着 TSV 高度 h 增高，电阻 R 逐渐增大。这是因为随着 TSV 高度 h 的增高，TSV 金属柱的长度变长，而由电路基本知识可知，导线的长度越长，其体内的电阻就越大，信号在其内部传输时损耗也就越大，所以 TSV 高度 h 升高对等效电阻的影响是随着 TSV 高度 h 增高，电阻 R 逐渐增大。

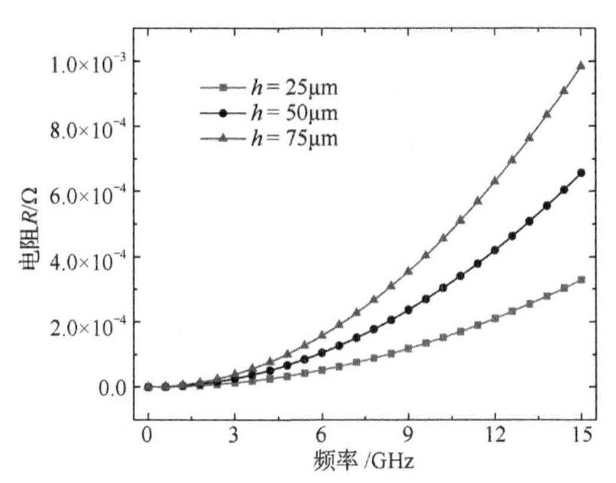

图 2-13　电阻 R 随 h 变化的曲线图

GS-TSV 是由两根 TSV 构成的，其中一个传输信号，另一个接地。当信号从 TSV 通过时，其频率的影响引起两个 TSV 之间的串扰，信号的完整性受到了影响。

在 0～15GHz 范围，插入损耗 S_{21} 随 TSV 之间间距 p 变化的曲线图，如图 2-14 所示。结果表明：当频率不发生变化时，随着 TSV 之间间距 p 的增加，插入损耗 S_{21} 减小，TSV 传输信号的完整性变好。这是由于随着 TSV 之间间距 p 的增加，在信号传输时，TSV 之间相互串扰减弱，信号完整性变得更好；同时，也可以看出，在 0～1.5GHz 范围，TSV 之间间距 p 的变化对插入损耗 S_{21} 的影响不大；TSV 之间间距 p 线性增大时，插入损耗 S_{21} 虽然变得越来越小，但是不是呈线性减小，而是随着 TSV 之间间距 p 的增加，变化越来越小。

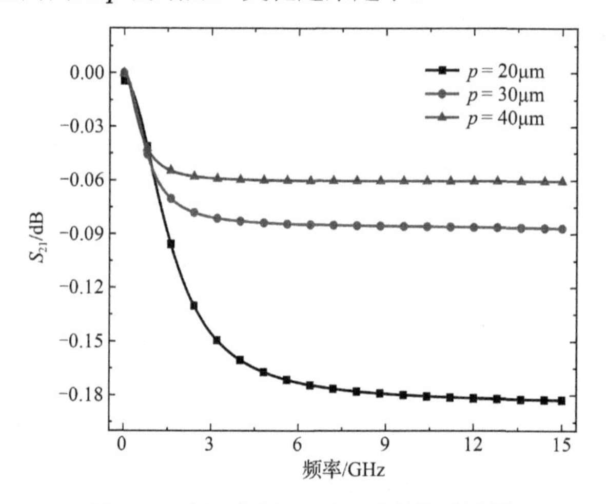

图 2-14 插入损耗 S_{21} 随 p 变化的曲线图

电感 L 随 TSV 之间间距 p 变化的曲线图，如图 2-15 所示。结果表明：在 0～15GHz 频率范围，在信号工作频率 f 不发生变化的情况下，随着 TSV 之间间距 p 增大，电感 L 逐渐增大。同时，从图 2-15 中还可以看出，当 TSV 之间间距 p 不变时，随着信号工作频率 f 的升高，电感 L 的值随工作频率增加而改变甚微。

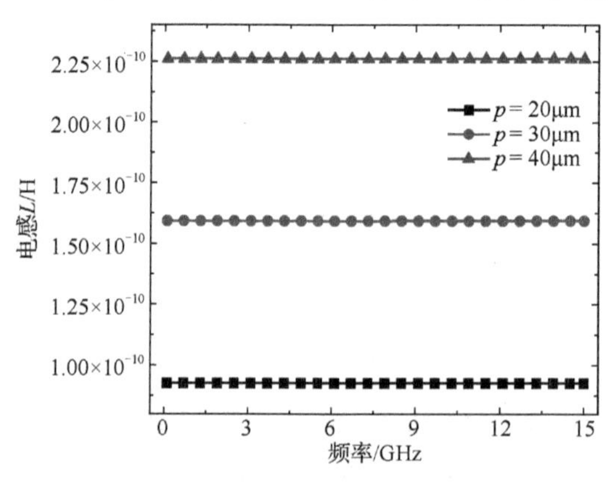

图 2-15 电感 L 随 p 变化的曲线图

电阻 R 随 TSV 之间间距 p 变化的曲线图，如图 2-16 所示。图中的仿真曲线表明：在 0～15GHz 频段，当工作频率 f 不发生变化时，随着 TSV 之间间距 p 增大，电阻 R 逐渐增大，这是因为 TSV 等效电阻 R 与 TSV 之间间距 p 呈线性关系。

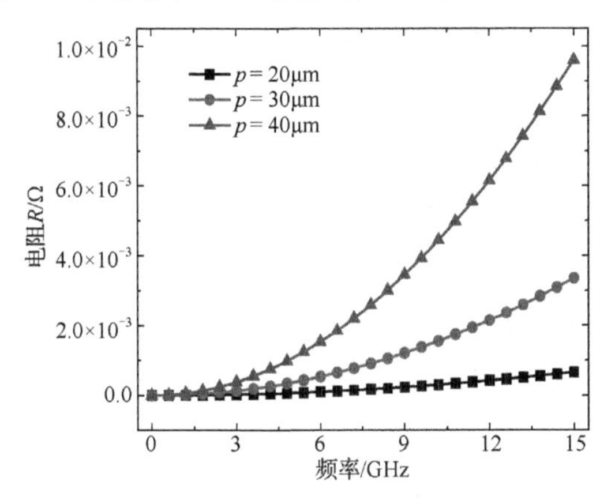

图 2-16　电阻 R 随 p 变化的曲线图

当信号工作频率 f 处于准 TEM 模式时，TSV 之间的硅衬底可以认为由氧化层 SiO_2 和衬底 Si 两层介质组成，因此准 TEM 模式下 GS-TSV 对应的等效电路中的电容为两层介质分布电容 C_{Si}、C_{SiO_2} 的串联，其中 C_{Si} 表示衬底的等效电容，C_{SiO_2} 表示氧化层的等效电容。同时，由于在电路工作时，衬底 Si 会产生轻微的漏电流而存在损耗，因此需要考虑衬底 Si 的导电能力而并联一个分布电容 C_{Si}。根据电路基础知识可将 TSV 金属柱等效为电阻 R 和电感 L 串联，具体的等效电路模型如图 2-17 所示。

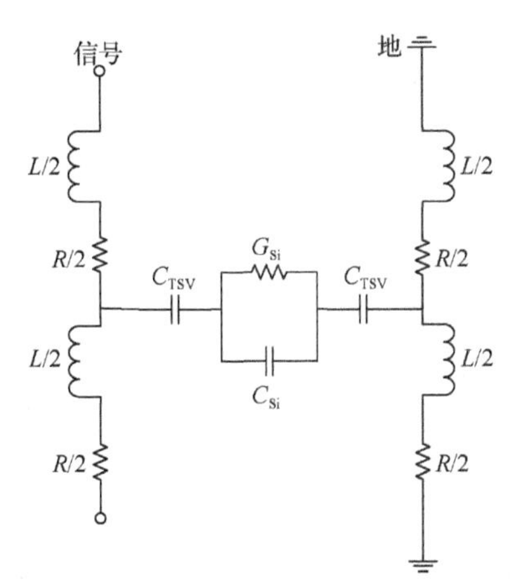

图 2-17　准 TEM 模式等效电路模型

准 TEM 模式等效电路的电学参数计算方法如下。

GS-TSV 的等效电感可通过式（2-21）得出：

$$L=\frac{\mu_0}{\pi}\ln\left[\frac{p}{2r}+\sqrt{\left(\frac{p}{2r}\right)^2-1}\right] \tag{2-21}$$

式中，r 表示 TSV 金属柱的半径。

GS-TSV 的表面电阻 R_s 可通过式（2-22）得出：

$$R_s=\sqrt{\frac{\pi\mu_0 f}{\sigma_{TSV}}} \tag{2-22}$$

式中，f 表示信号工作频率；σ_{TSV} 表示 TSV 金属电导。

GS-TSV 的电阻 R 可通过式（2-23）得出：

$$R=\frac{R_s}{\pi r}\frac{\frac{p}{2r}}{\sqrt{\left(\frac{p}{2r}\right)^2-1}} \tag{2-23}$$

GS-TSV 中氧化层的等效电容 C_{SiO_2} 可通过式（2-24）得出：

$$C_{SiO_2}=2\pi\frac{\varepsilon_0\varepsilon_{SiO_2}}{\ln\frac{r+t_{SiO_2}}{r}} \tag{2-24}$$

式中，t_{SiO_2} 表示氧化层厚度；ε_{SiO_2} 表示二氧化硅的相对介电常数。

C_{Si} 可通过式（2-25）得出：

$$C_{Si}=\frac{\pi\varepsilon_0\varepsilon_{Si}}{\ln\left[\frac{p}{2r}+\sqrt{\left(\frac{p}{2r}\right)^2-1}\right]} \tag{2-25}$$

GS-TSV 中衬底的等效电导 G_{Si} 可通过式（2-26）得出：

$$G_{Si}=\frac{\pi}{\rho_{Si}\cdot\ln\left[\frac{p}{2r}+\sqrt{\left(\frac{p}{2r}\right)^2-1}\right]} \tag{2-26}$$

式中，G_{Si} 表示硅衬底电导。

将式（2-17）～式（2-22）编为相应的 MATLAB 程序，计算出相应模式下 TSV 的寄生参数，然后将 MATLAB 中计算出的寄生参数的结果代入利用 ADS 工具搭建的相应等效电路模型中，其中在 ADS 电路的输入端加的输入阻抗为 50Ω，如图 2-18 所示。在准 TEM 模式中，其等效电路及参数的计算已经得出，其电学参数也做了相应的研究，下面通过 HFSS 对准 TEM 模式下的等效电路的有效性进行验证。准 TEM 模式下，HFSS 和 ADS 的插入损耗 S_{21} 结果比较如图 2-19 所示。结果表明：在 15～100GHz 的准 TEM 模式频段内，在 ADS 中搭建并仿真准 TEM 模式下的等效电路，其插入损耗 S_{21} 仿真结果与有限元算法的软件 HFSS 仿真结果拟合效果比较好，从而直接验证了准 TEM 模式下的 GS-TSV 等效电路能非常好地拟合实际环境，为集成电路的电路级仿真提供了有效的理论依据。

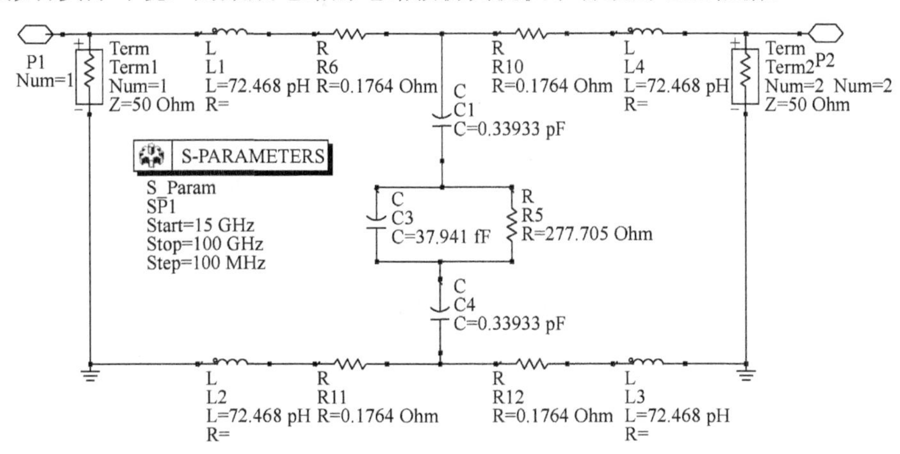

图 2-18　ADS 准 TEM 模式等效电路仿真模型

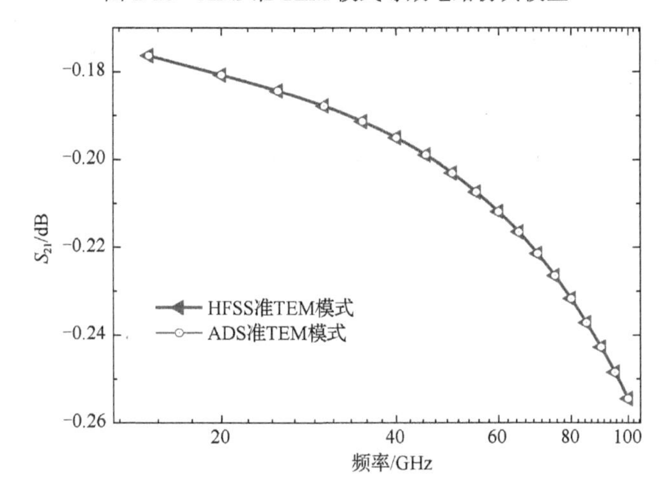

图 2-19　HFSS 和 ADS 的 S_{21} 结果比较

TSV 金属柱半径 r 对信号的完整性有很大的影响，因为随着半径的增大，TSV 的横截面积增大，TSV 的电学参数会发生变化，如等效电阻变小，所以信号完整性更好。在 15～100GHz 范围，插入损耗 S_{21} 随 TSV 金属柱半径 r 变化的曲线图，如图 2-20 所示。结果表明：在信号工作频率 f 不发生变化的情况下，随着

TSV 金属柱半径 r 的增加，插入损耗 S_{21} 变小，说明随着 TSV 金属柱半径 r 的增加，TSV 传输信号的完整性更好。这是因为 TSV 半径 r 越大，其横截面等效电阻越小，故而使得信号通过 TSV 时，信号完整性更好。

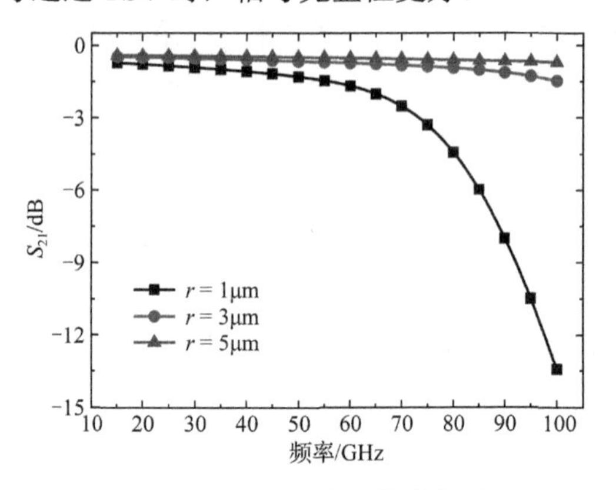

图 2-20　S_{21} 随 r 变化的曲线图

在 15～100GHz 范围，插入损耗 S_{21} 随 TSV 高度 h 变化的曲线图，如图 2-21 所示。结果表明：当信号工作频率 f 不发生变化时，随着 TSV 高度 h 的增加，插入损耗 S_{21} 变大。根据电路的基本理论知识可知：随着 TSV 高度的增加，TSV 金属柱的体内电阻会增大，信号在 TSV 金属内传输路径增长，损耗增大，其等效电感也增大，从而导致信号在 TSV 上传输时的损耗增大，TSV 传输信号的完整性变差。

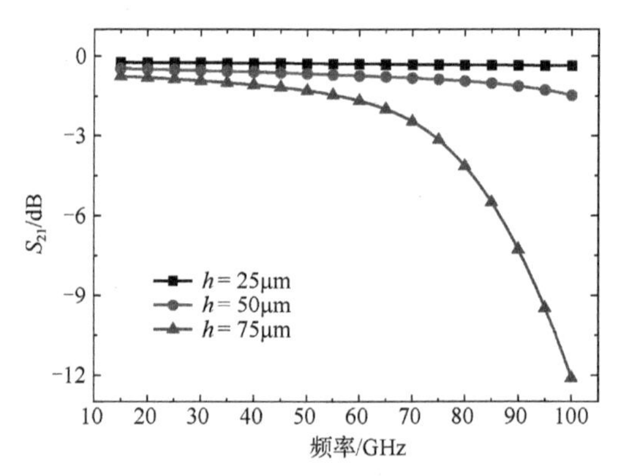

图 2-21　S_{21} 随 h 变化的曲线图

在 15～100GHz 范围，插入损耗 S_{21} 随 TSV 之间间距 p 变化的曲线图，如图 2-22 所示。结果表明：在信号工作频率 f 不变时，随着 TSV 之间间距 p 的增大，插入损耗 S_{21} 变小，从而表明 TSV 传输信号的完整性变好。这是因为随着 TSV 之

间间距 p 的增加，硅衬底的导电能力下降，所以在信号传输时，TSV 之间相互串扰减弱，从而使得信号的完整性更好。

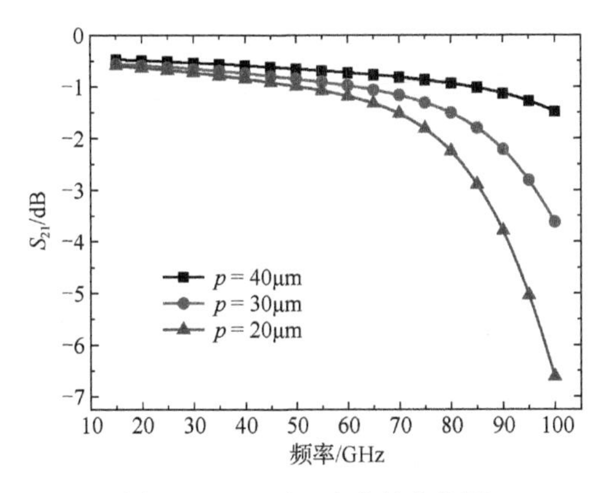

图 2-22　S_{21} 随 p 变化的曲线图

由于发生趋肤效应，Si 衬底阻止 GS-TSV 之间的磁场渗透。由于在衬底 Si 中渗透非常小的趋肤深度，绝大部分的回路电流沿着 Si-SiO_2 表面层流动，从而使原来的柱型 TSV 变成了同轴型 TSV 结构，需要重新考虑 GS-TSV 的等效电路结构。然而金属柱和衬底 Si 之间被 SiO_2 层隔离，所以趋肤效应模式下 GS-TSV 的金属柱和衬底 Si 之间被等效为 C_{TSV}。因为在衬底 Si 中有非常浅的趋肤深度，所以将 Si-SiO_2 界面的 Si 表面等效为电阻 R 和电感 L 串联，建立趋肤效应模式等效电路模型，如图 2-23 所示。

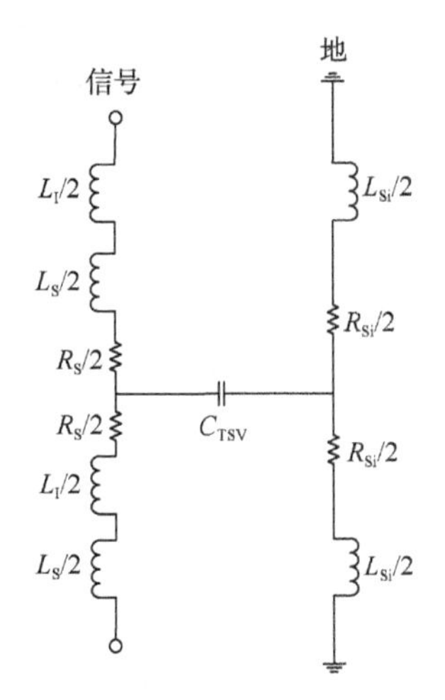

图 2-23　趋肤效应模式等效电路模型

利用 ADS 将图 2-23 的理论模型搭建起来，如图 2-24 所示，并对模型中的参数进行计算，然后在仿真电路的输入端加 50Ω的输入阻抗。

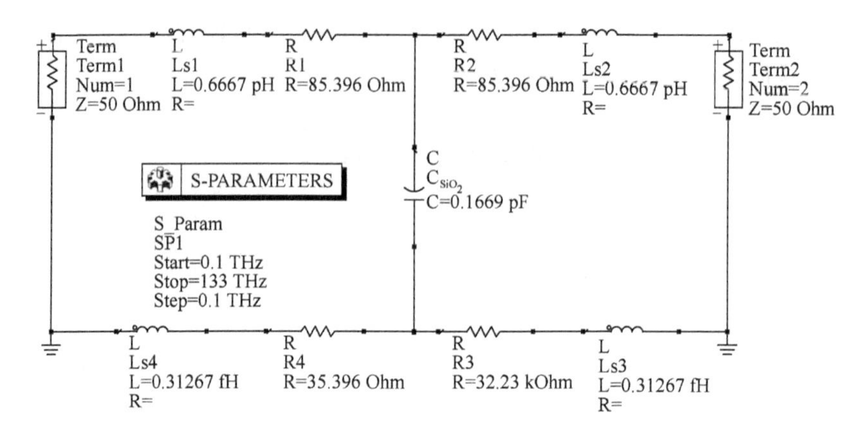

图 2-24　ADS 中趋肤效应模式等效电路仿真模型

趋肤效应模式等效电路的电学参数计算方法如下。

TSV 等效电感可由式（2-27）和式（2-28）计算得出：

$$L_1 = \mu_0 \frac{t_{\mathrm{SiO_2}}}{\pi r} \tag{2-27}$$

$$L_{\mathrm{S}} = \mu_0 \frac{\delta}{2\pi r} \tag{2-28}$$

TSV 等效电阻可由式（2-29）计算得出：

$$R_{\mathrm{S}} = \mu_0 f \frac{\delta}{r} \tag{2-29}$$

硅衬底中的等效电阻 R_{Si} 可由式（2-30）计算得出：

$$R_{\mathrm{Si}} = \frac{h_{\mathrm{TSV}}}{\sigma_{\mathrm{Si}} \pi \cdot (2r\delta - \delta^2)} \tag{2-30}$$

式中，h_{TSV} 表示 TSV 的高度；δ 表示趋肤深度。

硅衬底中的等效电感 L_{Si} 可由式（2-31）计算得出：

$$L_{\mathrm{Si}} = \frac{\mu}{2\pi} \ln \frac{r + t_{\mathrm{SiO_2}}}{r + t_{\mathrm{SiO_2}} + \delta} \tag{2-31}$$

式中，r 表示 TSV 金属柱半径；$t_{\mathrm{SiO_2}}$ 表示氧化层厚度。

在趋肤效应模式下，GS-TSV 的等效电容计算方法和慢波模式的相同，HFSS 和 ADS 的插入损耗 S_{21} 结果比较，如图 2-25 所示。结果表明：在 0.1～133THz 的趋肤效应模式频段，在 ADS 中搭建并仿真趋肤效应模式下的等效电路，其仿真结果与有限元算法的软件 HFSS 仿真结果拟合效果比较好，从而直接验证了趋肤效应模式下的 GS-TSV 等效电路能非常好地拟合实际环境，为集成电路的电路级仿真提供了有效的理论依据。

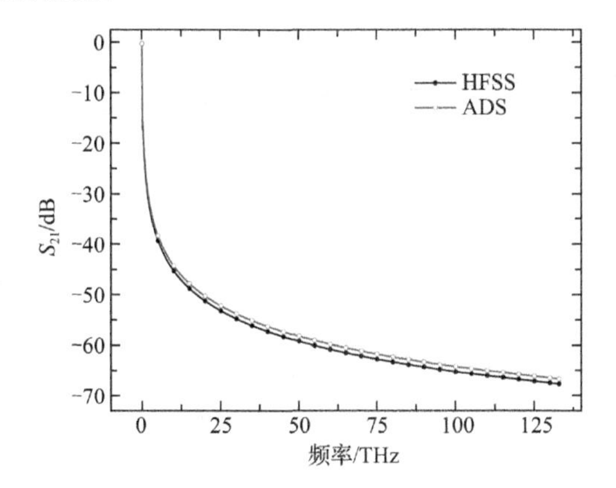

图 2-25　HFSS 和 ADS 的 S_{21} 结果比较（趋肤效应）

电阻 R 是研究 GS-TSV 等效电路电学特性的一个重要的因素，电阻的特性对电路整体的电学性能有着决定性的影响，所以对电阻 R 的研究是必要的。影响电阻 R 的因素有结构参数 r，图 2-26 是 TSV 金属柱半径 r 对 GS-TSV 等效电路中电阻 R 的影响。

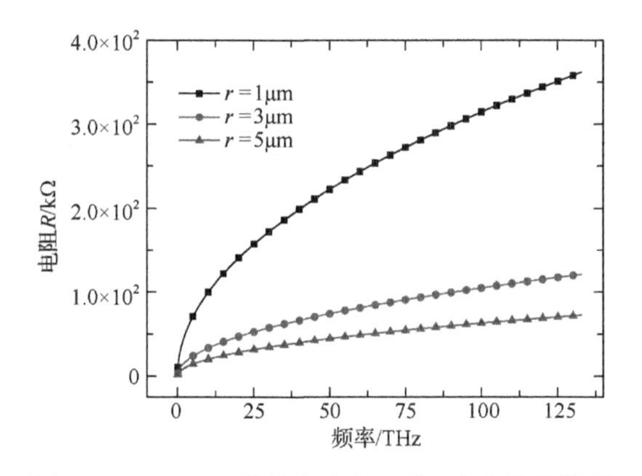

图 2-26　GS-TSV 等效电路中 R 随 r 变化的曲线图

电阻 R 随半径 r 变化的曲线图如图 2-26 所示。结果表明：在 0.1～133THz 频段，在信号工作频率 f 不发生变化的情况下，随着 TSV 金属柱半径 r 的变大，TSV 金属柱的等效电阻逐渐变小。由电路的基本知识可知：在导线的长度不发生改变的情况下，导线的横截面积越大，其电阻越小，所以随着 TSV 金属柱半径 r 的增大，信号沿着 TSV 传输时进入 TSV 的横截面积增大，阻力减小，TSV 金属柱的等效电阻 R 减小。

TSV 金属柱半径 r 变化对其等效电感 L 影响的曲线图，如图 2-27 所示。从图中可以看出，在信号工作频率 f 不变的情况下，随着 TSV 金属柱半径 r 的增大，其电感 L 逐渐减小。因为随着 TSV 金属柱半径 r 的增大，其金属柱横截面积变大，磁路变长，所以金属自身等效电感 L 变小。

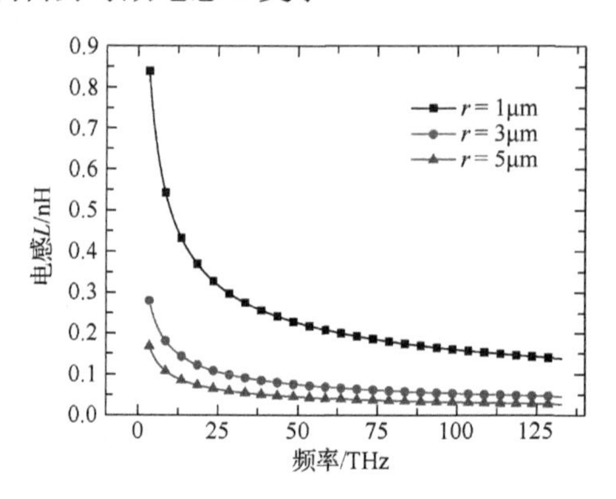

图 2-27　GS-TSV 等效电路中 L 随 r 变化的曲线图

GS-TSV 等效电路中，氧化层电容 C_{SiO_2} 是不随信号工作频率 f 变化的一个电学参数，而只随 TSV 结构参数改变而发生变化。图 2-27 可分析 TSV 金属柱半径 r 变化对氧化层寄生电感 L 的影响。

氧化层电容 C_{SiO_2} 随金属柱半径 r 变化的曲线图，如图 2-28 所示。结果表明：随着 TSV 金属柱半径 r 的增加，氧化层电容 C_{SiO_2} 线性增加。其原因是 TSV 金属柱半径 r 增加，TSV 金属柱的周长增大，使得氧化层电容 C_{SiO_2} 的面积增大，从而导致电容 C_{SiO_2} 增大。

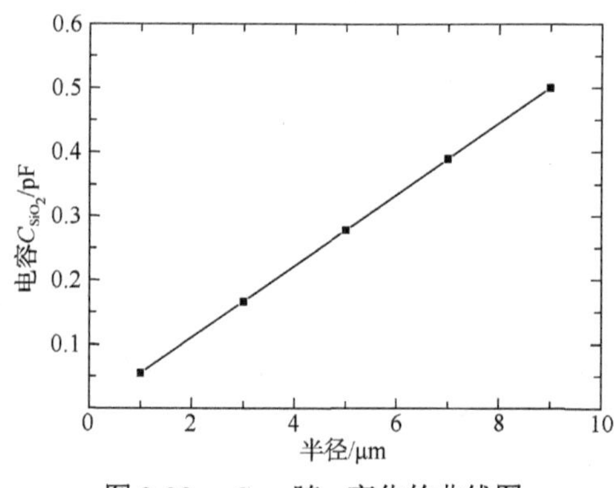

图 2-28　C_{SiO_2} 随 r 变化的曲线图

电阻 R 是一个非常重要的电学参数，在分析电路的电学特性时，电阻 R 是必不可少的分析因素。在 0.1～133THz 频段，电阻 R 随 TSV 高度 h 变化的关系曲线，如图 2-29 所示。结果表明：在信号工作频率 f 不发生变化的情况下，随着 TSV 高度 h 的增高，TSV 金属柱的电阻逐渐增大。由电路的基本知识可知：在导线的横截面积不变的情况下，导线越长，其电阻越大，所以随着 TSV 高度 h 的增高，信号沿着 TSV 传输时的传输路径增长，TSV 金属柱的电阻 R 增大。

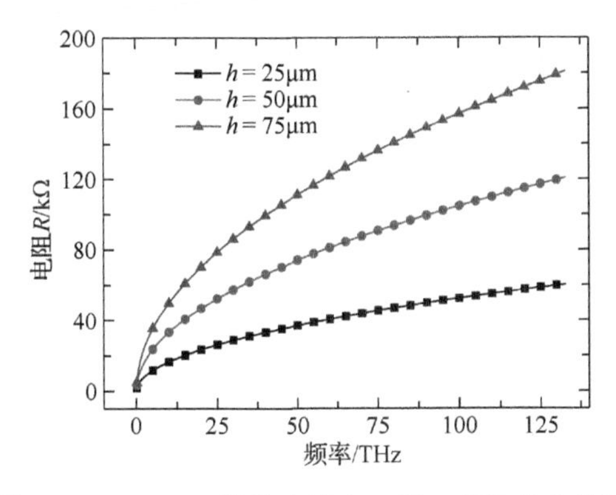

图 2-29　GS-TSV 等效电路中 R 随 h 变化的曲线图

同时，从图 2-29 中还可以看出：当 TSV 高度 h 不发生改变时，随着信号工作频率 f 的增大，TSV 金属柱的电阻 R 渐渐增大。这是由于随着信号工作频率 f 的增高，交流信号在 TSV 金属柱中发生趋肤效应，将信号限制在金属表面下很窄的区域，从而使导线有效横截面积减小，电阻 R 增大。

信号工作频率 f 对电感的影响不大，即在高频时会对电感有微弱影响。这是因为高频时信号在导体内部发生趋肤效应，会对导体的内电感产生一定的影响，但是导体内电感一般比外电感小很多，所以可将内电感忽略，进而使用外电感表示导体的寄生电感。

TSV 高度 h 变化对其等效电感 L 的影响曲线图，如图 2-30 所示。从图中可以看出，当信号工作频率 f 不变时，随着 TSV 高度 h 的增大，其电感 L 逐渐增大，这是因为随着 TSV 高度 h 的增高，其 TSV 金属柱变长，金属自身等效电感 L 变大[3]。

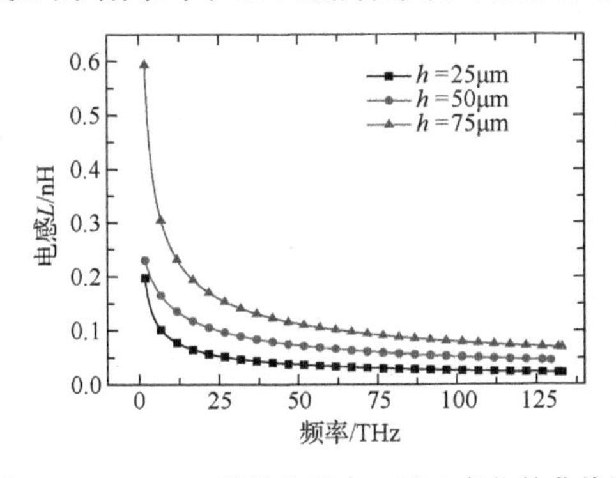

图 2-30　GS-TSV 等效电路中 L 随 h 变化的曲线图

因为信号通过 TSV 时，TSV 金属柱中的电势与衬底 Si 上的电势不同，也就是氧化层两边有电势差存在，所以在对等效电路进行电学特性分析时，需要考虑氧化层寄生电容 C_{SiO_2}，而且电容也是影响信号通过 TSV 的完整性的一个重要电学因子，因此对氧化层寄生电容 C_{SiO_2} 的分析研究是必要的。

氧化层寄生电容 C_{SiO_2} 随高度 h 变化的曲线图，如图 2-31 所示。结果表明：随着 TSV 高度 h 的增加，氧化层寄生电容 C_{SiO_2} 线性增加。其原因是 TSV 高度增加，氧化层寄生电容 C_{SiO_2} 的面积增大，从而导致电容 C_{SiO_2} 增大。

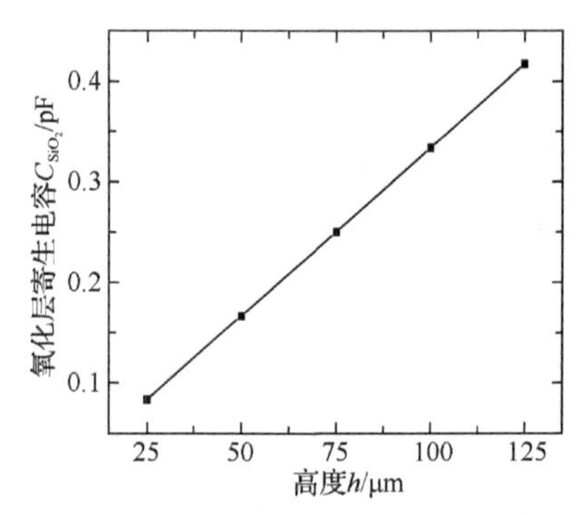

图 2-31　氧化层寄生电容 C_{SiO_2} 随高度 h 变化的曲线图

2.2　同轴-环型 TSV 电学特性

同轴-环型 TSV 的结构类似于同轴电缆，具有优越的电学传输特性[4]，因为这种结构的 TSV 是指当 TSV 铜柱作为电信号传输体时，在介质层和硅衬底之间增加一个与 TSV 铜柱具有同轴的圆柱型导体作为屏蔽层，并在屏蔽层和衬底之间加入第二层介质层。相对于普通的同轴 TSV，CA-TSV 减少了金属的比例，以及因为金属和硅衬底的热膨胀系数失配造成的热应力，因此具有优越的热机械可靠性。

CA-TSV 是一种新型的 TSV 结构，目前针对这种 TSV 的研究主要集中在热机械可靠性方面，针对其电学特性的研究尚不完善。根据传输线理论，本节对 CA-TSV 电学参数解析模型、寄生参数、特性阻抗、功率、时间常数和插入损耗等分别进行了分析研究。

CA-TSV 的横截面如图 2-32 所示，根据当前的技术，同轴-环型 TSV 结构参数见表 2-2。

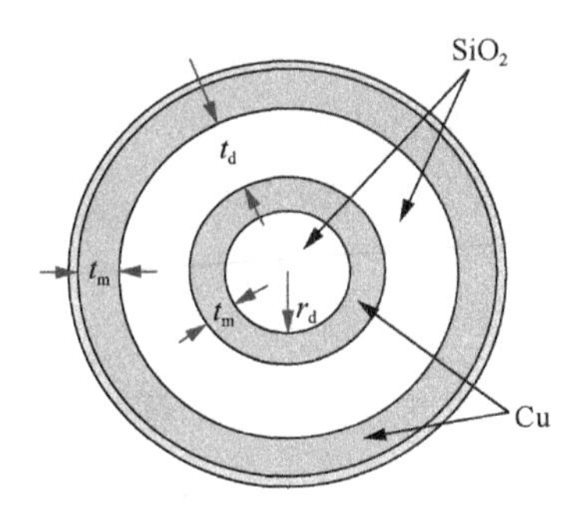

图 2-32　CA-TSV 的横截面[4]

表 2-2　同轴-环型 TSV 结构参数

参数	符号	值/μm
高度	h	50
介质柱半径	r_d	2
介质层厚度	t_d	3
金属环厚度	t_m	2
氧化层厚度	t_{ox}	0.1

由于传输线是输送电磁能的载体，故传输线中存在电场和磁场[5]。对于 1m 均匀传输线，它存在电场强度 E 和磁场强度 H，令导体上的电压为 $V_0\exp(\pm j\beta z)$，电流为 $I_0\exp(\pm j\beta z)$。1m 均匀传输线平均磁储能为

$$W_m = \frac{\mu}{4}\int_S \bar{H}\cdot\bar{H}^* dS \tag{2-32}$$

式中，μ为磁导率；S 为传输线的横截面面积。由电路理论得到：

$$W_m = L|I_0^2|/4 \tag{2-33}$$

式中，L 为传输线自感；I_0 为传输线上的电流。因此，由式（2-32）和式（2-33）得到单位长度的传输线自感为

$$L = \frac{\mu}{|I_0|^2}\int_S \bar{H}\cdot\bar{H}^* dS \tag{2-34}$$

1m 均匀传输线的平均电储能为

$$W_e = \frac{\varepsilon}{4}\int_S \bar{E}\cdot\bar{E}^* dS \tag{2-35}$$

式中，ε为复介电常数。由电路理论得到：

$$W_{\mathrm{e}} = C|V_0^2|/4 \tag{2-36}$$

式中，V_0 为复电压；C 为传输线的电容。因此，由式（2-35）和式（2-36）推出单位长度的传输线电容为

$$C = \frac{\varepsilon}{|V_0|^2}\int_S \bar{E}\cdot\bar{E}^*\mathrm{d}S \tag{2-37}$$

单位长度有限电导率传输线（金属）的功率为

$$P_{\mathrm{c}} = \frac{R_{\mathrm{s}}}{2}\int_{C_1+C_2} \bar{H}\cdot\bar{H}^*\mathrm{d}l \tag{2-38}$$

式中，C_1+C_2 为整个导体边界上的积分路径；R_{s} 为 CA-TSV 导体的表面电阻。由电路理论得到：

$$P_{\mathrm{c}} = R|I_0^2|/2 \tag{2-39}$$

则由式（2-38）和式（2-39）推出单位长度的传输线电阻为

$$R = \frac{R_{\mathrm{s}}}{|I_0|^2}\int_{C_1+C_2} \bar{H}\cdot\bar{H}^*\mathrm{d}l \tag{2-40}$$

CA-TSV 介质层中单位长度介质耗散的平均功率为

$$P_{\mathrm{d}} = \frac{\omega\varepsilon''}{2}\int_S \bar{E}\cdot\bar{E}^*\mathrm{d}l \tag{2-41}$$

式中，ω为角频率；ε'' 为ε 的虚部。由电路理论得到：

$$P_{\mathrm{d}} = \frac{G|V_0|^2}{2} \tag{2-42}$$

式中，G 为电导。因此，由式（2-41）和式（2-42）推出单位长度的并联电导值为

$$G = \frac{\omega\varepsilon''}{|V_0|^2}\int_S \bar{E}\cdot\bar{E}^*\mathrm{d}s \tag{2-43}$$

CA-TSV 内 TEM 行波场的电场和磁场分别为

$$E = \frac{V_0\rho}{\rho\ln\frac{b}{a}}\mathrm{e}^{-yz} \tag{2-44}$$

$$H = \frac{I_0\Phi}{2\pi\rho}\mathrm{e}^{-yz} \tag{2-45}$$

式中，ρ 为 TSV 的电阻率；y 与 z 为空间坐标；e^{-yz} 为沿$+z$ 方向的波传播。

CA-TSV 内金属层与外金属层的电阻可通过式（2-46）得出：

$$R=\frac{R_s}{(2\pi)^2}\left\{\int_{\phi=0}^{2\pi}\frac{1}{a^2}a\mathrm{d}\phi+\int_{\phi=0}^{2\pi}\frac{1}{b^2}b\mathrm{d}\phi\right\}=\frac{R_s}{2\pi}\left(\frac{1}{a}+\frac{1}{b}\right)\tag{2-46}$$

式中，$a = r_d + t_m$，r_d 为最内层圆柱介质半径，t_m 为金属环厚度（返回路径与信号路径取相同厚度）；$b = a + t_d$，t_d 为外层介质环厚度；$R_s=1/\delta\sigma$，δ 为趋肤深度。

CA-TSV 内金属层与外金属层的电感可通过式（2-47）得出：

$$L=\frac{\mu}{(2\pi)^2}\int_{\phi=0}^{2\pi}\int_{\rho=a}^{b}\frac{1}{\rho^2}\rho\mathrm{d}\rho\mathrm{d}\phi=\frac{\mu}{2\pi}\ln\frac{b}{a}(\mathrm{H/m})\tag{2-47}$$

CA-TSV 内外金属层之间介质的电导可通过式（2-48）得出：

$$G=\frac{\omega\varepsilon''}{\left(\ln\frac{b}{a}\right)^2}\int_{\phi=0}^{2\pi}\int_{\rho=a}^{b}\frac{1}{\rho^2}\rho\mathrm{d}\rho\mathrm{d}\phi=\frac{2\pi\omega\varepsilon''}{\ln\frac{b}{a}}(\mathrm{S/m})\tag{2-48}$$

式中，$\varepsilon''=\varepsilon_{\mathrm{SiO_2}}\tan\delta_\mathrm{d}$，介电损耗 $\tan\delta_\mathrm{d}=0.005$。

CA-TSV 内外金属层之间的寄生电容可通过式（2-49）得出[6-7]：

$$C=\frac{\omega\varepsilon_{\mathrm{SiO_2}}}{\left(\ln\frac{b}{a}\right)^2}\int_{\phi=0}^{2\pi}\int_{\rho=a}^{b}\frac{1}{\rho^2}\rho\mathrm{d}\rho\mathrm{d}\phi=\frac{2\pi\omega\varepsilon_{\mathrm{SiO_2}}}{\ln\frac{b}{a}}(\mathrm{F/m})\tag{2-49}$$

在得到 CA-TSV 的寄生参数模型之后，很容易得到其他电学特性的表达式。功率 P 随频率变化可表示为

$$P_{\mathrm{TSV}}(f)=\mathrm{AF}\times C(f)\times V^2\times f\tag{2-50}$$

式中，AF 为活动因子；V 为电路工作电压；C 为 CA-TSV 的等效电容。

CA-TSV 中的 RL 时间常数和 RC 时间常数可以表示为

$$\tau_{RL}=\frac{L}{R}\tag{2-51a}$$

$$\tau_{RC}=RC\tag{2-51b}$$

式中，L、R、C 分别为电路中的等效电感、等效电阻、等效电容。

根据传输线有损理论，TSV 的插入损耗 S_{21} 可以表示为

$$S_{21}=\frac{2}{A+B/Z_0+CZ_0+D}\tag{2-52}$$

式中，Z_0 是特性阻抗，可以表示为

$$Z_0=\sqrt{(R+\mathrm{j}\omega L)/(G+\mathrm{j}\omega C)}\tag{2-53}$$

ABCD 矩阵可以用式（2-54）表示

$$\begin{pmatrix} A & B \\ C & D \end{pmatrix} = \begin{pmatrix} \cosh(\gamma h) & Z_0 \sinh(\gamma h) \\ \sinh(\gamma h)/Z_0 & \cosh(\gamma h) \end{pmatrix} \tag{2-54}$$

式中，h 为 TSV 的高度；γ 为传输系数，可以用式（2-55）表示

$$\gamma = \sqrt{(R + \mathrm{j}\omega L)(G + \mathrm{j}\omega C)} \tag{2-55}$$

如式（2-52）和式（2-53）所示，因为 R、L、C 和 G 等电学参数包含在 S_{21} 中，所以如果 MATLAB 中 S_{21} 仿真曲线能与 HFSS 的拟合，也就同时验证了 R、L、C、G 和阻抗等电学参数的正确性。将式（2-52）～式（2-55）编写为 MATLAB 程序进行计算，并在程序中添加计时命令，得到的计算用时为 0.030194 秒，而在 HFSS 中仿真所用时间大约为 4 分 15 秒，故而解析方法大大节约了计算时间，提高了计算效率。图 2-33 给出了 S_{21} 的解析法与有限元分析法的仿真结果对比。

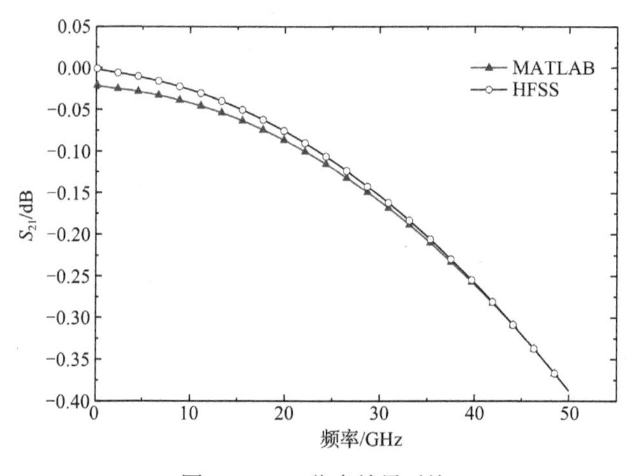

图 2-33　S_{21} 仿真结果对比

从图 2-33 中可以看出，S_{21} 随着工作频率的增加而增加，这是由于存在介质损耗等因素。在 0～20GHz 频段，随着工作频率的增加，S_{21} 增加比较缓慢。当工作频率超过 20GHz 后，S_{21} 与工作频率呈线性变化关系，而且随着工作频率的增加而线性增加。

另外，在低频时，用解析法计算的插入损耗比较小，但是随着工作频率从 0GHz 上升到 40GHz 左右，用解析法计算的结果曲线不断地向用有限元分析法仿真的结果曲线靠近，当工作频率在 40GHz 以上时，用解析法计算的结果曲线几乎与用有限元分析法仿真的结果曲线完全重合。在 0～50GHz 的整个频段，S_{21} 的解析计算结果与有限元仿真结果拟合比较好，均随着频率的增加而逐渐增加，而且在高频时几乎完全重合在一起。这样的拟合效果，完全验证了 S_{21} 的解析法计算结果的正确性。

采用 HFSS 仿真研究 0～50GHz 范围 CA-TSV 和柱型 TSV 的插入损耗。对于 CA-TSV，外层金属接地作为返回电流路径，内层金属用来传输信号；对于柱型 TSV，是另一种需要相同返回电流路径的 TSV。柱型 TSV 对地信号与地之间的间距为 20μm。二氧化硅的损耗角正切为 0.005。

图 2-34 给出了 CA-TSV 和柱型 TSV 插入损耗的结果。结果表明：当工作频率从 0Hz 到 5GHz 缓慢上升时，柱型 TSV 的插入损耗快速增加，并且在高频时，插入损耗的增长开始变平缓。原因如下：存在两种主要的损耗机制，即导体损耗和介电损耗。在较低频率时柱型 TSV 的电阻和电介质电导急剧增大，并且在高频时增长变得平缓，即刚开始随着频率的增加，导体损耗和介电损耗迅速增加，然后变得缓慢。

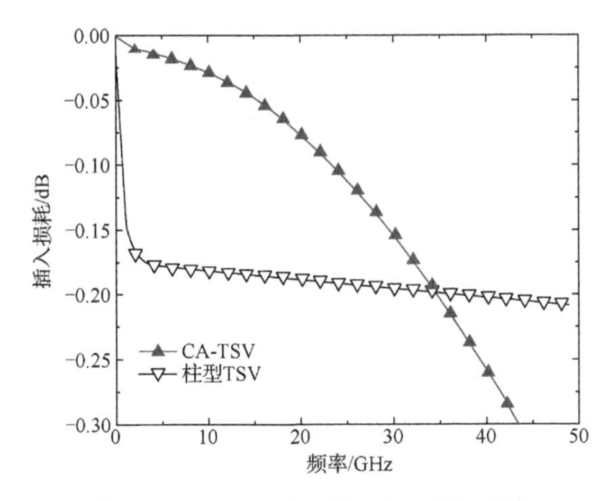

图 2-34　CA-TSV 和柱型 TSV 的插入损耗

从图 2-34 中也可看出，在更高的频率时，CA-TSV 的插入损耗比柱型 TSV 的插入损耗增加迅速，并且当频率大于 35GHz 时，CA-TSV 的插入损耗更大。其原因是介质与电导频率呈线性关系，如式（2-48）所示。尽管二氧化硅的损耗角正切只有 0.005，但是在高频时，介质电导不能忽略，如式（2-48）所示。信号和电流返回路径之间的距离，对 CA-TSV 的电阻和介质电导的直接影响比对柱型 TSV 的电阻和介质电导的直接影响小得多，CA-TSV 的导体损耗和介电损耗随频率的变化增加更为显著。

由此可以总结出，当工作频率低于 35GHz 时，相比于柱型 TSV，CA-TSV 有更好的信号完整性。当工作频率大于 35GHz 时，CA-TSV 的插入损耗比柱型 TSV 的大。因此，对于当前 TSV 尺寸，CA-TSV 的适用范围是 0～35GHz。当 TSV 尺寸继续缩小时，这种方法仍然可以适用。

2.3　重掺杂屏蔽 TSV 结构及特性分析

传统的 TSV 是一种穿透硅晶圆的垂直互连结构，其氧化物衬里只隔离了从 TSV 金属到硅衬底的直流电流，而不能抑制高频耦合噪声。通过在传统 TSV 的氧化层和衬底之间添加一种接地的高掺杂层（HDL），可以获得一种有效的耦合抑制结构[8]。在本节中，对所提的串扰噪声抑制方法的特性在时域和频域进行了研究。为了验证所提出的 TSV 结构的噪声屏蔽效果，采用了地-信号-信号-地（GSSG）-TSV 结构。图 2-35 为 GSSG-TSV 与 HDL 的横截面图。图 2-35 右侧为 TSV 边缘局部放大图，清晰地展示了所提出的结构。TSV-3 和 TSV-4 分别是 TSV-1 和 TSV-2 的参考地。

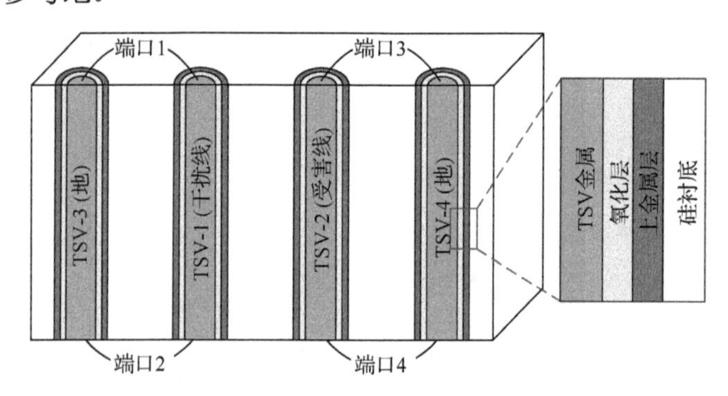

图 2-35　GSSG-TSV 与 HDL 的横截面图

本节采用的 GSSG-TSV 的几何参数和材料参数值见表 2-3。

表 2-3　GSSG-TSV 的几何参数和材料参数值

参数	值
TSV 高度	50μm
TSV 金属柱半径	5μm
HDL 厚度	1μm
TSV 间距	40μm
氧化层厚度	1μm
HDL 电导率	20×10^4S/m
TSV 金属的电导率	5.8×10^7S/m
硅衬底的电导率	10S/m
硅的相对介电常数	11.9
氧化物的介电常数	4

图 2-36 为用 HDL 建立 GSSG-TSV 的等效电路模型，其中 R_{TSV} 和 L_{TSV} 分别为 TSV 的寄生电阻和寄生电感；C_{ox}、C_{dep} 和 C_{sub} 分别为氧化层、耗尽层和硅衬底的寄生电容；R_{HDL} 为 HDL 电阻；G_{sub} 为硅衬底电导。因为 HDL 与接地的金属 1 连接，$R_{contact}$ 为金属-硅接触点的电阻。这里，$R_{contact}$ 由式（2-56）得到：

$$R_{contact} = \rho_C / S \tag{2-56}$$

式中，S 为接触面积；ρ_C 为接触电阻率，其可以通过接触电阻与浓度的关系得到[9]。R_{HDL} 是根据欧姆定律计算的。根据文献[10]的解析表达式计算了其他寄生参数，并通过测量结果进行了验证。GSSG-TSV 的寄生参数如表 2-4 所示。

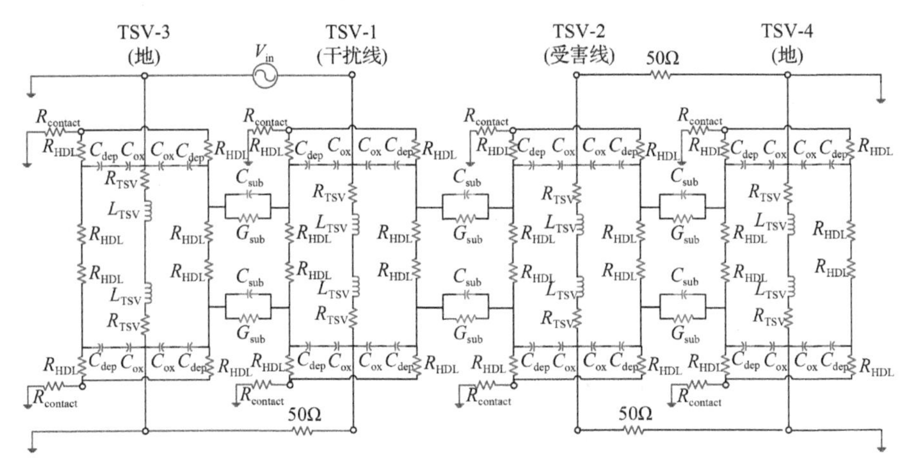

图 2-36　用 HDL 建立 GSSG-TSV 的等效电路模型

表 2-4　GSSG-TSV 的寄生参数

参数	符号	值
HDL 的电阻	R_{HDL}	7.75Ω
TSV 的寄生电阻	R_{TSV}	95mΩ
TSV 的寄生电感	L_{TSV}	20.9pH
氧化层寄生电容	C_{ox}	1.5fF
耗尽层寄生电容	C_{dep}	6.5pF
硅衬底寄生电容	C_{sub}	4fF
硅衬底电导	G_{sub}	655Ω
金属-硅接触点的电阻	$R_{contact}$	50Ω

当不考虑图 2-36 中的 R_{HDL} 和 $R_{contact}$ 时，等效电路模型退化为无 HDL 情况下的等效电路模型。利用 HSPICE 软件，基于图 2-36 中的等效电路模型进行时域分

析，比较无 HDL 和有 HDL 两种情况下的串扰噪声。在仿真中，使用阶跃脉冲作为输入信号，其幅度为 1V。如图 2-36 所示，输入信号流经信号 TSV-1；TSV-1 和 TSV-2 的所有其他端口接有 50Ω的电阻；TSV-3 和 TSV-4 与地面短路；TSV 周围的 HDL 通过金属-硅接触点的电阻接地。

图 2-37（a）和（b）分别描述了无 HDL 和有 HDL 两种情况下瞬态串扰噪声随上升时间（tr）的变化。可以观察到，随着输入信号上升（时间=100ps），噪声增加，这是因为 TSV-1 和 TSV-2 之间的电容耦合。随着上升时间的延长，由于攻击者和被攻击者 TSV 之间的电容耦合路径阻抗的增加，串扰噪声明显减小。

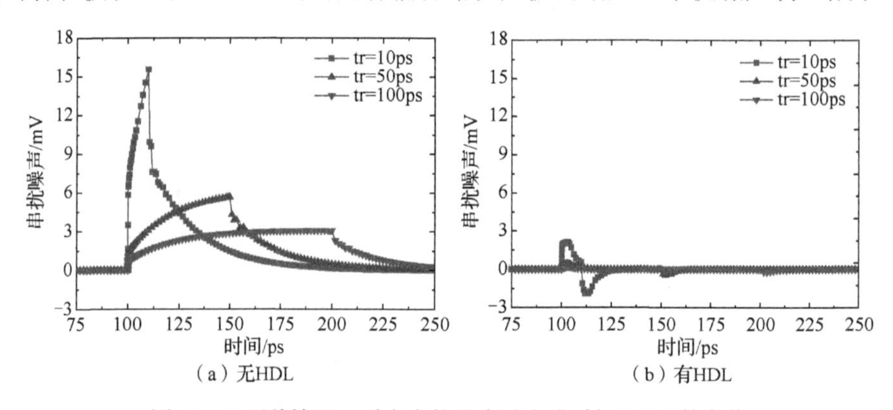

图 2-37　两种情况下瞬态串扰噪声随上升时间（tr）的变化

图 2-38 比较了无 HDL 和有 HDL 的情况下，峰值噪声随着上升时间从 10ps 到 100ps 的变化。可以观察到 HDL 显示出很好的噪声屏蔽效果。例如，加入 HDL 后，上升时间为 10ps 时，峰值噪声从 15.54mV 下降到 2.14mV；上升时间为 100ps 时，峰值噪声从 3.07mV 降到 0.21mV。这对应于上升时间为 10ps 时，峰值噪声减少了 13.40mV(86.2%)，以及上升时间为 100ps 时，峰值噪声减少了 2.86mV(93.2%)。

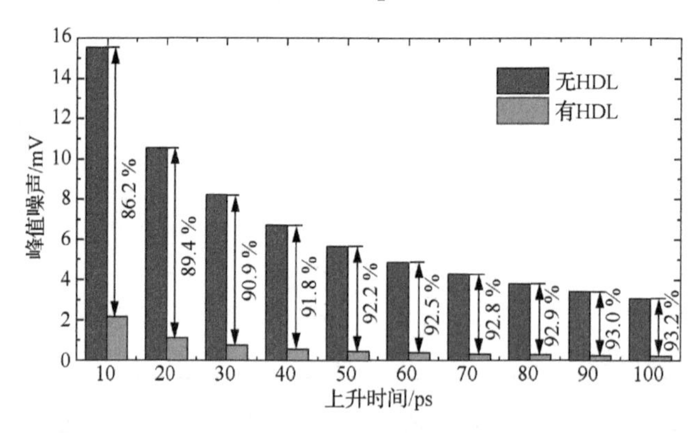

图 2-38　上升时间从 10ps 到 100ps 两种情况下峰值噪声的比较

图 2-39（a）为上升时间为 10ps 时，不同 TSV 间的瞬态串扰噪声。正如预期的那样，由于 G_{sub} 的增加和 C_{sub} 的减少，耦合噪声随着螺距的增加而减小，也就是说，从攻击者 TSV 到被攻击者 TSV 的耦合路径阻抗增加。图 2-39（b）比较了无 HDL 和有 HDL 的峰值噪声。当螺距在 20～100μm 范围时，使用 HDL 的峰值噪声比不使用 HDL 的峰值噪声降低 83%以上。这证明 HDL 能够吸收大量的峰值噪声。

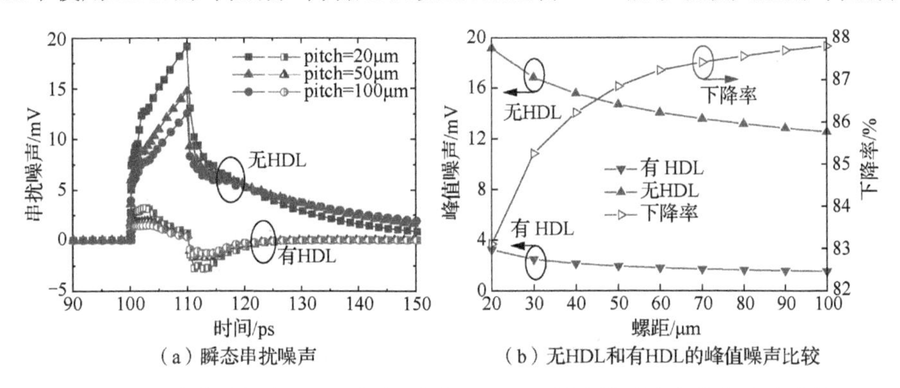

图 2-39　上升时间为 10ps 时不同音高（pitch）的串扰噪声和峰值噪声分析

本节研究了高密度脂蛋白掺杂浓度（N_{HDL}）在 10ps 上升时间对 TSV 间噪声耦合的影响。图 2-40（a）为瞬态串扰噪声，图 2-40（b）为无 HDL 和有 HDL 的峰值噪声比较。可以发现，掺杂浓度越高，屏蔽效果越好，这是因为 HDL 和接触电阻组成的地回路阻抗越低。此外，当 HDL 掺杂浓度达到 $10^{17}/cm^3$ 时，峰值噪声可降低多达 80%，原因是地面返回路径的阻抗很小。

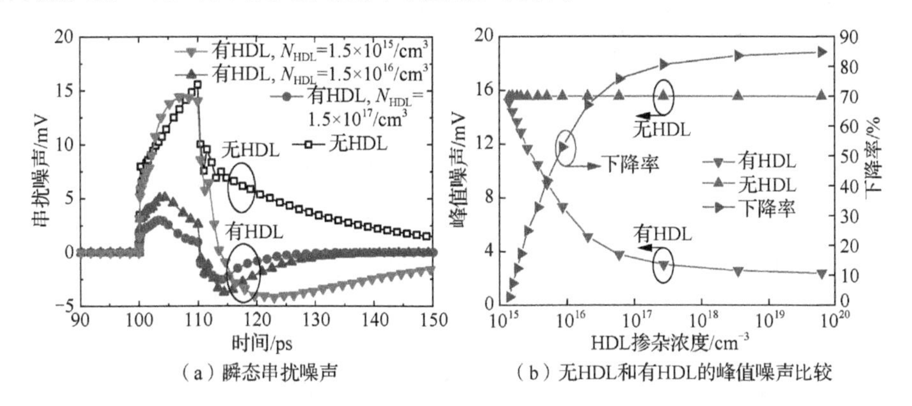

图 2-40　上升时间为 10ps 时不同高密度脂蛋白掺杂浓度（N_{HDL}）下的串扰噪声分析

为了研究信号通过 TSV 时，随着信号频率的增加，HDL 接地的屏蔽效果，利用基于有限元法的三维全波电磁仿真器 HFSS 对频率为 50GHz 以下的噪声传递系数进行了仿真。

图 2-41 显示了无 HDL 和有 HDL 的两种情况下噪声传递系数的结果。结果表明，当有 HDL 时，几乎在整个模拟频率范围内，噪声传递系数降低了约 15dB。由此证明 HDL 在噪声屏蔽方面具有重要的作用。

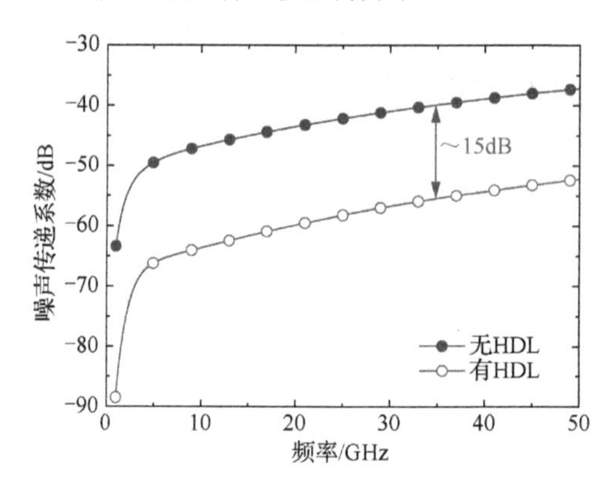

图 2-41　无 HDL 与有 HDL 时 TSV 噪声传递系数比较

从结构上，与传统同轴 TSV 结构相比，本节提出的 TSV 结构改变了屏蔽层材料，并去除了外部氧化物衬里，如图 2-42 所示。为了展示所提的 TSV 结构相对于传统同轴 TSV 的热机械优势，本节将对其热机械性能进行比较。为了方便对比，同轴 TSV 的几何参数与所提的 TSV 结构相同。

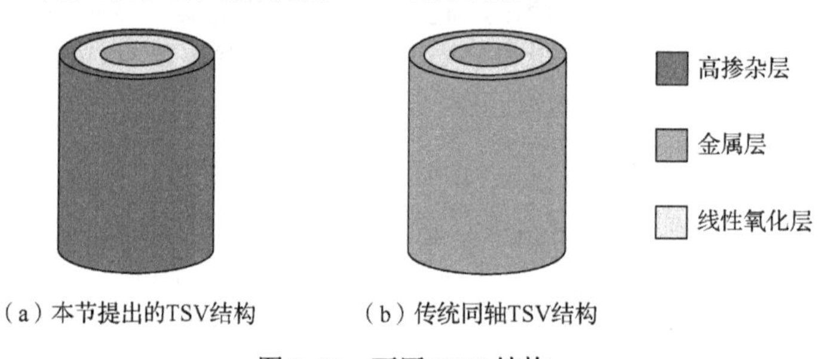

（a）本节提出的TSV结构　　（b）传统同轴TSV结构

图 2-42　不同 TSV 结构

当晶圆在加工过程中受到热胁迫时，由于晶圆与晶圆之间的热膨胀系数（CTE）不匹配，TSV 会在硅衬底周围产生热应力。热应力导致在 TSV 周围出现一个不允许放置晶体管的阻止区（KOZ），热应力非常高，会对晶体管的性能和可靠性产生不利影响。KOZ 可定义为载波移动性变化超过 5%的区域[11]：

$$\mathrm{KOZ} = r\Big|_{\left|\frac{\Delta\mu}{\mu}(r,\theta)\right|<5\%} \tag{2-57}$$

式中，流动性变化 $\Delta\mu/\mu$ 可由式（2-58）计算：

$$\frac{\Delta\mu}{\mu}(r,\theta) = \Pi \times \sigma_{rr}(r) \times \beta(\theta) \tag{2-58}$$

式中，$\sigma_{rr}(r)$为径向应力；$\beta(\theta)$为取向因子；θ为晶体管通道与 TSV 引起的径向应力之间的夹角；Π为压阻系数。用解析法和有限元法（FEM）对两种 TSV 引起的 KOZs 进行比较。

TSV 引起的热应力的解析模型可以表示为[12]

$$\sigma_{rr}^{P}=2\mu_p\frac{3\lambda_p+2\mu_p}{\lambda_p+2\mu_p}a_p-2\mu_p\frac{b_p}{r^2}-2\mu_p I_l(\sqrt{A_p}r)\frac{c_p}{r}+2\mu_p K_l(\sqrt{A_p}r)\frac{d_p}{r} \tag{2-59}$$

式中，P 为不同材料；剪切模量 $\mu_p=E_p/[2(1+v_p)]$；$\lambda_p=2\mu_p v_p(1-2v_p)^{-1}$；$A_p=12(\mu_p+\lambda_p)(2\mu_p+\lambda_p)^{-1}h^{-2}$，$h=0.5D$，$D$ 为晶圆厚度；I_l 和 K_l 分别为第一类和第二类的 l 阶修正贝塞尔函数；a_p、b_p、c_p 和 d_p 为常数，由界面位移和应力连续性的边界条件确定。位移矢量和剪应力如下所示：

$$\begin{aligned}&\boldsymbol{u}_r^{P_i}(R_i)=\boldsymbol{u}_r^{P_{i+1}}(R_i),\quad \boldsymbol{u}_z^{P_i}(R_i)=\boldsymbol{u}_z^{P_{i+1}}(R_i),\\&\sigma_{rr}^{P_i}(R_i)=\sigma_{rr}^{P_{i+1}}(R_i),\quad \sigma_{rz}^{P_i}(R_i)=\sigma_{rz}^{P_{i+1}}(R_i)\end{aligned} \tag{2-60}$$

式中，i 为 TSV 截面上接触材料从中心到边缘的第 i 个界面；R_i 为第 i 个接口的半径；P_i 和 P_{i+1} 分别为第 i 个界面两侧的材料；$\boldsymbol{u}_r(R_i)$、$\boldsymbol{u}_z(R_i)$和$\sigma_{rz}(R_i)$分别为柱坐标系中沿 r、z 轴的位移矢量和剪应力。

为了验证分析模型，进行了有限元仿真。为了对称，FEM 模拟中只使用了 1/16 的结构，其中 1/8 在周向，1/2 在轴向。有限元轴对称模型的几何和网格划分如图 2-43 所示。模型共有 3333694 个节点，891144 个单元。边界条件设置如下：无摩擦的用于前面、后面和底部的横截面。采用−250℃热负荷，即室温为 25℃，退火温度为 275℃。采用十六进制主导网格法进行仿真。TSV 和衬底的网格单元尺寸分别为 0.2μm 和 0.5μm。主要关注的区域是靠近 TSV 的衬底，因此 TSV 与衬底接触面的接触单元尺寸为 0.1μm。材料的热机械性能列于表 2-5。

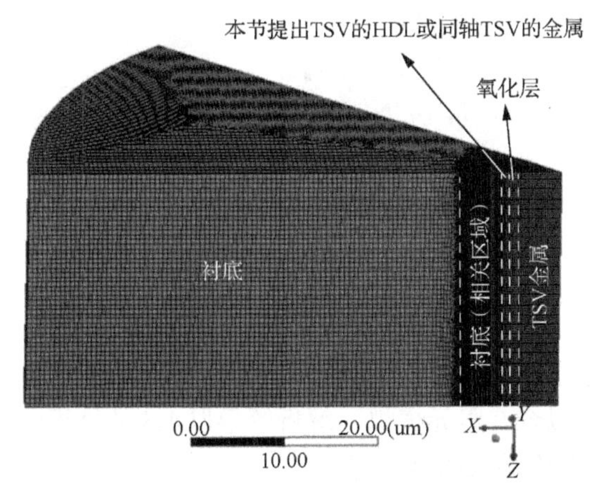

图 2-43　有限元轴对称模型（3333694 个节点，891144 个单元）的几何和网格划分

表 2-5　材料的热机械性能

金属	α/（10^{-6}/℃）	E/GPa	ν
Si	2.3	130	0.28
Cu	18	110	0.35
SiO_2	0.6	72	0.16
HDL	2.48	170	0.22

由此可以得到本节提出 TSV 结构和传统同轴 TSV 结构的径向热应力的有限元仿真结果，分别如图 2-44（a）和（b）所示。结果表明，本节提出 TSV 结构引起的应力小于传统同轴 TSV 结构。

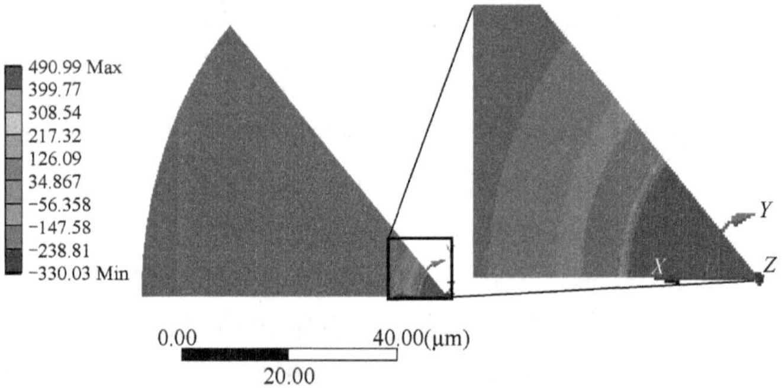

（a）本节提出TSV结构

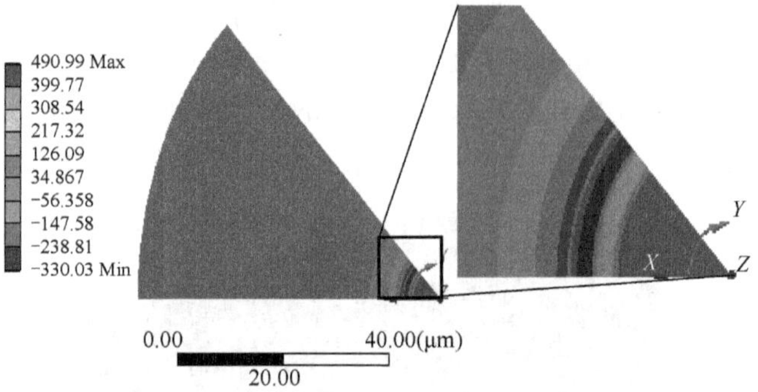

（b）传统同轴TSV结构

图 2-44　本节提出 TSV 结构和传统同轴 TSV 结构的径向热应力（单位为 MPa）

解析法和有限元法得到本节提出 TSV 结构和同轴 TSV 结构的径向热应力如图 2-45 所示。为了拟合有限元模拟，解析解乘以 1.5 的修正因子。结果表明，解析法结果与有限元分析结果吻合较好。

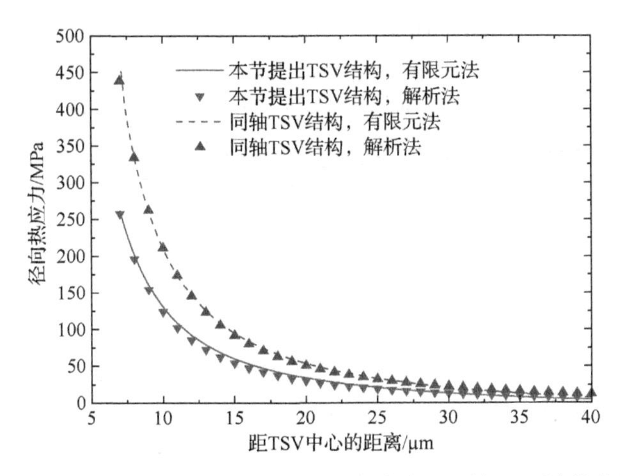

图 2-45　解析法和有限元法得到本节提出 TSV 结构和同轴 TSV 结构的径向热应力

由热应力结果可以得到 KOZ，如图 2-46 所示，其中 $\theta=0°$ 和 $90°$ 分别表示晶体管通道平行于 TSV 诱导的径向应力和垂直于 TSV 诱导的径向应力。由于 p 型和 n 型硅的压阻系数不同，热应力对 pMOS 和 nMOS 晶体管的影响也不同。从图 2-46 中可以看出，对于平行于 TSV 诱导的径向应力的 pMOS 通道，TSV 结构引起的 KOZ 可以降低高达 3.9μm（38.2%）。对于其他情况，KOZ 也有不同程度的减少。

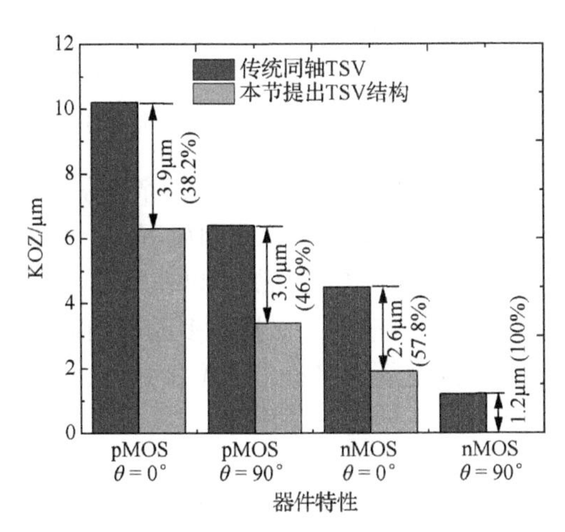

图 2-46　本节提出 TSV 结构与传统同轴 TSV 结构的 KOZ 比较

因此，与传统同轴 TSV 相比，本节提出 TSV 结构具有更好的热机械可靠性。

在本节中，在传统同轴 TSV 结构的基础上[13]，提出了一种可行的 TSV 结构的制造工艺。首先，如图 2-47（a）所示，用反应离子刻蚀（RIE）法在硅衬底上刻蚀通孔。其次，如图 2-47（b）所示，通过使用化学气相沉积（CVD）法沉积高度掺杂的多晶硅形成高密度脂蛋白。再次，通过 CVD 法沉积氧化物 HDL，如图 2-47（c）所示。最后，通过沉积电离物理气相沉积（IPVD）法沉积种子层和铜塞，如图 2-47（d）和（e）所示。在这一步之后，通过化学机械抛光（CMP）去除多余的表面材料。由于同轴 TSV 结构具有额外的氧化物衬里，因此与传统同轴 TSV 结构相比，该结构的制造过程减少了一步。

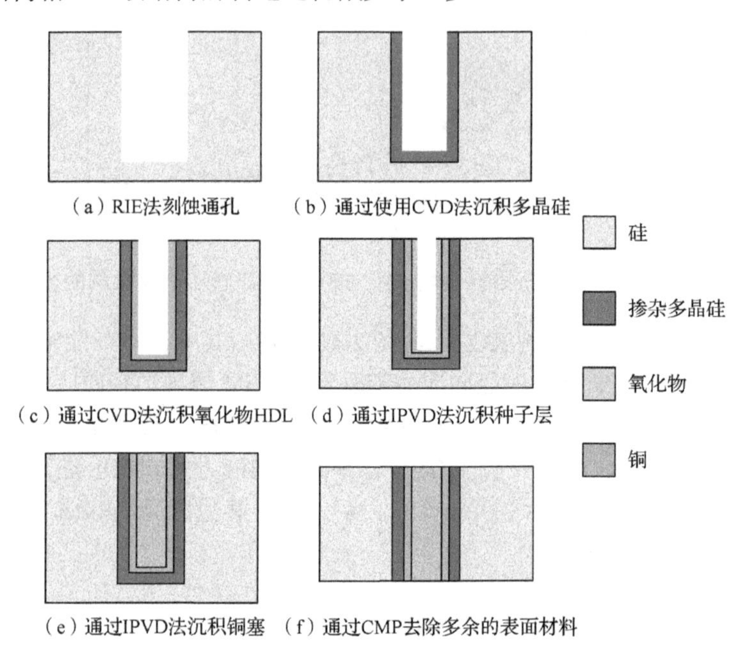

图 2-47　本节提出 TSV 结构的制造过程

注意，在后续的工艺步骤中，可能会有一些掺杂剂从 HDL 再次扩散到硅衬底中，但这几乎不会影响 HDL 的屏蔽效果。原因如下：一方面，高效扩散需要高于 1000℃的温度，而沉积 HDL 后的所有过程都可以在低于 400℃的温度下完成[14-15]。因此，在随后的工艺步骤中，掺杂剂从高掺杂多晶硅向硅片的扩散受到限制。另一方面，即使 HDL 的掺杂浓度从 $10^{19}/cm^3$ 降低到 $10^{17}/cm^3$，对屏蔽效应也基本没有影响，这可以从图 2-47（b）中得出结论。

2.4　PN 结 TSV 结构及特性分析

常规 TSV 和 PN 结 TSV 的横截面如图 2-48 所示。通过在传统 TSV 周围增加一个 N 型硅区域，可以得到本节提出的 TSV 构型[16]。相应的结构参数如下：圆柱型 TSV 金属的半径 r_m 为 2.5μm，氧化层厚度 t_{ox} 为 0.1μm，TSV 高度 h 为 50μm，N 型硅的厚度 t 为 2μm。

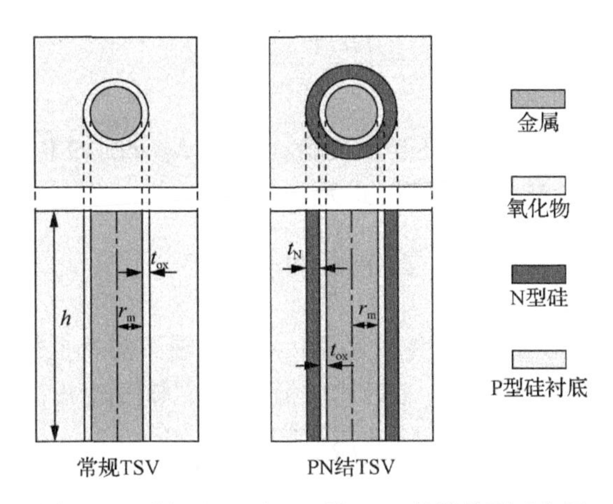

图 2-48　常规 TSV 和 PN 结 TSV 的横截面示意图

根据传输线理论，对于常规 TSV 结构和本节提出 TSV 结构，需要另一个相同的 TSV 作为回流路径。图 2-49 给出了不同 TSV 结构的等效电路图。

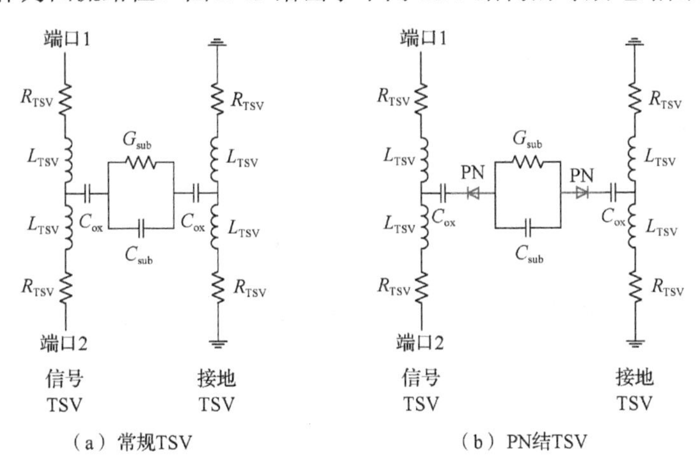

图 2-49　不同 TSV 结构的等效电路图

注意，因为在 N 型硅和接地硅衬底之间形成了反向 PN 结，所以本节提出 TSV 结构的 N 型硅不需要有偏置。结电容有助于降低信号 TSV 与器件之间的总电容。由于它是反向偏置的，PN 结可以近似为阻挡层电容器，因此 PN 结的加入相当于衬底厚度的增加。结电容可以计算为

$$C_{PN} = \frac{2\pi\varepsilon_{Si}h}{\ln\frac{r_m + t_{ox} + w}{r_m + t_{ox}}} \tag{2-61}$$

式中，w 是空间电荷区域的宽度，它由式（2-62）计算：

$$w = \sqrt{\frac{2\varepsilon_{\mathrm{Si}} V_{\mathrm{bi}}}{q} \frac{N_{\mathrm{a}} + N_{\mathrm{d}}}{N_{\mathrm{a}} N_{\mathrm{d}}}} \tag{2-62}$$

式中，$\varepsilon_{\mathrm{Si}}$ 为硅的介电常数；q 为电子电荷；N_{a} 和 N_{d} 分别为 P 型硅和 N 型硅的掺杂浓度；V_{bi} 为内置势垒，其计算公式为

$$V_{\mathrm{bi}} = \frac{kT}{q} \ln \frac{N_{\mathrm{a}} N_{\mathrm{d}}}{n_i^2} \tag{2-63}$$

式中，k 为玻尔兹曼常数；T 为绝对温度；n_i 为室温下的本征载流子浓度。

在高速电路的趋肤效应下，TSV 的电阻可由文献[9]给出：

$$R_{\mathrm{TSV}} = \sqrt{R_{\mathrm{TSV\_dc}}^2 + R_{\mathrm{TSV\_ac}}^2} \tag{2-64}$$

式中，$R_{\mathrm{TSV\_dc}}$ 和 $R_{\mathrm{TSV\_ac}}$ 分别为 TSV 的直流电阻和交流电阻：

$$R_{\mathrm{TSV\_dc}} = \frac{h\rho_{\mathrm{TSV}}}{\pi r_{\mathrm{m}}^2} \tag{2-65}$$

$$R_{\mathrm{TSV\_ac}} = \frac{h\rho_{\mathrm{TSV}}}{2\pi r_{\mathrm{m}} \delta} \tag{2-66}$$

式中，r_{m}、h 和 ρ_{TSV} 分别为 TSV 的半径、高度和电阻率；δ 为趋肤深度。氧化衬垫的电容 C_{ox} 为

$$C_{\mathrm{ox}} = \frac{2\pi\varepsilon_{\mathrm{ox}} h}{\ln(r_{\mathrm{m}} + t_{\mathrm{ox}} / r_{\mathrm{m}})} \tag{2-67}$$

式中，$\varepsilon_{\mathrm{ox}}$ 为氧化物硅的介电常数。建立 TSV、C_{Si} 和 G_{Si} 之间硅衬底的电容和电导模型如下：

$$C_{\mathrm{Si}} = \frac{\pi\varepsilon_{\mathrm{Si}} h}{\ln\left\{p / r_{\mathrm{m}} + \sqrt{\left[p / (r_{\mathrm{m}})\right]^2 - 1}\right\}} \tag{2-68}$$

$$G_{\mathrm{Si}} = \frac{\sigma_{\mathrm{Si}}}{\varepsilon_{\mathrm{Si}}} C_{\mathrm{Si}} \tag{2-69}$$

式中，p 为 TSV 间的中轴距；σ_{Si} 为硅的电导率。

为了比较传统 TSV 和本节提出 TSV 结构下的信号传输，对 S 参数进行了研究。图 2-49 中等效电模型的 S 参数可由 ADS 和 HFSS 仿真获得。为了验证结果，采用 HFSS 作为三维电磁场求解器，该求解器基于有限元法（FEM）。仿真中使用的物理参数：硅基片电阻率为 10Ω·cm，TSV 与 TSV 间的间距为 20μm，N 型硅的掺杂浓度为 $1.25\times10^{15}/\mathrm{cm}^3$，氧化物硅的介电常数为 3.9，硅的介电常数为 11.9。

图 2-50 给出了传统 TSV 和通过 HFSS 和 ADS 获得的 PN 结 TSV 的仿真结果，

两者吻合较好。由图 2-50 也可以得出，PN 结 TSV 的反射系数（S_{11}）远小于传统 TSV。特别是在 0.3GHz 的频率下，S_{11} 的衰减达到 13dB。与传统 TSV 相比，PN 结 TSV 具有更好的传输系数（S_{21}），特别是在 1.5GHz 的频率下，S_{21} 提高了约 0.09dB。因此，PN 结 TSV 可以提供更高的信号完整性。

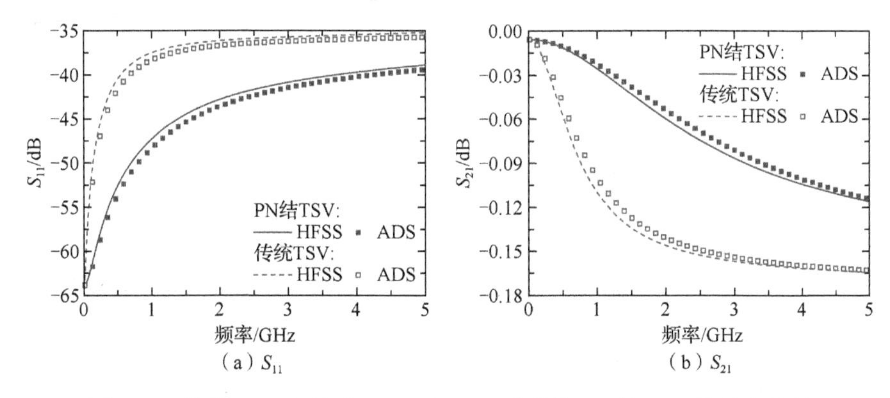

图 2-50　传统 TSV 和通过 HFSS 和 ADS 获得的 PN 结 TSV 的仿真结果

S 参数与 N 型硅掺杂浓度的关系如图 2-51 所示。结果表明：随着掺杂浓度的增加，带 PN 结 TSV 的反射系数（S_{11}）减小，传输系数（S_{21}）增大。

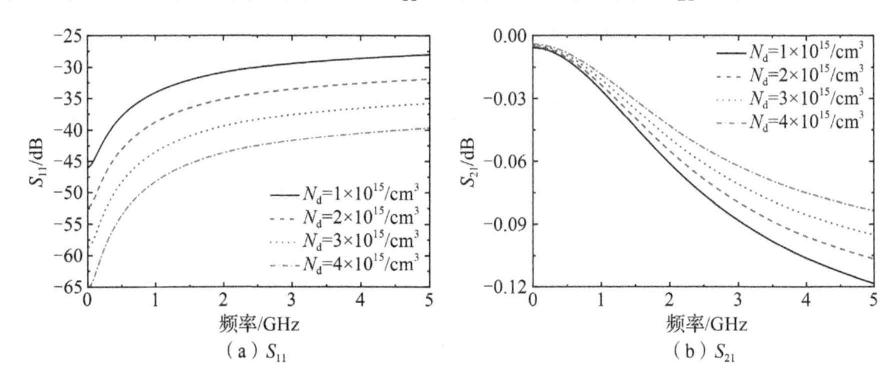

图 2-51　S 参数与 N 型硅掺杂浓度的关系

S 参数与 N 型硅厚度的关系如图 2-52 所示。结果表明：随着厚度的增加，PN 结 TSV 的反射系数（S_{11}）变小，传输系数（S_{21}）变大。因此，较低掺杂浓度和较大 N 型硅厚度的 PN 结 TSV 可以提供较好的信号完整性。

在传统同轴 TSV[14]的基础上，图 2-53 给出了本节提出的 TSV 配置的制造过程。本节提出 TSV 结构的形成始于反应离子刻蚀的通道。然后利用 CVD 法沉积一层 N 型多晶硅。接下来通过 CVD 法沉积氧化物，再通过电离物理气相沉积（IPVD）法沉积种子层和铜塞，形成内部铜芯。最后，采用化学机械抛光（CMP）去除多余的表面材料。

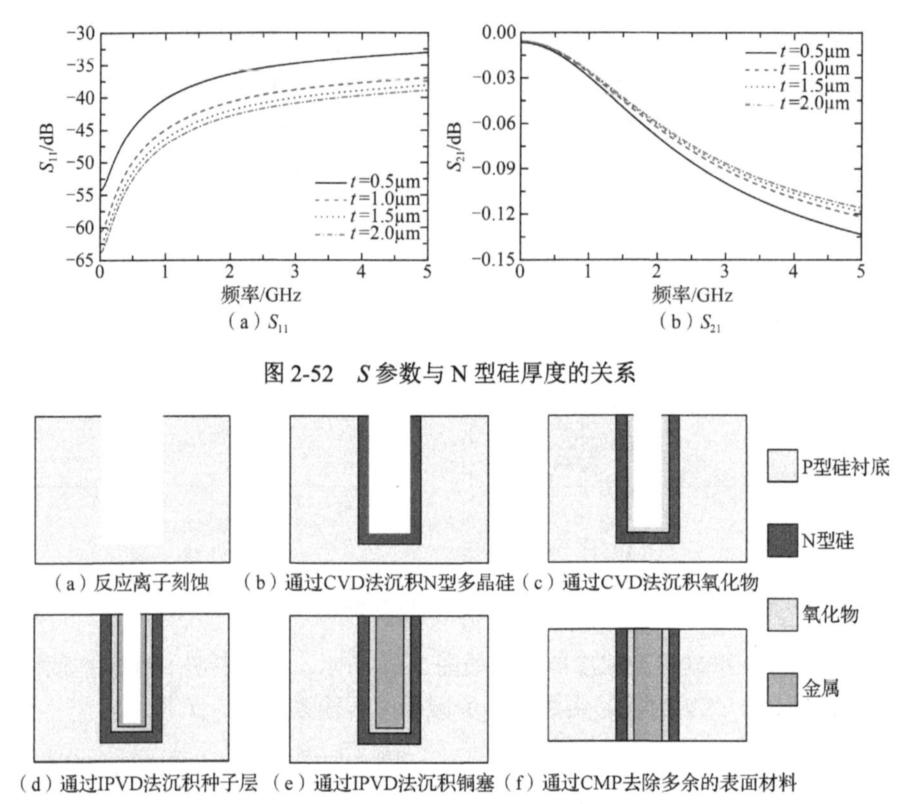

(a) S_{11}　　(b) S_{21}

图 2-52　S 参数与 N 型硅厚度的关系

(a) 反应离子刻蚀　(b) 通过CVD法沉积N型多晶硅　(c) 通过CVD法沉积氧化物

(d) 通过IPVD法沉积种子层　(e) 通过IPVD法沉积铜塞　(f) 通过CMP去除多余的表面材料

图 2-53　本节提出的 TSV 配置的制造过程

2.5　小　　结

在已有的传输线理论和微波理论基础上，本章将全波段工作频率划分为慢波模式频段、准 TEM 模式频段和趋肤效应模式频段，并在相应模式的频段内，建立了对应的 GS-TSV 等效电路模型，以及根据传输线理论推导出各个模型中电学参数的计算公式。

首先，基于慢波模式频段、准 TEM 模式频段、趋肤效应模式频段中的 GS-TSV 等效电路模型，本章着重从 TSV 结构参数方面分析了 TSV 的电学特性，以及电学参数受 TSV 结构参数变化的影响，即当信号频率在慢波模式频段内，随着金属柱半径 r 的增大，GS-TSV 的插入损耗 S_{21} 变小，其传输信号的完整性更好；随着 TSV 高度 h 的增高，GS-TSV 的插入损耗变大，其传输信号的完整性变差；随着 TSV 之间间距 p 的增大，GS-TSV 的插入损耗变小，其传输信号的完整性更好。当信号工作频率在准 TEM 模式频段内，随着金属柱半径 r 和 TSV 之间间距 p 的增大，GS-TSV 的插入损耗变小，其传输信号的完整性更好；随着 TSV 高度 h 的增高，GS-TSV 的插入损耗变大，其传输信号的完整性变差。

其次，针对 CA-TSV 的电学特性的研究，通过改变 CA-TSV 内、外半径 a、b 以及在不同频率下，CA-TSV 内部电阻、电容、电导和功率的变化情况，研究了 CA-TSV 内外半径的变化对其电阻、电导、电容、功率、时间常数和特性阻抗的影响。

为了降低 TSV 之间的串扰噪声，在 TSV 周围设计了一种接地 HDL。首先，研究了基于 GSSG-TSV 结构的串扰降噪方法，并与传统 TSV 在时域和频域上的降噪效果进行了比较。在时域上，基于等效电路模型，采用 HSPICE 软件分析了不同上升时间、TSV 间、HDL 掺杂浓度对串扰噪声的影响。在频域上，利用 HFSS 对频率高达 50GHz 的噪声传递系数进行了仿真。结果表明，添加 HDL 后，峰值噪声可降低 86.2%以上，噪声传递系数可降低约 15dB。其次，对本节提出 TSV 结构的热机械性能进行了评估。结果表明，与传统同轴 TSV 结构相比，该结构诱导的 KOZ 可减少 3.9μm（38.2%）。然后，提出了该结构的制造方法。结果表明，本节提出 TSV 结构具有更好的电气和热机械可靠性，是可工艺实现的。

再次，提出了一种有效提高 TSV 信号完整性的新方法，即在常规 TSV 周围增加管状 PN 结。在等效电模型的基础上，利用 ADS 软件获取了两种构型的 S 参数，并利用有限元仿真器 HFSS 进行了验证。因此，PN 结 TSV 可以提供更高的信号完整性。

最后，给出了一种可行的 TSV 结构的制造工艺。

参考文献

[1] WANG F J, WANG G, YU N M. Equivalent circuit model of through-silicon-via in slow wave mode [J]. IEICE Electronics Express, 2017, 14(22): 1025.

[2] WANG F J, WANG G, YU N M. Electrical characteristics of GS-TSV in slow wave mode[C]. Hangzhou: IEEE Electrical Design of Advanced Packaging and Systems Symposium, 2017.

[3] WANG F J, WANG G, YU N M. Characteristics of coaxial-annular through-silicon-via in microwave field[C]. Wuhan: 17th International Conference on Electronic Packaging Technology, 2016.

[4] 王刚. 全波段 TSV 等效电路及电学特性研究[D]. 西安：西安理工大学, 2018.

[5] YU N M, WANG F J, YANG Y, et al. Combination of electrical and thermo-mechanical impacts of through-silicon via (TSV) on transistor[C]. 2017 International Conference on Electromagnetics in Advanced Applications, 2017.

[6] 王凤娟，陈佳俊，万辉，等. 应用于三维 IC 的积累型 NMOS 变容二极管[J]. 微电子学, 2021, 51(4): 582-586.

[7] 杨银堂, 王凤娟, 朱樟明, 等. 考虑 MOS 效应的锥型硅通孔寄生电容解析模型[J]. 电子与信息学报, 2013, 35(12): 3011-3017.

[8] WANG F J, YU N M. An effective approach of improving electrical and thermo-mechanical reliabilities of through-silicon vias[J]. IEEE Transactions on Device and Materials Reliability, 2021, 17(1): 106-112.

[9] WANG F J, YANG Y T, ZHU Z M, et al. Closed-form expression for capacitance of tapered through-silicon-vias considering MOS effect[C]. Dalian: 14th International Conference on Electronic Packaging Technology , 2013.

[10] NDIP I, ZOSCHKE K, LÖBBICKE K, et al. Analytical, numerical-, and measurement-based methods for extracting the electrical parameters of through silicon vias(TSVs)[J]. IEEE Transactions on Components, Packaging and Manufacturing Technology, 2014, 4(3): 504-515.

[11] WANG F J, ZHU Z M, YANG Y, et al. An effective approach of reducing the keep-out-zone induced by coaxial through-silicon-via[J]. IEEE Transactions on Electron Devices, 2014, 61(8): 2928-2934.

[12] QUIRK M, SERDA J. Semiconductor Manufacturing Technology[M]. New York: Pearson, 2000.

[13] ADAMSHICK S, COOLBAUGH D, LIEHR M. Feasibility of coaxial through silicon via 3D integration[J]. The Institution of Engineering and Technology, 2013, 49(16): 1028-1030.

[14] ZANT P V. Microchip Fabrication: A Practical Guide to Semiconductor Processing[M]. 6th ed. Columbus: McGraw-Hill, 2014.

[15] WANG Z. Three Dimensional Integration Technology[M]. Beijing: Tsinghua University Press, 2014.

[16] WANG F J, HUANG J, YU N M. A novel guard method of through-silicon-via(TSV)[J]. IEICE Electronics Express, 2018, 15(11): 421.

第 3 章　三维集成电路热管理

器件密度提高导致三维封装面临严重的热可靠性问题，主要包括温度对器件造成的影响和热应力对机械结构的影响。热问题限制了三维集成的广泛应用。

3.1　TSV 热应力分析及优化

本章主要分析讨论三维集成电路制造过程中，TSV 关键结构在经历退火时，温度从 272℃冷却至室温 22℃这一过程中，金属层与衬底热膨胀系数不匹配而产生热应力，引起 TSV 结构失效及器件性能漂移等热机械可靠性问题。

3.1.1　TSV 热应力分析

本小节主要目的是减小 TSV 引入的应力对其周围衬底的影响，减小 KOZ，提高芯片集成度[1]。为了对比不同结构对 TSV 热应力的影响，本章以 TSV 作为基准，衡量不同结构对热应力及 KOZ 的减小程度[2-4]。本章将对 TSV 进行热应力分析，分析不同结构参数、材料参数及退火温度对 TSV 应力的影响。机械可靠性通过热应力衡量，TSV 应力的影响区域以 KOZ 表征，KOZ 越小，表明 TSV 引入的应力对衬底区域造成的影响小，可布置器件的面积增大，集成度也提高。

降温过程 TSV 所受平面应力如图 3-1 所示，其中，图 3-1（a）为硅形变趋势及所受约束，图 3-1（b）为铜柱形变趋势及所受约束。在温度载荷ΔT作用下，会在物体内部产生应力，由于铜的热膨胀系数约为硅的 6 倍，铜柱形变速度和形变程度均要大于硅衬底。为了更好地分析 TSV 在衬底处引入的应力及 KOZ，现对 TSV 进行建模与应力分析。

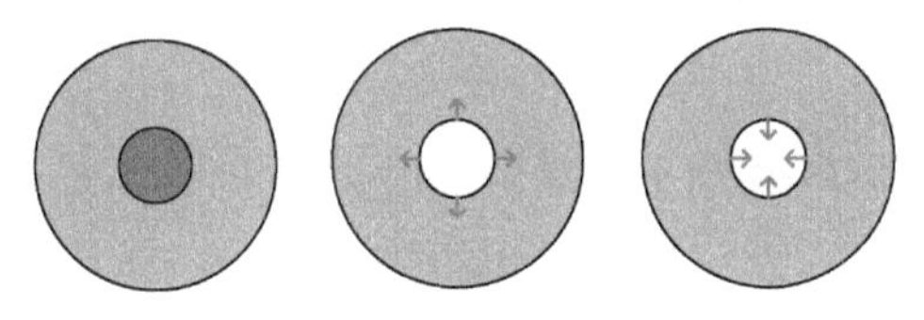

（a）硅形变趋势及所受约束

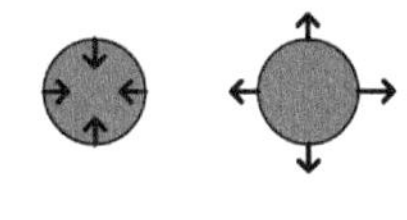

（b）铜柱形变趋势及所受约束

图 3-1　降温过程 TSV 所受平面应力（$\Delta T < 0$）

铜取代铝作为芯片互连的材料给集成电路制造带来了巨大变化，与铝互连相比，铜互连有更低的电阻，更大的电流密度承受能力，更低的电迁移现象，可以降低互连功耗，提高时钟频率及可靠性，所以本章选用铜作为 TSV 金属材料。介质层选用具有较高击穿场强、工艺制造成熟简单且介电常数相对较低的 SiO_2。尽管铜互连具有明显的优点，但是铜在硅和 SiO_2 中的扩散速度很快。铜原子一旦扩散进入硅片中，会成为深能级杂质，使芯片性能退化甚至失效，影响 SiO_2 等大多数介质层材料的性质及硅器件的可靠性。因此，必须在铜与介质层之间沉积一层阻挡层防止铜扩散，其厚度一般为 10nm，仅为介质层厚度的十分之一。

阻挡层同时起到阻挡铜热扩散进入芯片有源区，并改善铜与介质层黏附性的双重作用。扩散阻挡层材料 Ti-TiN 由于与介质层既有很强的黏附性，又有很低的应力而被广泛使用。因为阻挡层厚度小且应力低，对仿真结果的影响可忽略，所以为简化模型，本章 TSV 结构中去掉了阻挡层。根据现有工艺，TSV 结构参数如表 3-1 所示。圆柱型 TSV 结构材料参数如表 3-2 所示。

表 3-1　TSV 结构参数

参数	符号	数值/μm
TSV 高度	h	50
TSV 金属层半径	R_{Cu}	5
氧化层半径	R_{SiO_2}	0.1
硅片半径	R_{Si}	45

表 3-2　圆柱型 TSV 结构材料参数

材料	热膨胀系数/（10^{-6}/℃）	杨氏模量/GPa	泊松比
Si	2.3	130	0.28
SiO_2	0.6	72	0.16
Cu	18	110	0.35

将衬底材料看作各向同性硅，在考虑迁移率变化与沟道方向关系时，载流子迁移率与应力之间的关系可以表示为

$$\frac{\Delta\mu}{\mu} = \Pi \times \sigma \times \beta(\theta) \tag{3-1}$$

$$\theta = \arctan\left|\frac{Y_{TSV} - Y_{poly}}{X_{TSV} - X_{poly}}\right| \tag{3-2}$$

式中，θ为 TSV 的应力与晶体管沟道之间的夹角，如图 3-2 所示，$\theta = 0°$ 和 $90°$ 分别表示 TSV 引入的应力与晶体管沟道平行和垂直；Π 为$\theta = 0°$ 时的压阻系数，

$\Pi_{\text{pMOS}}=71.8\times10^{-11}/\text{Pa}$，$\Pi_{\text{nMOS}}=-31\times10^{-11}/\text{Pa}$；$\beta(\theta)$为取向因子，$\beta(\theta)$的值如表 3-3 所示。

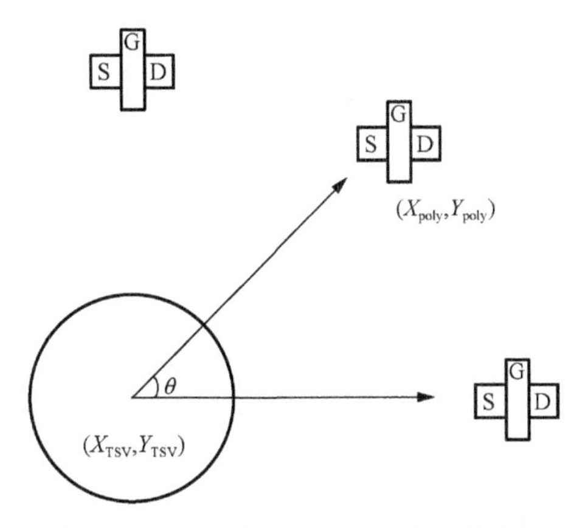

图 3-2　TSV 周围 MOS 器件分布示意图

表 3-3　取向因子$\beta(\theta)$的值

θ/（°）	pMOS	nMOS
0	1	1
45	0.1	0.75
90	−0.65	0.5

规定载流子迁移率大于 5%的区域为 KOZ，将式（3-1）中的载流子迁移率设为定值 5%，分别代入 nMOS 和 pMOS 压阻系数与三种角度的方向因子，就可以得到不同情况下的 KOZ 法向应力临界值，如表 3-4 所示。

表 3-4　TSV 引入的 KOZ 法向应力临界值

器件	pMOS			nMOS		
θ/（°）	0	45	90	0	45	90
σ/MPa	69.638	696.38	−116.06	−161.29	−215.05	−322.58

为了规避 TSV 应力影响器件性能的风险，特在衬底上划分出一部分应力过大的区域作为 KOZ，不在该区域放置器件。

TSV 结构机械可靠性由热应力表征，其热应力及集成度由 KOZ 表征，求取不同情况下的 KOZ 有两种思路，分别为用距离表征和用面积表征。C-TSV 上表面径向正应力曲线如图 3-3 所示。

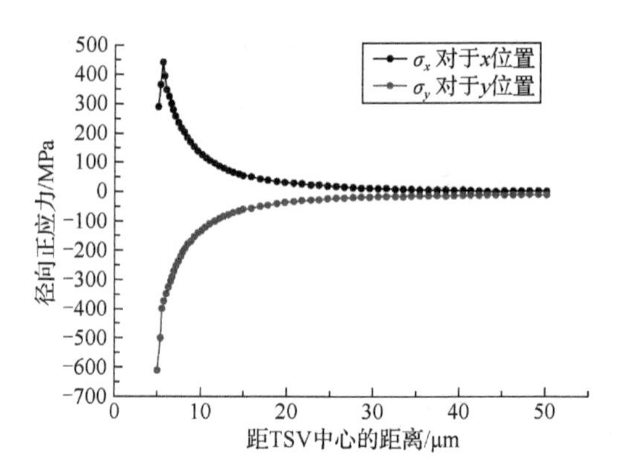

图 3-3　C-TSV 上表面径向正应力

第一种求解方法为用式（3-1）求得不同情况下各个节点热应力所对应的载流子迁移率，大于 5%的载流子迁移率所对应的节点的坐标即为 KOZ 边界距 TSV 中心的距离，此距离为 KOZ 的值，为 TSV 器件沟道与应力不同夹角的 KOZ，如表 3-5 所示；第二种求解方法为将载流子迁移率作为定值 5%代入式（3-2），将不同情况下的压阻系数与方向因子代入，求得不同情况的 KOZ 边界应力值，将 ANSYS 中 TSV 法向应力的云图标尺设置为不同情况 KOZ 临界应力值，可以在结果中显示出不同情况 KOZ 的面积，查看 y 轴方向应力结果。由于 pMOS 比 nMOS 有更大的压阻系数，pMOS 比 nMOS 对压力更为敏感，有着更大的 KOZ 半径[5-6]。

表 3-5　TSV 器件沟道与应力不同夹角的 KOZ

器件	pMOS			nMOS		
θ/（°）	0	45	90	0	45	90
KOZ/μm	13.2	—	10.3	9.1	7.6	6.3

以上 TSV 建模中硅衬底材料采用各向同性硅，实际硅为各向异性，如图 3-4 所示。

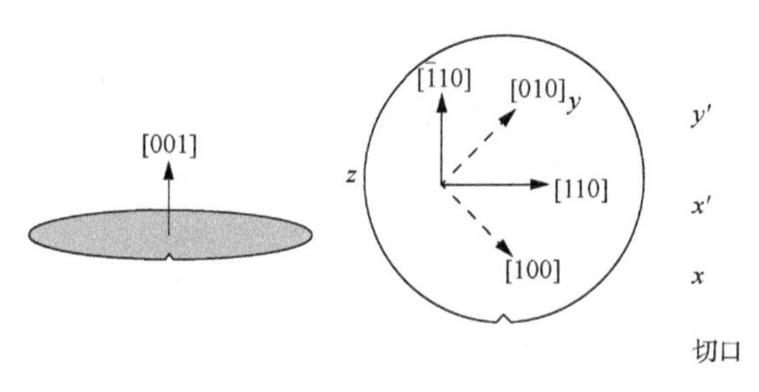

图 3-4　硅的各向异性

对比 TSV 硅衬底材料分别为各向同性硅与各向异性硅的应力仿真结果，来评估设计阶段，材料属性的选择对热机械可靠性问题的重要程度。各向同性硅与各向异性硅材料参数如表 3-6 所示。本章考虑半导体制造最常见的情况，集成芯片的有源器件分布在硅衬底的（100）晶面，MOS 器件沟道方向则沿着[010]或[110]晶向，TSV 参数除硅之外均与表 3-2 一致。

表 3-6　各向同性硅与各向异性硅材料参数[7]

材料参数		各向同性硅	各向异性硅
坐标系		x-y-z	x'-y'-z
热膨胀系数 /（10^{-6}/℃）	CTE_1	2.8	2.8
	CTE_2	2.8	2.8
	CTE_3	2.8	2.8
杨氏模量 /GPa	E_1	130	169.5
	E_2	130	169.5
	E_3	130	130
泊松比	v_{12}	0.28	0.28
	v_{23}	0.28	0.36
	v_{13}	0.28	0.064

图 3-5～图 3-7 对比了 $\Delta T=-250$℃时，圆柱坐标系下 TSV 硅衬底分别选用各向同性硅与各向异性硅的应力仿真结果。其中 TSV 等效应力分布如图 3-5 所示，对比两种情况的最大 von Mise 应力，可知当考虑硅的各向异性时，与各向同性硅相比较，最大等效应力从 730.93MPa 增长至 928.45MPa，增长了 27%。

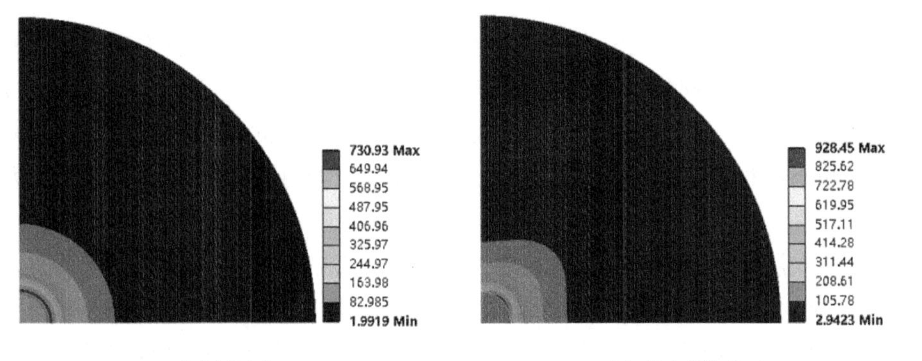

（a）各向同性硅　　（b）各向异性硅

图 3-5　TSV 等效应力分布图

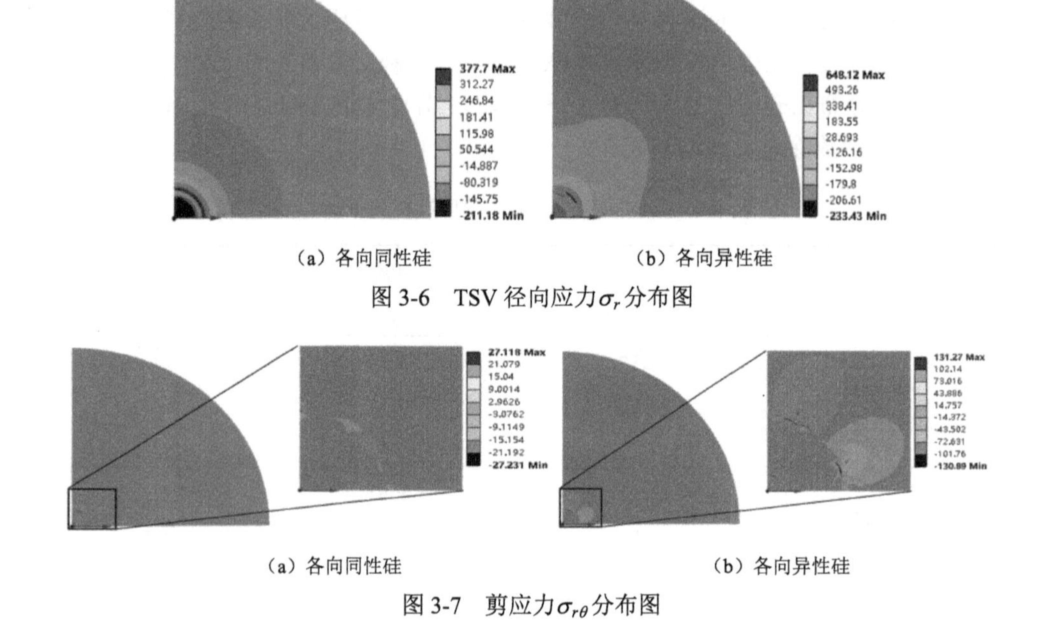

（a）各向同性硅　　（b）各向异性硅

图 3-6　TSV 径向应力σ_r分布图

（a）各向同性硅　　（b）各向异性硅

图 3-7　剪应力$\sigma_{r\theta}$分布图

TSV 径向应力σ_r分布如图 3-6 所示，最大径向应力从 377.7MPa 增长至 648.12MPa，增长了 71.6%。剪应力分布如图 3-7 所示，最大剪应力从 27.118MPa 增长至 131.27MPa，增长了 384%。总的来说，各向同性硅的应力是轴对称的，且应力等值线为同心圆。与之相比，由于硅的立方晶体结构，各向异性硅表现出四重对称性。如图 3-7（a）所示，选用各向同性硅时，平面内剪应力处处为零，而选用各向异性硅时，TSV 铜柱附近剪应力不为零。仿真结果表明，各向异性硅的近表面应力有很强的方向性。

实际情况中，多根 TSV 引起的热应力会在水平方向和垂直方向有应力的叠加。本节仅考虑纵向的叠加。以最简单的双层单根 TSV 为例，分析该结构应力分布及连接上下层 TSV 的微凸点对应力的影响，并以此作为基准，与接下来带有应力减小结构的双层 TSV 进行对比，以评估应力减小结构对双层结构应力的影响。

三维双层单个 C-TSV 模型如图 3-8 所示，其中，图 3-8（a）为三维结构，图 3-8（b）为径向剖面图。单层结构上下层相同并与上文 TSV 结构及参数一致，上下层铜柱通过微凸块进行连接，为芯片堆叠提供电学连接和机械支撑。与传统的倒装芯片中使用的铜凸点相比，3D IC 中键合所使用的微凸点形状多为圆柱型，这是因为圆柱型的凸点相较于球状的凸点能够获得更高的集成度。

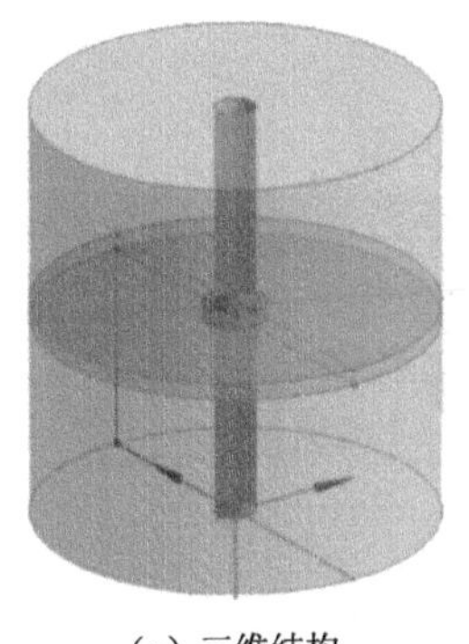
（a）三维结构

（b）径向剖面图

图 3-8　三维双层单个 C-TSV 模型

为简化模型，微凸块为半径为 7μm，高度为 4μm 的铜柱，键合层常用 *K* 值较低的 SiO_2 或 BCB 等高分子材料，本章选用 BCB 作为键合层。BCB 在键合高温下会发生软化，导致上下层硅片发生平移，对准精度有消极影响。190℃下对 BCB 键合层热处理 30min，令其预固化，不仅可以获得较好的对准精度，还可以很大程度地提高 BCB 键合层的均匀程度。BCB 材料参数如表 3-7 所示。

表 3-7　BCB 材料参数

材料	热膨胀系数/（10^{-6}/℃）	杨氏模量/GPa	泊松比
BCB	40	3	0.34

下层 TSV 下表面轴向位移设置为零，上层 TSV 上表面轴向位移设置为无牵引。硅衬底和 BCB 键合层网格划分长度为 2μm，上下层铜柱、SiO_2 介质层和铜微凸块网格划分长度为 0.5μm，Si/SiO_2 接触面网格划分长度为 0.5μm。默认室温为 22℃，退火温度为 272℃，温度梯度为 $\Delta T= -250$℃，模型在 272℃时为应力自由状态。

双层单根 TSV 的热应力分布如图 3-9 所示，其中图 3-9（a）为模型整体应力分布，最大应力约为单层 TSV 最大应力的两倍，可以观察到微凸点为整个模型应力最集中的部分，如图 3-9（b）所示。应力最大的点位于微凸点上表面与硅衬底和 BCB 键合层交接的位置，这是因为此处所受应力为径向应力与轴向应力共同作用的结果。最小应力点位于上层金属层近表面。

双层键合后，TSV 应力与单层 TSV 产生的应力并不相同，这是因为多层键合使芯片整体刚度增加，产生一定的限制条件，使形变减小，应力最大点出现在微凸点上。本小节重点关注衬底表面的应力，为了便于描述分析得到的结果，1 代表上层 C-TSV，2 代表下层 C-TSV，3 代表微凸点，上层 C-TSV 上表面为 A 面，

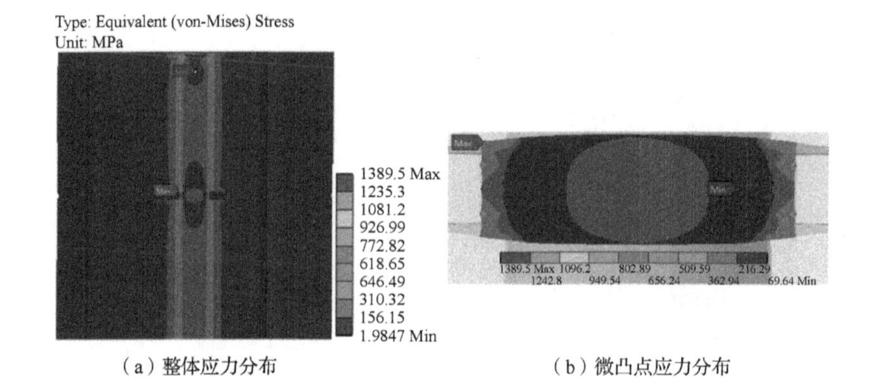

（a）整体应力分布　　（b）微凸点应力分布

图 3-9　双层单根 TSV 的热应力分布

上层 C-TSV 下表面为 B 面，下层 C-TSV 上表面为 C 面。图 3-10 为 A、B、C 三个表面应力，可知表面应力从大到小排序为 A > B > C，这是因为键合层材料为 BCB，较低杨氏模量的材料吸收了一部分应力，充当了应力缓冲层，提高了键合层周围材料的抗形变能力。

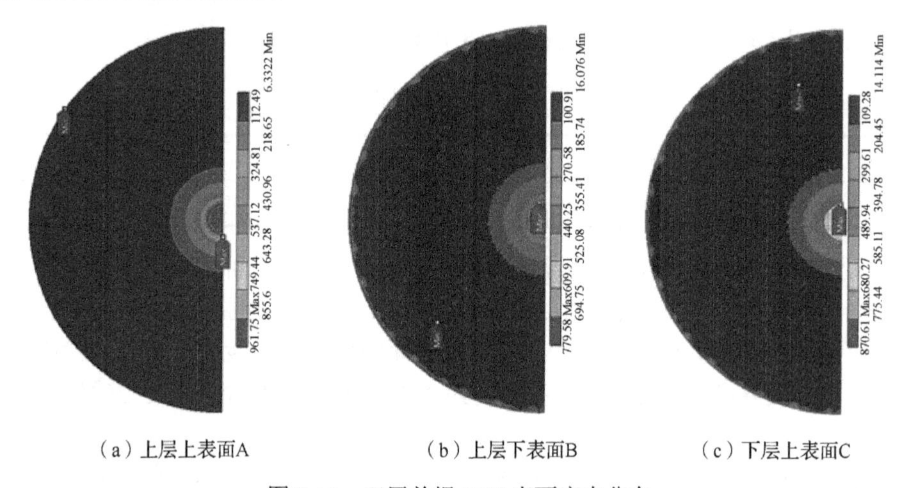

（a）上层上表面A　　（b）上层下表面B　　（c）下层上表面C

图 3-10　双层单根 TSV 表面应力分布

图 3-11 为 C-TSV 表面径向应力，A 为上层上表面，B 为上层下表面，C 为下层上表面。根据原始数据，A、B、C 三个表面径向最大应力点出现在 TSV 金属层铜柱与 SiO_2 介质层之间，从金属层到介质层应力出现跳变，最高点位于介质层。可以观察到，上层 TSV 上表面 A 应力到达硅衬底处时先迅速减小，然后趋于平缓，最终应力达到此界面应力最小值，可忽略。然而表面 B 与表面 C 的径向应力由于键合层与微凸点的存在，应力趋势出现了一些不同，最高点仍然出现在金属层与介质层之间，但是之后的应力走向不像表面 A 一样一直处于下降趋势，而是从介质层与硅衬底界面处开始出现应力波动，并于微凸点边界达到波动的最高点，

之后应力呈曲折下降直至平缓下降。当与 TSV 中心距离为 40～50μm 时，应力出现急剧回升，这是由于 B 表面、C 表面硅衬底和 BCB 键合层的热膨胀系数存在差异，且未给衬底周围施加约束，应力增大。

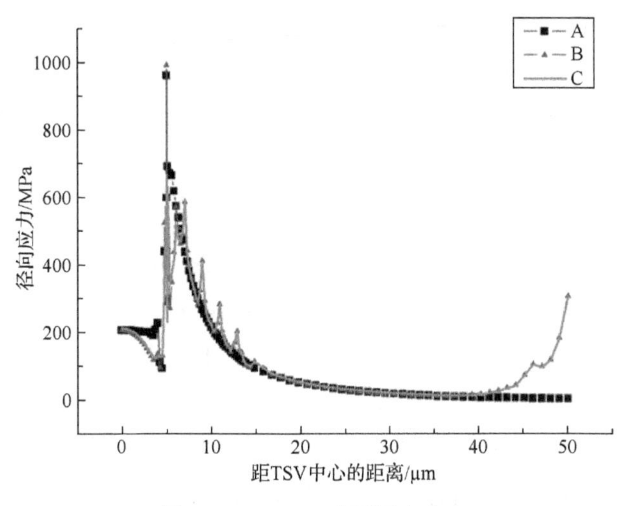

图 3-11　C-TSV 表面径向应力

微凸点所受应力过大也会导致电路失效，取不同半径的微凸点进行仿真，以得到最佳凸点尺寸。取凸点半径为 5～8μm，步长为 0.5μm，对比不同情况下微凸点、上层 TSV 下表面和下层 TSV 上表面的最大热应力，得到如图 3-12 所示的仿真结果。可以从图 3-12 看到整体应力比较集中的区域在凸点，并且在半径为 6.0μm 时，凸点应力取得最小值。

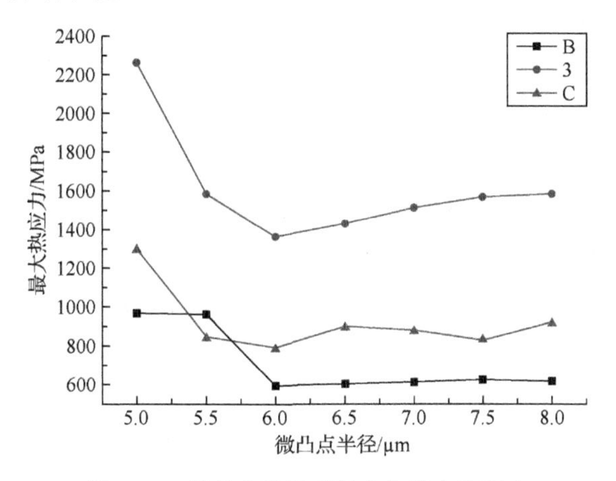

图 3-12　微凸点半径对最大热应力的影响

B 为上层 TSV 下表面，C 为下层 TSV 上表面，3 为微凸点

3.1.2　TSV 热应力优化

TSV 的三维集成电路可将芯片的集成度成倍提高。TSV 技术已应用于垂直连接不同功能模块的层，具有显著缩小尺寸、节能和性能高等优点[8]，且可以满足不断增长的功能需求，但也面临着严重的热机械可靠性问题[9-11]。在集成电路的制作过程中，由于退火工艺[12-14]，芯片会经过一系列剧烈的温度变化[15]，因为硅的热膨胀系数约为铜的 1/4，不匹配的热膨胀系数产生的应力会使 TSV 周围器件的可靠性降低。

为了解决 TSV 热机械可靠性问题，研究人员在减小 TSV 热应力效应方面做出了很多努力。浅沟槽隔离（shallow-trench-isolation, STI）技术作为一项成熟的隔离技术已经普遍应用于二维集成电路中。在三维集成电路中，在 TSV 周围的衬底处引入 STI 用来减少应力。例如，孙汉等[16]提出在 TSV 周围的衬底处刻蚀环型沟槽以减小应力，但却没考虑实际硅衬底是各向异性的，所以其分析并不实用。本章考虑到了在各向异性硅衬底中 STI 的应用，设计了四种不同形状 STI 来起到释放热应力的目的。制作出最适合各向异性硅衬底中 TSV 的花瓣型 STI，减少了 31%的 KOZ 面积。

STI 结构是在 TSV 周围做一个环型的应力释放槽结构，并在其中填充氧化物，以解决在三维集成电路工艺中 TSV 产生的热应力问题[17]。热应力的影响会使载流子迁移率随之变化[18]，进而会使器件的稳定性降低。当 TSV 附近区域载流子的迁移率变化 5%时，此区域中的 CMOS 器件将不能正常工作，因此被称为 KOZ[19]。通常在三维集成电路制作过程中，以载流子迁移率变化 5%为界限，在 TSV 周围划分 KOZ。通过不在 KOZ 内制作对应力敏感的器件，来避免热应力造成的不良影响，但与此同时也将不可避免地浪费一部分衬底。STI 结构的存在可以有效地减小热应力，还具有减小 KOZ 的面积，增大有源区面积的功能。这是因为它在空间上隔离外部器件和金属 TSV，使应力减小并变得平缓。同时 STI 结构的存在也明确标定出了受热应力影响严重，不能放置器件的区域。相比于不加 STI 所需要预留出的很多面积来说，STI 结构的存在更能提高三维集成电路的集成度[20]。

STI 的优越性是通过下列额外且复杂的工艺步骤带来的。具体工艺步骤如下：①在硅衬底上做 Si_3N_4 和 SiO_2 缓冲层，作为腐蚀沟槽的掩模。②光刻出浅沟槽图形，先刻掉 Si_3N_4 和 SiO_2，再在 Si 衬底上腐蚀出具有一定深度和侧墙角度的沟槽。③生长一层薄薄的 SiO_2，目的是圆滑沟槽的顶角和去掉刻蚀过程中在硅表面引入的损伤。④沟槽填充和退火处理。⑤使用 CMP 工艺对硅表面进行平坦化处理。⑥进一步去掉硅表面的缺陷及损伤，用热磷酸去除 Si_3N_4，生长牺牲氧化层并漂掉。

铜填充的 TSV、二氧化硅隔离层和各向异性硅衬底的尺寸如下：TSV 半径为 5μm，二氧化硅厚度为 0.1μm，各向异性硅厚度为 40μm，总体模型高 30μm。TSV 结构及尺寸如图 3-13 所示。

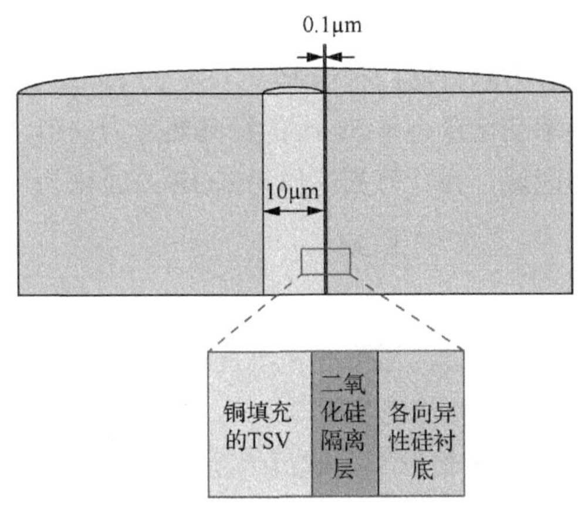

图 3-13　TSV 结构及尺寸

为提高仿真速度，建立一个 1/4 的 TSV 模型，并用 FEM 分析 TSV 的热应力特性。根据 FEM 划分网格，体积相对较小的铜和二氧化硅的网格长度为 0.5μm，体积相对较大的各向异性硅的网格长度为 2μm。对模型施加荷载与约束，设置 TSV 的温度约束为从退火的 272℃下降到室温的 25℃，且侧面均为无摩擦约束。得到的 TSV 热应力云图及 KOZ 如图 3-14 所示。

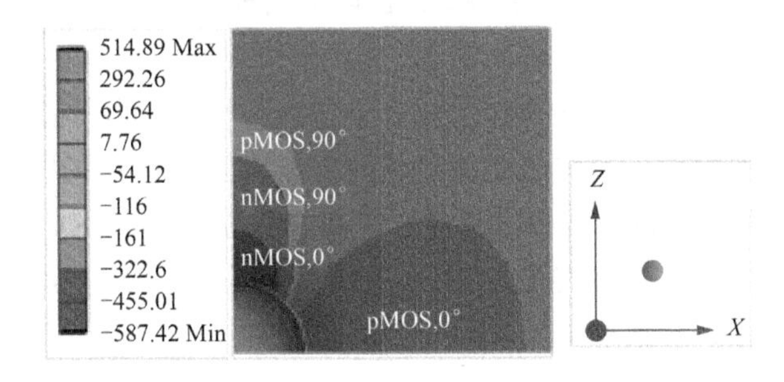

图 3-14　TSV 热应力云图及 KOZ

载流子迁移率的变化与应力的关系可以表示为[21]

$$\frac{\Delta\mu}{\mu}(r,\theta)=\Pi\times\sigma_{rr}(r)\times\beta(\theta) \tag{3-3}$$

式中，$\sigma_{rr}(r)$是径向热应力；$\beta(\theta)$是取向因子，如表 3-3 所示；θ是应力与晶体管沟道的夹角，θ为 0°或 90°分别意味着所引入的晶体管沟道平行或垂直于径向应力；Π 是压阻系数，pMOS 和 nMOS 的器件压阻系数分别为 $\Pi_{\text{pMOS}}=71.8\times10^{-11}$/Pa 和 $\Pi_{\text{nMOS}}=-31\times10^{-11}$/Pa[22]。

本节分别计算了放置 pMOS 且晶体管沟道与径向应力平行、放置 pMOS 且晶体管沟道与径向应力垂直、放置 nMOS 且晶体管沟道与径向应力平行、放置 nMOS 且晶体管沟道与径向应力垂直这四种情况下 TSV 的 KOZ 面积。

计算载流子迁移率变化量小于 5%时的径向热应力的值，在应力分布云图上标注出应力大于此值的区域，并计算其值作为 KOZ 的面积为

$$\text{KOZ}= r\Big|_{\left|\frac{\Delta\mu}{\mu}(r,\theta)\right|<5\%} \tag{3-4}$$

本节在径向应力与晶体管沟道平行和垂直的两个方向估算 KOZ，也就是晶体管性能受应力影响最严重的两个方向[23-24]。

根据式（3-4）计算四种情况下的载流子迁移率变化量小于 5%时的径向应力及 KOZ 面积如表 3-8 所示。

表 3-8　载流子迁移率变化量小于 5%时的径向应力及 KOZ 面积

参数	0°, pMOS	90°, pMOS	0°, nMOS	90°, nMOS
径向应力/MPa	69.64	−116	−161	−322.6
KOZ 面积/μm²	179.5	94.5	65.1	19.8

由上述分析可以得出，TSV 的 KOZ 在以上四种情况下大小不同，放置 pMOS 且晶体管沟道与径向应力平行时的 KOZ 面积最大，放置 pMOS 且晶体管沟道与径向应力垂直时次之，放置 nMOS 且晶体管沟道与径向应力垂直时最小。

规则形状的 STI 具有掩模版制作简单的优点，因此本小节先设计规则形状的 STI 并进行应力分析，包括两种：圆型 STI 和方型 STI。在 TSV 周围做一个圆型 STI，内半径为 11μm，外半径为 11.8μm，深度为 1μm，如图 3-15 所示。对它进行应力分析并求出四种情况下的 KOZ，如图 3-16 所示。接着，对 TSV 加方型 STI 及其应力分析，首先在上文建立的 TSV 模型上做一个方型 STI，方型 STI 模型有两种做法：正方型 STI 模型和斜方型 STI 模型，如图 3-17 所示。

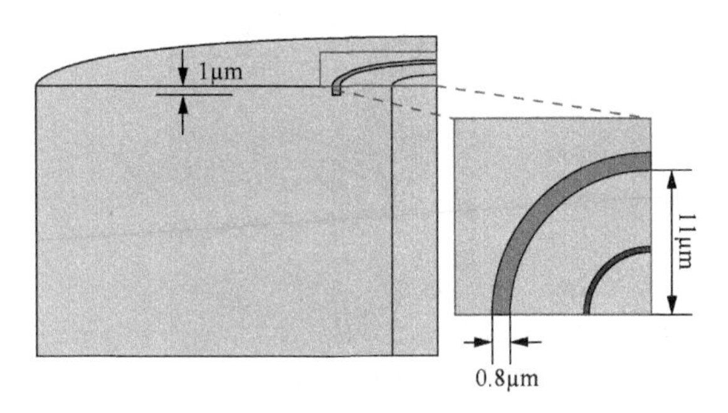

图3-15　TSV及圆型STI模型

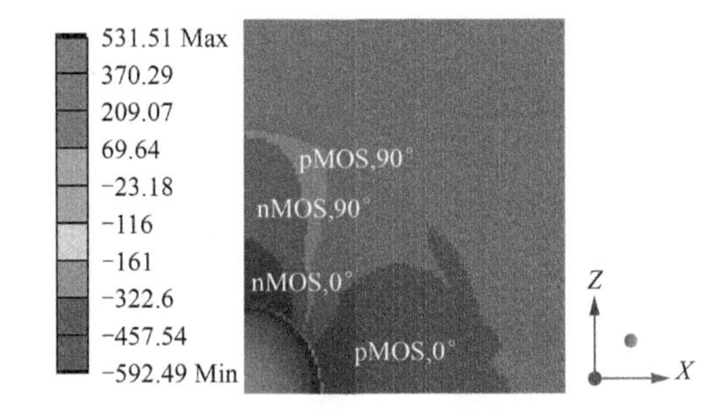

图3-16　加圆型STI的TSV的KOZ

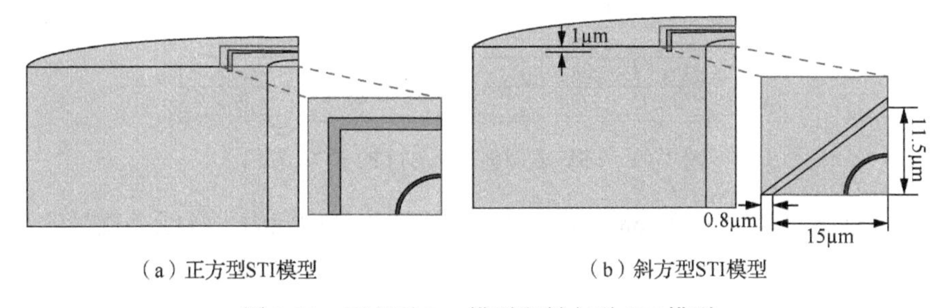

（a）正方型STI模型　　（b）斜方型STI模型

图3-17　正方型STI模型和斜方型STI模型

斜方型STI模型的尺寸为y轴上STI内径距原点11.5μm，x轴上STI内径距原点15μm，槽宽0.8μm，深1μm。对该模型进行仿真模拟，做出其应力云图，并得到在四种情况下的KOZ，如图3-18所示。计算出TSV加圆型STI和斜方型STI时KOZ的面积并与TSV的KOZ面积比较，如图3-19所示。

对比得知，加圆型STI后，在放置沟道与径向应力平行的pMOS，KOZ减小最多。这是由于此时的KOZ受到了圆型STI的抑制。但对于其他三种情况来说，相比于TSV而言，KOZ的减小没有发生，这是因为模型中的STI没有画在它们的KOZ区域范围内。由此可得，只有设计的STI在TSV的KOZ范围内才能抑制应力，产生减小KOZ面积的作用。

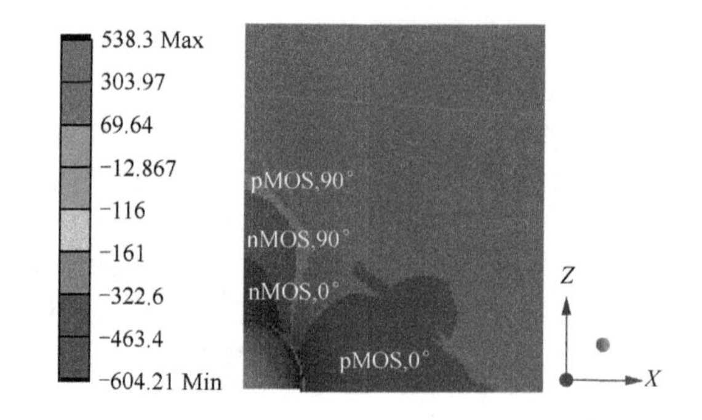

图 3-18　加斜方型 STI 的 TSV 的 KOZ

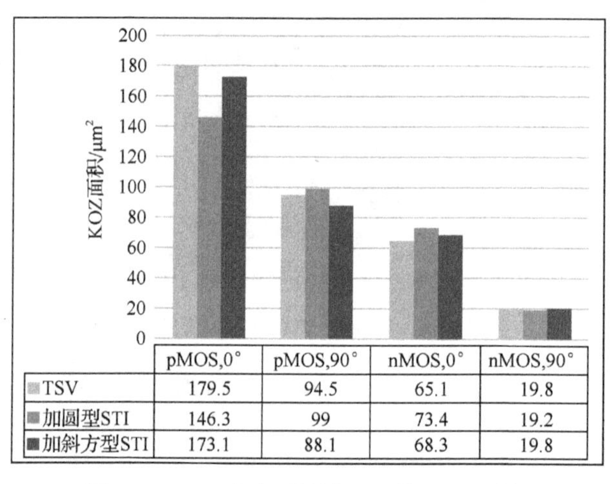

	pMOS,0°	pMOS,90°	nMOS,0°	nMOS,90°
TSV	179.5	94.5	65.1	19.8
加圆型STI	146.3	99	73.4	19.2
加斜方型STI	173.1	88.1	68.3	19.8

图 3-19　TSV 加规则形状 STI 的 KOZ 面积

斜方型 STI 对于放置 pMOS 且晶体管沟道与径向应力平行或垂直时的 KOZ 都有一定的减小，但对于另外两种情况没有什么作用，这是因为斜方型 STI 没有接触到没有 STI 和圆型 STI 两种情况时的 KOZ，以至于对相应的应力没有阻挡的作用。相比于圆型 STI 来说，斜方型 STI 的面积更小，也就意味着它比圆型 STI 更能增大有源区的面积。但是由于形状的特点，它并没有很好地分开有源区和 KOZ，在摆放晶体管沟道与径向应力平行的 pMOS 时，产生的 KOZ 溢到 STI 之外。这是斜方型 STI 比较严重的一个缺点。由 TSV 的应力云图呈花瓣型的分布可知，相比于正方型 STI，斜方型 STI 对于应力的隔离、KOZ 的减小有更好的效果，而且 STI 的面积更小，器件有源区的面积将会更大，因此本小节省略了正方型 STI。

可见，以上两个规则形状的 STI 可以对部分情况下的 KOZ 有一定的减小作用，但是对于有些情况却没有起到应力减小的作用。这是因为规则的 STI 形状与 KOZ 的形状吻合得不好，只能阻挡住一部分应力的扩散，却不能对应力的扩散进行方方面面的控制，所以应力减小和 KOZ 面积减小的效果并不好。为了解决这个问题，应设计出更加符合 KOZ 形状的 STI 进行应力减小的工作。STI 的设计应不仅仅局限于规则形状，不规则的花瓣型将更加有效。

为了设计出一个在四种情况均可以减小 KOZ 面积的 STI，根据 TSV 应力云图形状设计出的 STI 呈花瓣型。在上文中提到的 TSV 模型的基础上设计 STI 模型尺寸为内径 11.2μm，槽宽 0.8μm，槽深 0.8μm，具体形状如图 3-20 所示。通过仿真模拟，做出应力云图，并做出加花瓣型 STI 的 TSV 的 KOZ，如图 3-21 所示。为了研究 STI 宽度对 KOZ 面积的影响，本小节在已提出的花瓣型 STI 模型的基础上，将宽度增加到 1μm。图 3-22 表示了加宽度为 1μm 的花瓣型 STI 的 TSV 中的 KOZ。

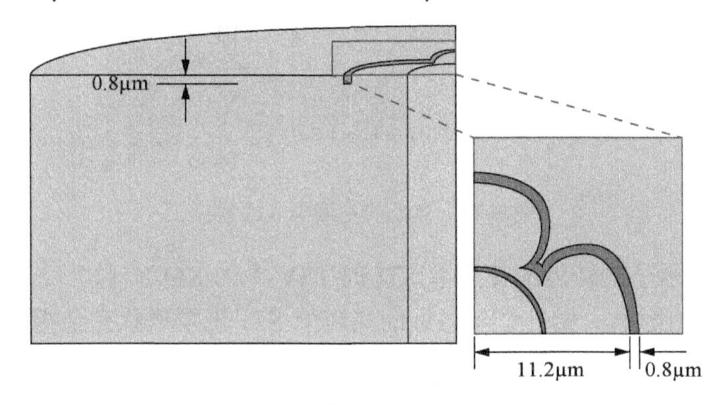

图 3-20　花瓣型 STI 的模型

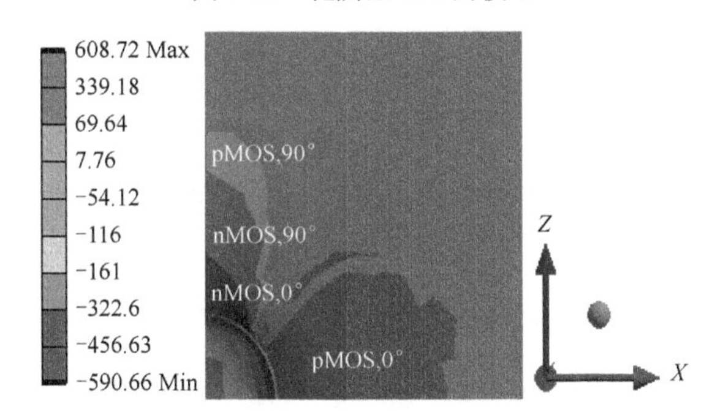

图 3-21　加花瓣型 STI 的 TSV 的 KOZ

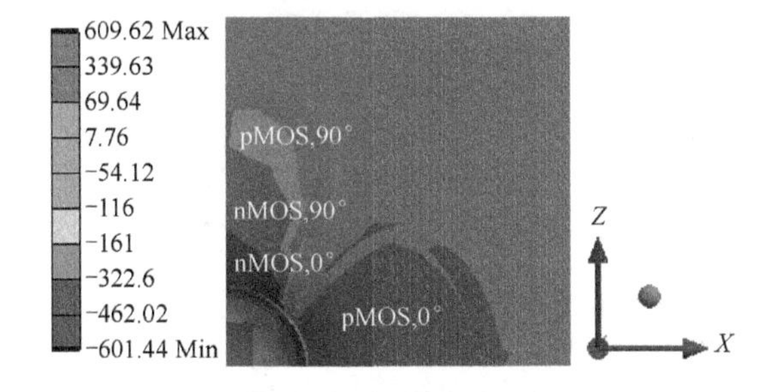

图 3-22　加宽度为 1μm 的花瓣型 STI 的 TSV 中的 KOZ

最后，为了进一步优化 STI 的性能，本节做出 STI 距 TSV 更近的模型，来减小 KOZ 与 STI 共同占有的面积，从而增大有源区的面积。这个模型的内径为 10μm，外径为 11.5μm，槽宽为 1.5μm，槽深为 1μm。因为这个槽距离 TSV 较近，为了防止它失去对应力的阻挡作用，其相较前文中的 STI 更宽、更深，如图 3-23 所示。

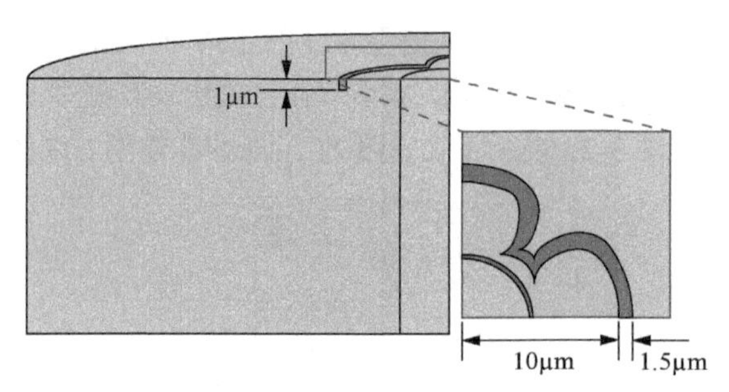

图 3-23　靠近的花瓣型 STI 模型

图 3-24 表示了加较近的花瓣型 STI 的 TSV 中的 KOZ。接下来研究 STI 的深度对阻挡应力的影响。做一个与靠近的花瓣型 STI 模型形状完全相同的模型，只是它的 STI 深度为 1.5μm，其 KOZ 如图 3-25 所示。将上述四个花瓣型 STI 的 KOZ 面积与 TSV 的 KOZ 面积在柱状图 3-26 中进行比较。

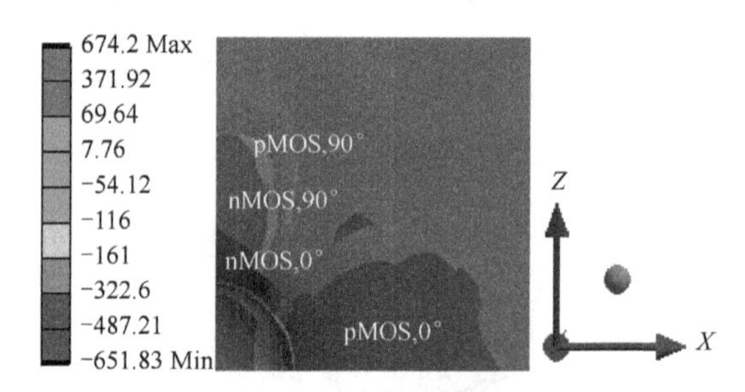

图 3-24　加较近的花瓣型 STI 的 TSV 中的 KOZ

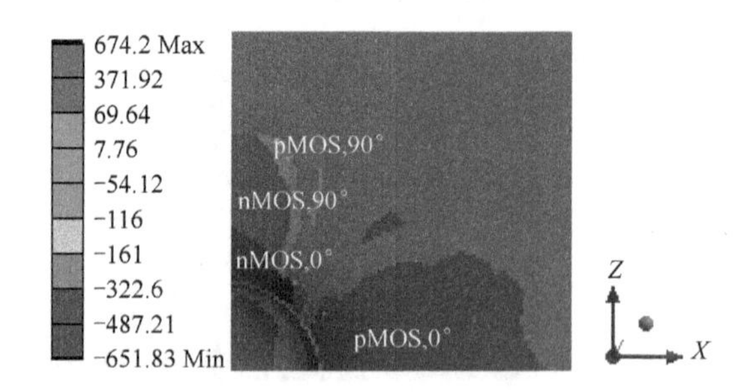

图 3-25　加较深的花瓣型 STI 的 TSV 中的 KOZ

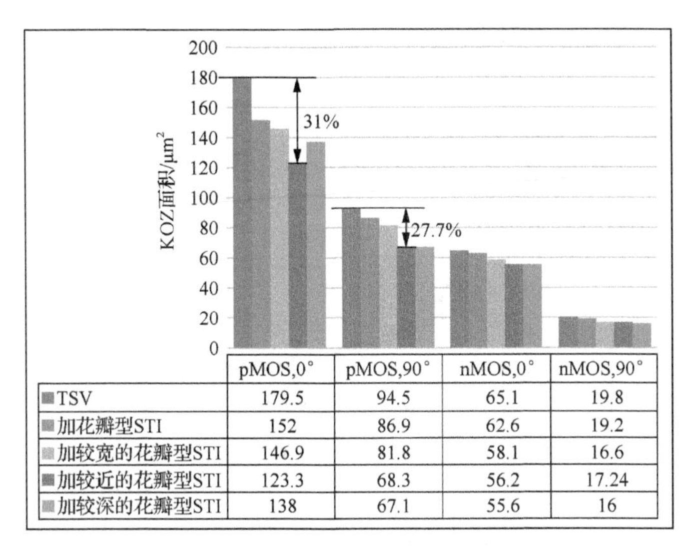

图 3-26　花瓣型 STI 的 KOZ 面积与 TSV 的 KOZ 面积柱状图

由图 3-26 可知，本小节中设计出性能更好地应用于 TSV 的 STI 是花瓣型的 STI，且它的尺寸是内径为 10μm，外径为 11.5μm，槽宽为 1.5μm，槽深为 1μm。这个模型中 STI 以内的区域最小，且很好地隔离了产生过大应力的 TSV 与有源区的器件，使它们之间互相不受影响。花瓣型 STI 由于其特殊的结构，对四种情况下不同的花瓣型 STI 的 KOZ 面积都有不同程度的减小。从数值上看，每种情况下的 KOZ 都减小了不少。

因此得出，想要缩小 STI 以内的面积，需要将其做得宽一些，以阻挡住更大的应力，也就是 STI 越宽，阻挡应力的能力便越强。STI 的深度对应力减小和 KOZ 面积减小的影响微乎其微，甚至会增加 KOZ 边界上的应力。

在应力方面，本小节比较了 TSV 与 TSV 加花瓣型 STI 减小最多的 STI 的径向应力，TSV 和 TSV 加花瓣型 STI 的应力如图 3-27 所示。TSV 加花瓣型 STI 的曲线在距 TSV 中心 10μm 处出现突起，是因为 STI 的存在，可以明显看出 STI 可以有效地减小 TSV 附近的应力。在具体数值上，在距 TSV 中心 13μm 处，TSV 加花瓣型 STI 具有 66.8MPa 的应力，与 TSV 的 90.6MPa 相比，实现了 26%的应力减小。

本节使用 FEM 模拟出 TSV 应力云图，分析由于 TSV 热应力的影响形成 KOZ 的分布。先后建立了两个规则的 STI 模型，和一个不规则的 STI 模型，并建立三个对比模型来探讨浅沟槽的槽宽与槽深对应力减小的影响。研究出对于各向异性硅中的 TSV，最好的 STI 应力减小结构是花瓣型 STI，并实现了 31%的 KOZ 面积减小，得出 STI 对于应力的阻挡作用主要由它的宽度来决定，宽度越宽，阻挡能力越强。但是，STI 的槽深却对应力的阻挡没什么作用，甚至对于应力稍小的部分来说反而会带来负面影响。

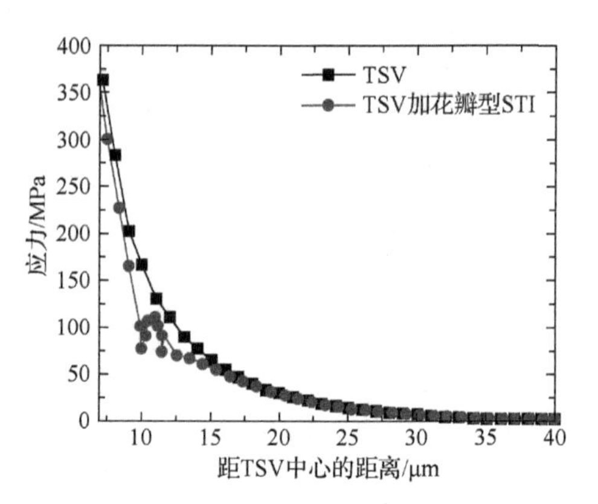

图 3-27　TSV 和 TSV 加花瓣型 STI 的应力

3.2　三维散热模型及验证

针对三维集成热可靠性，本章根据三维集成电路的发展所面临的阻碍以及三维集成电路热研究的建模方法、散热途径研究现状[25-26]，基于三维集成电路高集成度的设计需求提出一套基于 TTSV 和再分布层（TRDL）结构的三维散热结构。增加三维集成电路中的横向和纵向散热路径，通过降低绝缘层的热阻，提高散热效率，有效降低热点区域温度，减小平面内的温度梯度[27-28]。

单层 TRDL 及 TTSV 矩阵的布局如图 3-28 所示，每个 TTSV 矩阵由 9 根 TTSV 组成，每根 TTSV 的直径为 10μm，两根 TTSV 之间的间距为 14μm，衬底边界每条边的中间位置均设置有一个 TTSV 矩阵，用于集中实现竖直方向上的散热。

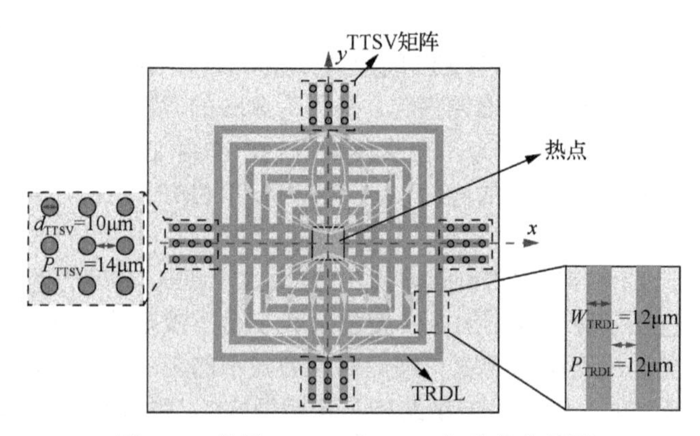

图 3-28　单层 TRDL 及 TTSV 矩阵的布局图

在模型中每一层的中心位置设置一个 50μm×50μm 的矩形区域，给这一区域加入恒定功率来模拟 Si 衬底表面有源区工作状态下的持续发热，将这一区域设置为 Si 衬底表面发热最严重的区域，即热点区，也是整个平面温度最高的区域。后续的研究中，通过比对这一区域的温度变化来记录这一散热结构的散热效果。可以看到，热点与 TTSV 之间还有一定的距离，如果单靠 Si 衬底和上方的氧化层来传导热量，横向散热受到很大阻碍。八层 3D IC 如图 3-29 所示，整个 TRDL 的结构由两部分组成。第一部分为从热点向四周扩散的矩形结构；第二部分为热点区域与 TTSV 的直接连接线，共同组成一个类似网状结构的 TRDL 金属层。每根 TRDL 的线宽均为 12μm，相邻两条 TRDL 的间距也为 12μm。相应的热量同时通过矩形路径和直接路径沿着 TRDL 从热点区域向 TTSV 扩散。

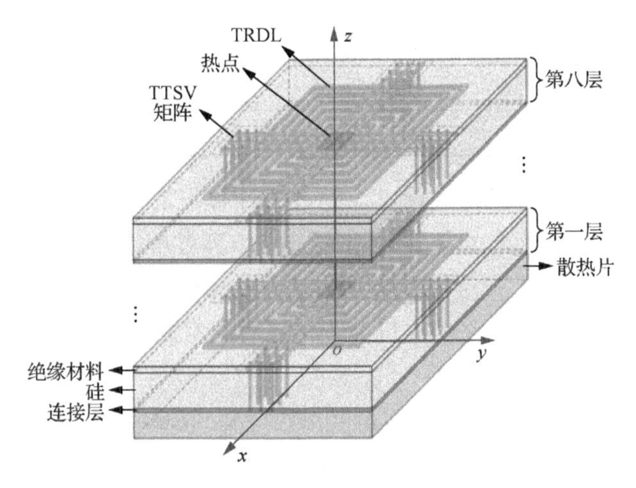

图 3-29　八层 3D IC

随着三维集成电路技术的发展，堆叠层数越多，热问题越严重，本节以八层堆叠的 3D IC 为例来验证所提出散热结构在热扩散方面的影响。每层 IC 结构包括用于连接物理结构的键合层（bonding），器件所在的 Si 衬底和实现电隔离的绝缘层（insulation）。每层平面的尺寸为 500μm×500μm，各个部分的结构参数如表 3-9 所示。整个散热结构包括特别用来散热的垂直散热结构 TTSV，水平方向的散热结构 TRDL 和热沉（heat sink）。从最上层，即第八层结构开始，每层的 TTSV 垂直堆叠，最终连接到位于最底层的热沉上。空间结构上，热点区域位于每层 Si 衬底上表面中间深度为 1μm 的立方体，TRDL 位于 Si 衬底上方的绝缘层内。*xyz* 坐标系的原点位于热沉下表面中心，每一层的中心为 z_0。

表 3-9　结构参数

结构	结构参数	符号	值/μm
TTSV	直径	d_{TTSV}	10
	间距	P_{TTSV}	14
TRDL	宽度	W_{TRDL}	12
	线间距	P_{TRDL}	12
	厚度	t_{TRDL}	5
	圈数	N_{TRDL}	7
硅衬底	厚度	t_{Si}	50
绝缘层	厚度	t_{ins}	8.8
键合层	厚度	t_{bond}	2
热沉	厚度	t_{hs}	30
热点	厚度	t_{hot}	1

有限元分析法具有很好的精度，但是对计算机的内存和显卡要求较高，需要借助服务器等更高性能的计算环境来完成仿真过程。与此相比，解析法对计算环境的要求大大降低，仿真过程可以在短短几秒钟内完成。可以采用解析法快速得到整个三维集成电路的温度分布，然后用有限元分析模型的结果验证数值模型的准确性。

在工业应用和学术研究中，傅里叶热流分析（heat flow analysis, HFA）法是进行集成电路热流分析的标准方法。与欧姆模型类似，傅里叶热流分析模型也由电阻、电流、电压等组成[29]。将各个结构的热阻等效为电阻，根据物理结构搭建 HFA 模型。热流等效为电流，在各个位置测得的电压即为这一部分的温度。

用 Multisim 软件建立 HFA 模型，八层三维 ICs HFA 模型如图 3-30 所示，将每一部分结构按照热量扩散的方向分为竖直的 z 轴方向上的热阻与平行于 x 轴和 y 轴方向上的热阻。在每一层结构中，R_{ins_x}和 R_{ins_y}分别代表 x 轴和 y 轴方向上的绝缘层的热阻，R_{Si_x}和 R_{Si_y}分别代表 x 轴和 y 轴方向上的 Si 衬底的热阻，R_{Si_z}、R_{ins_z}、R_{bond}和 R_{TTSV}分别代表在平行于 z 轴的方向，Si 衬底、绝缘层、键合层和 TTSV 的等效热阻。在每一层的等效热阻 R_{Si_z}上加入电流模拟物理模型中有源区工作产生热量，热沉等效热阻 R_{hs} 接地为电压最低点，电流流向低电势点的过程为模拟热流向热沉流动的过程。

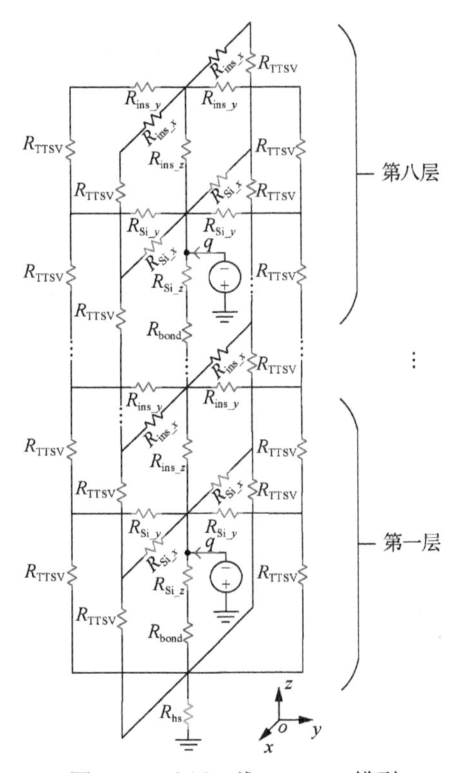

图 3-30　八层三维 ICs HFA 模型

这里，重点比较添加 TRDL 后，整个散热结构与只利用堆叠 TTSV 散热结构在效果上的优化，两个模型之间的区别如图 3-31 所示。未添加 TRDL 前，绝缘层热阻为 SiO_2 的热阻，添加 TRDL 结构作为散热结构后，这一部分热阻变成 SiO_2 的热阻与 TRDL 的热阻并联，热阻减小。热流模型中各部分的导热系数如表 3-10 所示。

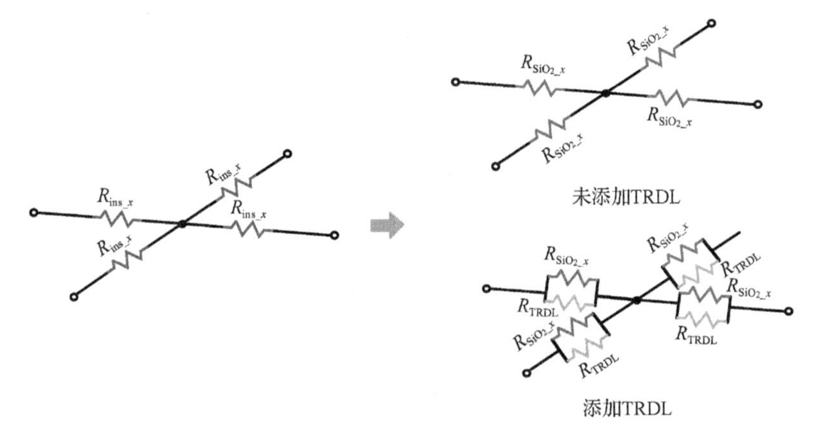

图 3-31　添加 TRDL 前后绝缘层的热阻组成

表 3-10　热流模型中各部分的导热系数

结构	材料	符号	值/（W/mK）
TTSV	Cu+SiO_2	k_{TTSV}	392
硅衬底	Si	k_{Si}	150
绝缘层	SiO_2	k_{SiO_2}	0.07
键合层	黏合胶	k_{bond}	0.25
TRDL	Cu+SiO_2	k_{TRDL}	392
热沉	Cu	k_{hs}	401

各部分热阻可以通过式（3-5）[16]得到：

$$R_{th}=\frac{l}{k_{th}\times S} \tag{3-5}$$

式中，R_{th} 为热阻，K/W；k_{th} 为导热系数，W/mK；S 为热流流过的截面积，m^2；l 为热流流过的路径长度，m。

通过式（3-5）可以看出，热阻值的大小与热流流过的路径长度 l、材料本身的导热系数 k_{th} 和热流流过的截面积 S 相关，导热系数越大，材料相应的热阻值越小。其中比较特别的是 TTSV 的导热系数为等效导热系数，这是因为 TTSV 在实际导热过程中的状态如图 3-32 所示。每根 TTSV 由 SiO_2 绝缘层和金属 Cu 芯组成，通常在建立物理模型时将 TTSV 作为一个整体。虽然氧化层厚度与 TTSV 整体尺寸相比很小，但是 SiO_2 与 Cu 的导热系数相差很大，所以需要按照比例计算 TTSV 的等效热阻值。

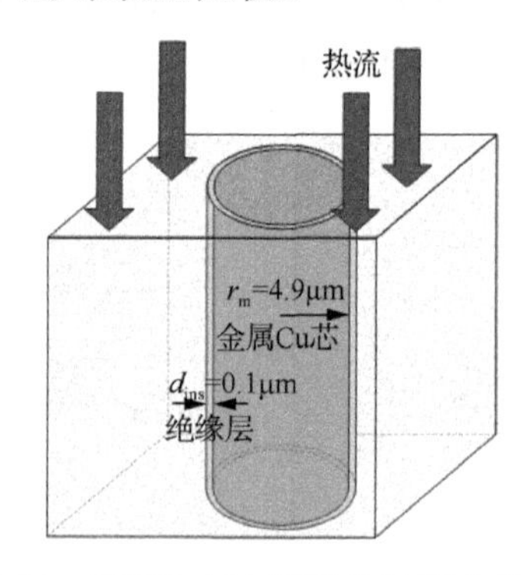

图 3-32　TTSV 在实际导热过程中的状态

TTSV 等效导热系数的计算公式如下：

$$p_{eff}=p_1d+p_2(1-d) \tag{3-6}$$

式中，P_{eff}为等效参数；p_1和 p_2为两种材料原本的材料参数；d 为材料所占比例。TTSV 的等效热阻计算公式为

$$k_{\text{TTSV}} = k_{\text{m}} \times \frac{r_{\text{m}}}{r_{\text{m}} + d_{\text{ins}}} + k_{\text{ins}} \times \frac{d_{\text{ins}}}{r_{\text{m}} + d_{\text{ins}}} \tag{3-7}$$

每个 TTSV 矩阵的热阻计算公式为

$$R_{\text{TTSV}} = \frac{l_{\text{TTSV}}}{n \times k_{\text{TTSV}} \times \pi \times R_{\text{TTSV}}^2} \tag{3-8}$$

Si 衬底的横向扩散热阻是需要特别考虑的因素。因为 Si 衬底较厚，且热源和 TTSV 的主要部分都位于这一区域，所以在距离热点和 TTSV 不同距离的地方，热流流过的截面积有很大区别[30-31]。靠近热点的区域，受到热点区域大小的限制，这时截面宽度和深度都很小，所以截面积很小，热阻较大。随着远离热点区域，热流通过的截面积逐渐增大，热阻较小。靠近 TTSV 区域，受到 TTSV 矩阵边界尺寸大小的限制，热量向 TTSV 集中扩散的过程中截面宽度减小，此时热阻较大。

因此，Si 衬底的横向热阻值的大小与位置相关，计算公式如下：

$$R_{\text{Si\_}x} = \int_{x_0}^{x_n} \frac{\mathrm{d}x}{k_{\text{Si}} \times S_x} \tag{3-9}$$

两个模型中，绝缘层的热阻不同，在没有添加 TRDL 的模型中，绝缘层热阻值通过 SiO_2 的导热系数计算得到。添加 TRDL 作为散热结构后，绝缘层的热阻为

$$R_{\text{ins}} = \frac{R_{\text{TRDL}} + R_{\text{SiO}_2}}{R_{\text{TRDL}} R_{\text{SiO}_2}} \tag{3-10}$$

TRDL 的导热系数是 SiO_2 的 5700 多倍，所以 R_{TRDL} 远小于 R_{SiO_2}。两个电阻并联，与添加 TRDL 前相比，在绝缘层上的横向扩散热阻显著减小，热流在这部分的扩散效果显著增强。

有限元分析法将物理结构模型通过网格划分为多个模型，然后对每个部分求近似解来得到整体的仿真结果，仿真精度较高，可以用来验证解析模型，并根据有限元分析的仿真结果优化数值分析模型[17,32-34]。

使用 ANSYS Workbench 中的稳态热模块 State Thermal 分别对添加 TRDL 前后的 3D IC 模型进行仿真。模型与图 3-28 和图 3-29 中的结构一致，在实际的 3D IC 模型中，Si 衬底表面有器件结构、绝缘层、种子层等多层结构，TSV

为 Cu 柱，且器件尺寸、TSV 直径与 Si 衬底相比相差较大，会产生更多的仿真节点。为了减少仿真时间，提高仿真效率，简化建模难度，优化模型，忽略有源区具体器件结构，只建立模拟器件发热的热点区域，忽略 TSV 的多层结构，将 TSV 的多层结构合并为一个圆柱，但是 TSV 的导热系数对应地采用多种层结构下的等效导热系数。对于模型环境条件的添加，这里设置该模型的外表面为绝热条件，不与空气热量交换，设置热沉温度为 22℃。在 Si 衬底表面热点区域添加功率密度为 3.2×10^{-2}mW/μm^3 的 TRDL 作为热源。导出两个模型中每一层 Si 衬底表面 x 轴线上的温度数据，Si 衬底和绝缘层表面的温度云图。将有限元分析（FEA）与 HFA 的仿真结果对比，验证 HFA 结果的可靠性。

图 3-33 为添加 TRDL 前后 HFA 和 FEA 第 N 层 Si 衬底表面温度对比，实心点为 FEA 模型的仿真结果，空心点为 HFA 模型的仿真结果。从图 3-33 中可以看到，最低温度出现在最靠近热沉的第一层，每层温度逐渐升高，距离热沉最远的第八层，温度最高。

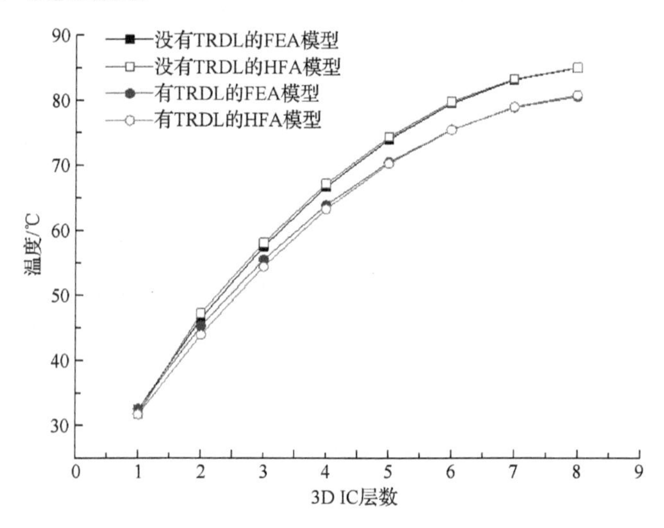

图 3-33　添加 TRDL 前后 HFA 和 FEA 第 N 层 Si 衬底表面温度对比

添加 TRDL 后每一层的温度都有不同程度的降低，温度值越大，温度下降越明显，其中 FEA 模型中第八层添加 TRDL 前的温度为 84.93℃，温度下降 4.42℃，HFA 模型的温度为 84.5℃，温度下降 4.29℃。从图 3-33 中可得两种仿真方法的结果拟合度较高，与 FEA 模型相比，HFA 模型的较大误差点出现在第二层的数据中，添加 TRDL 后的数据误差最大，误差为 2.98%。分析这里出现最大误差的原因是在 FEA 模型中，设置热沉整体为室温 22℃，在 HFA 模型中，热沉的热阻上下两端的电压存在压差，这就导致了最大误差出现在了较靠近热沉的第二层。

下面验证所提出的 HFA 模型在水平方向上仿真结果的准确性，已知平面最大温度出现在第八层芯片，选取第八层 Si 衬底表面关键区域沿 x 轴方向的温度进行比对，如图 3-34 所示，其中 x_0 为中心点。热点区域为 x=−50μm 到 x=50μm 区域，重点关注从 x=−150μm 到 x=150μm 这一区域的温度变化。因为这一区域靠近热点，在此区域内的器件更易受到热点区域产生高温的影响，所以将此区域称为关键区域。在热点区域内以 10μm 为间距，从中心点 x_0 向左右两侧各取 5 个点，也就是说在 x=−50μm 到 x=50μm 区域共取 11 个参考点，各参考点坐标如表 3-11 所示，x_5 和 x_{-5} 为热点区域边界。

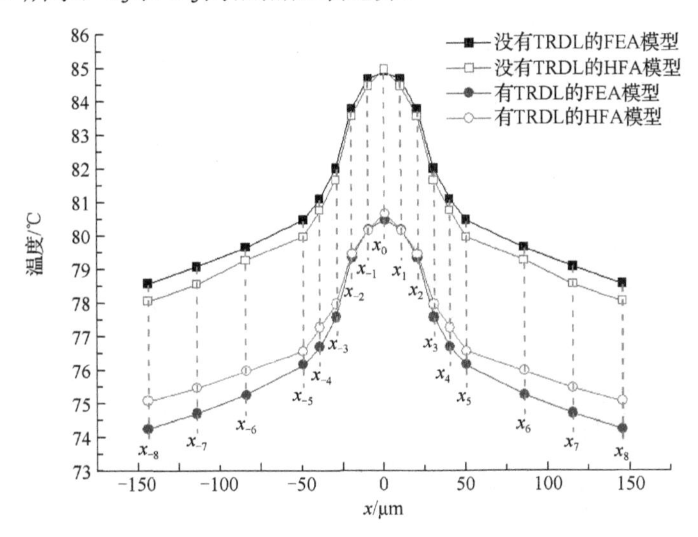

图 3-34　添加 TRDL 前后第八层 Si 衬底表面关键区域沿 x 轴方向的温度

表 3-11　x 轴上的参考点坐标

坐标	−145	−115	−85	−50	−40	−30	−20	−10
点	x_{-8}	x_{-7}	x_{-6}	x_{-5}	x_{-4}	x_{-3}	x_{-2}	x_{-1}
坐标	10	20	30	40	50	85	115	145
点	x_1	x_2	x_3	x_4	x_5	x_6	x_7	x_8

从 TTSV 矩阵靠近关键区域的边界处也就是距离 Si 衬底边界 105μm 处开始取第一个点，之后每隔 30μm 取一个点，取两次。最终在 x=−150μm 到 x=150μm 区域取 17 个点。y 轴上的取点及数值情况与 x 轴一致。从图 3-34 中可以看出，HFA 模型对于关键区域的温度仿真与 FEA 模型相比拟合度较高，最大误差出现在 x_8 和 x_{-8} 处，添加 TRDL 前后，HFA 模型与 FEA 模型的误差分别为 1.10%和 0.65%。

想要进一步研究所提出的散热结构对热量分布的影响，还需要比较 TRDL 所在层的温度分布，可以通过观察温度云图来直观比较。添加 TRDL 前后第八层 Si 衬底上表面温度云图和绝缘层上表面温度云图如图 3-35 所示。图 3-35（a）和（b）为添加 TRDL 前后第八层 Si 衬底上表面温度云图，从图中可以看出添加 TRDL 后 Si 衬底上表面的最高温度下降了 4.427℃，最低温度下降了 4.29℃，温度梯度分布情况与添加 TRDL 前没有出现明显变化。图 3-35（c）和（d）为添加 TRDL 前后第八层绝缘层上表面温度云图，这一层的最高温度下降了 9.106℃，为此时该层最高温度的 10.77%，最低温度下降了 4.283℃。值得注意的是，这一层的温度云图所反映的温度梯度出现了明显的变化，添加 TRDL 结构辅助散热前，绝缘层的温度梯度分布呈现由热点区域向四周以圆形辐射扩散的形态，添加 TRDL 结构辅助散热后，温度云图的形状变化为与 TRDL 结构一致的矩形向四周扩散，整个关键区域颜色梯度变化显著减小，意味着温度梯度显著减小。

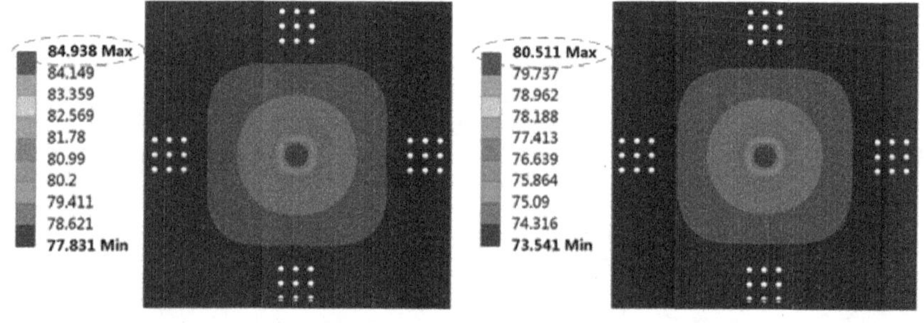

（a）添加TRDL前第八层Si衬底上表面温度云图

（b）添加TRDL后第八层Si衬底上表面温度云图

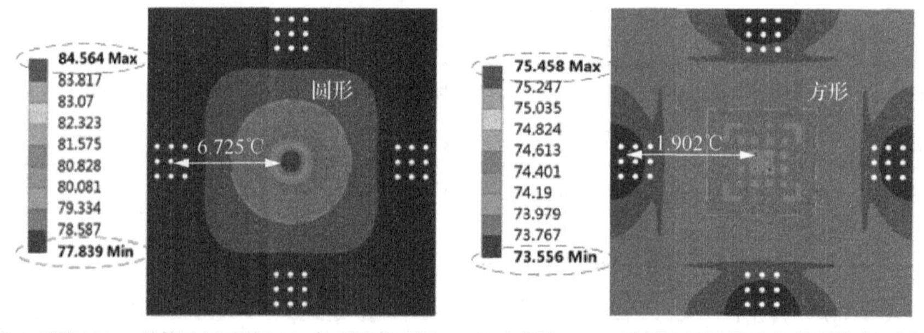

（c）添加TRDL前第八层绝缘层上表面温度云图　（d）添加TRDL后第八层绝缘层上表面温度云图

图 3-35　添加 TRDL 前后第八层 Si 衬底上表面温度云图和绝缘层上表面温度云图

将 FEA 仿真绝缘层上表面 x 轴上的温度数据提取出来，如图 3-36 所示，可以明显看到添加 TRDL 前绝缘层的温度分布曲线原本呈现山峰状，最高温度与最低温度相差 6.73℃，而在添加 TRDL 后，曲线明显变缓，此时最高温度与最低温度仅相差 1.9℃，温度梯度变化减小了 71.77%。

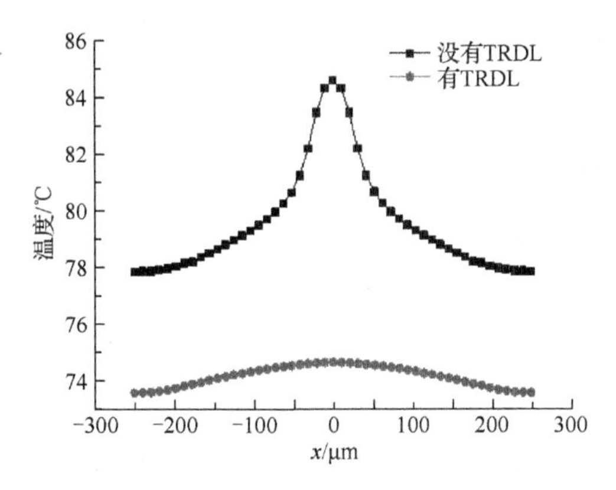

图 3-36　FEA 仿真绝缘层上表面 x 轴上的温度

3.3　小　　结

本章首先对 TSV 进行建模分析。建立 C-TSV 模型、带有 STI 结构的 C-TSV 模型、带有沟槽结构的 C-TSV 模型、双层单根 C-TSV 模型和有沟槽结构的双层单根 C-TSV 模型。基于最基础的 C-TSV，分析其材料特性、结构参数及退火温度对热应力的影响。从三个基本原理出发，基于 C-TSV 提出了三种有效的结构来优化应力分布，减小 TSV 周围衬底处应力及 KOZ，从而提高集成度。STI 结构是在 TSV 周围制造一个环型 STI，利用 SiO_2 的低热膨胀系数减小应力。沟槽结构是在 TSV 周围提供一个自由变形的空间，阻断 TSV 引入的应力对沟槽外部衬底的影响。

其次根据目前三维集成电路的发展所面临的阻碍以及三维集成电路热研究的建模方法、散热途径研究现状，基于三维集成电路高集成度的设计需求提出一套基于 TTSV 和 TRDL 结构的三维散热结构，增加三维集成电路中的横向和纵向散热路径，通过降低绝缘层的热阻提高散热效率，有效降低热点区域的温度，减小平面内的温度梯度。

参 考 文 献

[1] WANG F J, YU N M. Study on thermal stress and keep-out zone induced by Cu and SiO_2 filled coaxial-annular through-silicon via[J]. IEICE Electronics Express, 2015, 12(22): 844.

[2] WANG F J, YU N M. Explicit model of thermal stress induced by annular through-silicon-via(TSV)[J]. IEICE Electronics Express, 2016, 13(21): 767.

[3] WANG F J, YU N M, ZHU Z M, et al. Effects of coaxial through-silicon via on carrier mobility along [100] and [110] crystal directions of(100)silicon[J]. IEICE Electronics Express, 2015, 12(14): 434.

[4] WANG F J, ZHU Z M, YANG Y T, et al. An effective approach of reducing the keep-out-zone(KOZ) induced by coaxial through-silicon-via(TSV)[J]. IEEE Transactions on Electron Devices, 2014, 61(8): 2928-2934.

[5] WANG F J, ZHU Z M, YANG Y T, et al. Thermo-mechanical performance of Cu and SiO_2 filled coaxial through-silicon-via(TSV)[J]. IEICE Electronics Express, 2013, 10(24): 893.

[6] WANG F J, ZHU Z M, YANG Y T, et al. Analytical models for the thermal strain and stress induced by annular through-silicon-via(TSV)[J]. IEICE Electronics Express, 2013, 10(20): 666.

[7] HOPCROFT M A, NIX W D, KENNY T W. What is the young's modulus of silicon?[J]. Journal of Microelectromechanical Systems, 2010, 19(2): 229-238.

[8] LE F L, LEE S W R, ZHANG Q M. 3D chip stacking with through silicon-vias(TSVs) for vertical interconnect and underfill dispensing[J]. Journal of Micromechanics and Microengineering, 2017, 4(27): 1-8.

[9] DENG Q, HUANG L, SHANG J, et al. Study on TSV-Cu protrusion under different annealing conditions and optimization[J]. International Conference on Electronic Packaging Technology, 2016, 17: 380-383.

[10] MARIAPPAN M, BEA J C, FUKUSHIMA T, et al. Improving the barrier ability of Ti in Cu through-silicon vias through vacuum annealing[J]. Japanese Journal of Applied Physics, 2017, 4(56): 1-5.

[11] HUANG C, WU K, WANG Z Y. Mechanical reliability testing of air-gap through-silicon vias[J]. Components Packaging and Manufacturing Technology IEEE Transactions, 2016, 5(6): 712-721.

[12] FENG W, WATANABE N, SHIMAMOTO H, et al. Validation of TSV thermo-mechanical simulation by stress measurement[J]. Microelectronic Reliability, 2016, (59): 95-101.

[13] CHAN Y S, LI H Y, ZHANG X. Thermo-mechanical design rules for the fabrication of TSV interposers[J]. Components Packaging and Manufacturing Technology IEEE Transactions, 2013, 4(3): 633-640.

[14] QIN F, ZHANG M, DAI Y, et al. Optimization of TSV interconnects and BEOL layers under annealing process through fracture evaluation[J]. Fatigue & Fracture of Engineering Materials & Structures, 2020, 7(43): 1433-1445.

[15] MADANI S, BAYOUMI M. Fault tolerant techniques for TSV-based interconnects in 3-D ICs[C]. Baltimore: 2017 IEEE International Symposium on Circuits and Systems, 2017.

[16] 孙汉, 王玮, 陈兢, 等. 硅通孔(TSV)的工艺引入热应力及其释放结构设计[J]. 应用数学和力学, 2014, 35(3): 295-304.

[17] WANG F J, QU X Q, YU N M. An effective method of reducing TSV thermal stress by STI[C]. Xi'an: 2019 IEEE International Conference on Electron Devices and Solid-State Circuits, 2019.

[18] KTEYAN A, MUEHLE U, GALL M, et al. Analysis of the effect of TSV-induced stress on devices performance by direct strain and electrical measurements and FEA simulations[J]. IEEE Transactions on Device and Materials Reliability, 2017, 17(4): 643-651.

[19] KIM J H, YOO W S, HAN S M. Non-destructive micro-Raman analysis of Si near Cu through silicon via[J]. Electronic Materials Letters, 2017, 13: 120-128.

[20] KUO C Y, SHIH C J, LU Y C, et al. Testing of TSV-induced small delay faults for 3-D integrated circuits[J]. IEEE Transactions on Very Large Scale Integration Systems, 2013, 22(3): 667-674.

[21] ZHAO Y, YOU H, CUI R, et al. Research on mobility variance caused by TSV-induced mechanical stress in 3D-IC[C]. Chengdu: 2014 15th International Conference on Electronic Packaging Technology, 2014.

[22] LI H Y, HU X B, SHAO C P, et al. SEU reliability evaluation of 3D IC[J]. Electronics Letters, 2015, 51(4): 362-364.

[23] YIN X K, ZHU Z M, YANG Y T, et al. Metal proportion optimization of annular through-silicon via considering temperature and keep-out zone[J]. IEEE Transactions on Components, Packaging and Manufacturing Technology, 2015, 5(8): 1093-1099.

[24] 王凤娟, 杨银堂, 朱樟明, 等. 三维单芯片多处理器温度特性[J]. 计算物理, 2012, 29(6): 938-942.

[25] 屈晓庆. 硅通孔(TSV)热应力分析及优化[D]. 西安: 西安理工大学, 2021.

[26] 王凤娟, 朱樟明, 杨银堂, 等. 考虑硅通孔的三维集成电路最高层温度模型[J]. 计算物理, 2012, 29(4): 580-584.

[27] WANG F J, LI Y, YU N M, et al. Effectiveness of thermal redistribution layer in cooling of 3D IC[J]. International Journal of Numerical Modelling: Electronic Networks, Devices and Fields, 2021, 34(3): E2847.

[28] WANG F J, LI Y, YU N M. A highly efficient heat-dissipation system using RDL and TTSV array in 3D IC[C]. Xi'an: 2019 IEEE International Conference on Electron Devices and Solid-state Circuits, 2019.

[29] WANG F J, YU N M. Analytical model for 3D IC temperature considering lateral heat conduction[C]. Haining: 2017 IEEE Electrical Design of Advanced Packaging and Systems, 2017.

[30] PI Y D, WANG N Y, CHEN J, et al. Anisotropic equivalent thermal conductivity model for efficient and accurate Full-Chip-Scale numerical simulation of 3D stacked IC[J]. International Journal of Heat and Mass Transfer, 2018, 120: 361-378.

[31] WANG F J, YU N M. Thermal management of coaxial through-silicon-via(C-TSV)-based three-dimensional integrated circuit(3D IC)[J]. IEICE Electronics Express, 2016, 13(11): 1117.

[32] WANG F J, YANG Y T, ZHU Z M, et al. A thermal model for the top layer of 3d integrated circuits considering through silicon vias[C]. Xiamen: IEEE 9th International Conference on ASIC, 2011.

[33] WANG F J, LIU S Y, YIN X K, et al. Shallow trench isolation structure design for through-silicon vias stress reduction[J]. International Journal of Numerical Modelling: Electronic Networks, Devices and Fields, 2022, 35(4): e2988.

[34] 李玥. 三维集成热管理及芯片级热应力建模与仿真[D]. 西安: 西安理工大学, 2021.

第4章　TSV三维电感器

电感器是应用十分广泛的无源器件之一，其设计制造及使用过程中存在多个物理场的相互作用，会对其电学特性有着一定影响。因此，对基于TSV三维电感器的多物理场耦合特性进行研究显得尤为重要。

TSV的尺寸和再分布层（RDL）线宽单位都是微米量级。在信号通路中，如果电感器是通过插入传统的小尺寸MOS开关来控制，会造成信号的巨大散射，并严重影响信道的信号完整性，而使用尺寸相匹配的MOS开关，则会占用很大的面积。因此本章提出使用TSV垂直开关对电感器进行控制。

据报道，与同样长宽比的平面MOS开关相比，TSV垂直开关的饱和电流可以提高三个数量级，并且TSV垂直开关可以充分利用垂直空间，有效节省了面积成本。在工艺方面，增加TSV垂直开关只需要增加漏极和源极的重掺杂工艺。相对于平面MOS器件，增加TSV垂直开关的工艺复杂度大大降低，有效节约了制作成本。另外，利用MOS开关实现的调谐，电感值的变化是离散的，会受开关数量的限制。本章一方面通过TSV垂直开关的开通与关断状态来进行电感器间不同连接方式的转换，以实现不同的电感值；另一方面通过直流偏置进行磁芯磁导率的调节。这两种调谐方式的共同使用，扩大了调谐范围，并提高了电感器的应用灵活性，而且能够弥补MOS开关调谐产生的电感值离散变化不足。

4.1　TSV三维螺旋电感及多物理场耦合特性

基于TSV技术的三维电感相比传统的二维电感具有更高的Q值、更高的电感密度和更低的寄生参数[1]，本章提出了TSV三维螺旋电感及TSV三维环式螺旋电感两种电感结构。首先，通过ADS将三维物理模型等效为二维电路模型，从电路角度研究电感器多物理场问题。其次，通过ANSYS workbench中的HFSS分析模块对TSV电感进行结构设计并提取电学参数。最后，结合ANSYS workbench中的Static Structural分析模块，完成对两种电感结构的热-力-电多物理场耦合特性的分析研究，同时对TSV三维螺旋电感的等效电路模型进行仿真验证。

4.1.1　TSV三维螺旋电感热-力-电多物理场耦合

多场耦合来源于生产过程中TSV技术存在的不足。考虑到整个TSV电感与硅衬底之间热膨胀系数的不匹配，其在退火过程中会产生热应力，从而影响TSV电感的电学性能，图4-1给出了多物理场耦合流程。

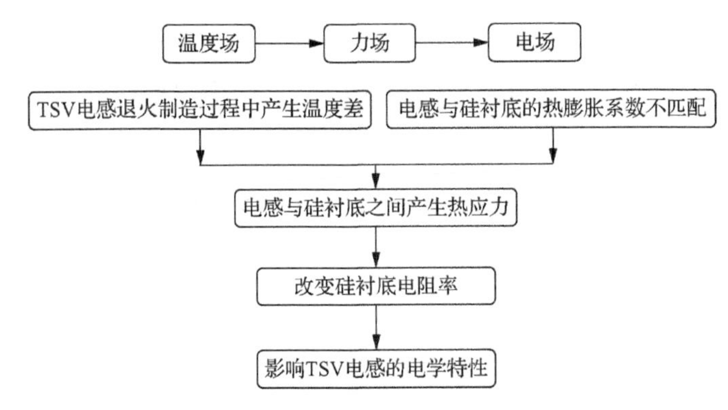

图 4-1　多物理场耦合流程

在 ANSYS workbench 的软件平台进行仿真，使用 HFSS 分析模块建立 TSV 电感模型，仿真并计算得到理想情况下电感的电感值与品质因数。通过 Static Structural 分析模块模拟退火过程中热膨胀系数的不匹配情况，并且提取硅衬底产生的热应力。再利用经验公式计算得出改变之后的衬底电阻率，然后导入到 HFSS 分析模块，计算得到电感值与品质因数。最后，与理想情况进行数据对比，计算确定变化率，从而分析多物理场对 TSV 电感所带来的影响。

基于 TSV 三维螺旋电感的整个形状结构类似于螺线管构造，导体结构分为 TSV、RDL 和微凸点（μBump）三部分，TSV 三维螺旋电感结构如图 4-2 所示，电感匝数为 5 匝，输入端口和输出端口位于顶层对角两端。可以从图中看出使用 TSV 技术有效利用了衬底的垂直方向，比传统平面电感提高了电感值的同时也有效减小了占用面积。图 4-3 给出了 TSV 三维螺旋电感截面图，展示了 TSV 的内部结构。整个 TSV 结构置于硅衬底中，中间有一层二氧化硅介质层作为绝缘层，用于隔断填充金属与衬底，上下两层的 RDL 和μBump 置于二氧化硅层中。结合图 4-2，底层的 RDL 和μBump 连接同一行的两根 TSV，顶层则连接邻行异列的两根 TSV。

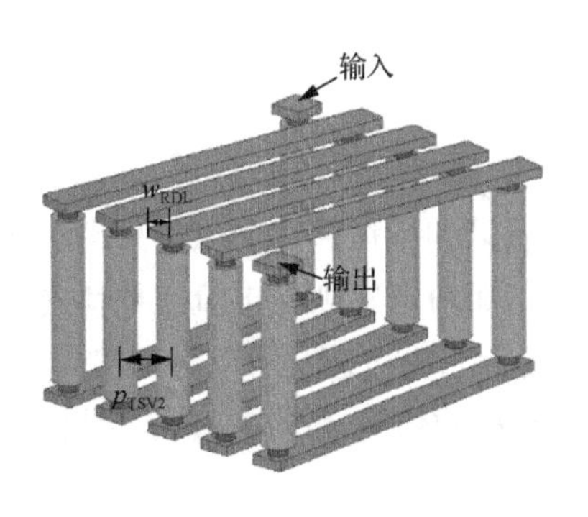

图 4-2　TSV 三维螺旋电感结构

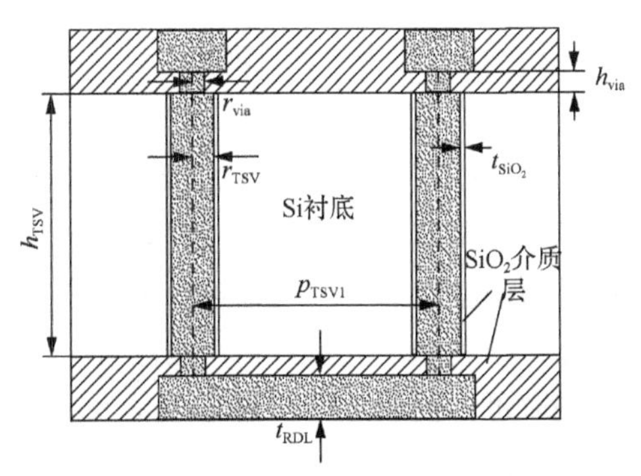

图 4-3　TSV 三维螺旋电感截面图

表 4-1 列出了 TSV 三维螺旋电感的结构参数，参数的选取符合实际 TSV 制造工艺的要求，可以给后期流片提供参考依据，除同侧 TSV 间距（p_{TSV2}）和 RDL 宽度（w_{RDL}）的标注在图 4-2 给出之外，其他符号在图 4-3 中均给出了标注。

表 4-1　TSV 三维螺旋电感的结构参数

结构	结构参数	符号	数值/μm
TSV	TSV 金属芯半径	r_{TSV}	4.9
	二氧化硅厚度	t_{SiO_2}	0.1
	TSV 高度	h_{TSV}	50
	异侧 TSV 间距	p_{TSV1}	100
	同侧 TSV 间距	p_{TSV2}	20
RDL	宽度	w_{RDL}	10
	厚度	t_{RDL}	3
微凸点	半径	r_{via}	3
	高度	h_{via}	3

对 TSV 电感进行等效电路构建，可以在研究寄生参数的同时更好地衡量器件在三维 IC 中的作用。构建等效电路，为从电路角度出发进行多物理场耦合特性研究提供参考，可以有效解决三维模型仿真时耗长、硬件配置要求高的问题，进一步提高研究效率，拓展研究。

TSV 三维螺旋电感采用的是圆柱型 TSV 结构，从单一 TSV 出发，考虑不同 TSV 之间的相互作用，同时包含对 RDL 部分的研究，最终综合得到等效电路。

（1）首先，对 TSV 寄生电阻进行计算，如式（4-1）所示，填充金属选用铜材料。

$$R_{TSV}=\frac{\rho h}{\pi R_m^2} \tag{4-1}$$

式中，R_m 为 TSV 半径；h 为 TSV 高度；ρ 为填充金属电阻率，μΩ·m。

（2）TSV 寄生电感由于电磁场同时存在于介质区和导体区，所以由外电感和内电感两部分构成。外电感与实际工作频率无关，而内电感则与电流在导体内的具体分布相关联。根据研究，通常情况下外电感远大于内电感，所以对于 TSV 电感的提取可以使用外电感进行表示。铜的相对磁导率数值为 $4\pi\times10^{-7}$H/m，具体表达式如下：

$$L_{\mathrm{TSV}}=\frac{\mu h}{2\pi}\left(\ln\frac{h+\sqrt{h^2+R_{\mathrm{m}}^2}}{R_{\mathrm{m}}}+R_{\mathrm{m}}-\sqrt{h^2+R_{\mathrm{m}}^2}\right) \tag{4-2}$$

式中，μ为填充金属相对磁导率，H/m。

（3）由 TSV 的金属填充材料和硅衬底之间的二氧化硅介质层构成氧化层电容器，其表达式计算如下[2]：

$$C_{\mathrm{ox}}=\frac{2\pi\varepsilon_{\mathrm{ox}}h}{\ln\dfrac{R_{\mathrm{m}}+t_{\mathrm{ox}}}{R_{\mathrm{m}}}} \tag{4-3}$$

式中，$\varepsilon_{\mathrm{ox}}$为氧化层相对介电常数；$t_{\mathrm{ox}}$为氧化层厚度。

（4）TSV 电感实际工作情况下，因为衬底材料存在导电性质会产生衬底损耗，所以衬底的寄生参数提取对于等效电路的构建很重要。硅衬底电容和电导的计算公式分别如式（4-4）和式（4-5）[3]。硅衬底电阻率与仿真材料参数一致，为 10Ω·cm。

$$C_{\mathrm{Si}}=\frac{\pi\varepsilon_{\mathrm{Si}}h}{\ln\left[\dfrac{p}{2R_{\mathrm{m}}}+\sqrt{\left(\dfrac{p}{2R_{\mathrm{m}}}\right)^2-1}\right]} \tag{4-4}$$

$$G_{\mathrm{Si}}=\frac{\pi h}{\ln\left[\dfrac{p}{2R_{\mathrm{m}}}+\sqrt{\left(\dfrac{p}{2R_{\mathrm{m}}}\right)^2-1}\right]\times\rho_{\mathrm{Si}}} \tag{4-5}$$

式中，$\varepsilon_{\mathrm{Si}}$为硅衬底相对介电常数；$p$ 为同侧 TSV 间距；ρ_{Si}为硅衬底电阻率，μΩ·m。

（5）RDL 处在 SiO_2 氧化层中，根据 RDL 形状可以将其设定为相邻两个 RDL 之间存在的寄生电容，即 SiO_2 作为介质构成平行板电容器。经验计算公式如下：

$$C_{\mathrm{RDL}}=\frac{\varepsilon_{\mathrm{ox}}S}{d} \tag{4-6}$$

式中，d 为极板间距；S 为极板面积。

（6）对 RDL 的寄生电阻和寄生电感采取近似方法，采用式（4-1）和式（4-2）进行计算，将 RDL 的寄生电阻和寄生电感等效为半径相同的柱体，长度近似为 TSV 高度的两倍，得到 R_{RDL}为 $2.28\times10^{-2}\Omega$，L_{RDL}为 7.42×10^{-2}nH。

从一端 TSV 开始，通过计算得到的氧化层电容 C_{ox}，串联到并联连接的衬底电容 C_{Si}与电导 G_{Si}上，再串联到相对位置的氧化层电容 C_{ox}，最终连接到另一端 TSV 上，来描述 TSV 导体之间的电介质[4]。相邻 TSV 间等效电路如图 4-4 所示，考虑到不同行之间的 TSV 轴间距为 TSV 半径的五倍，两个 TSV 之间的相互影响很小，可以忽略这种情况下的等效电路构建和分析，只考虑同行相邻 TSV 之间的情况。

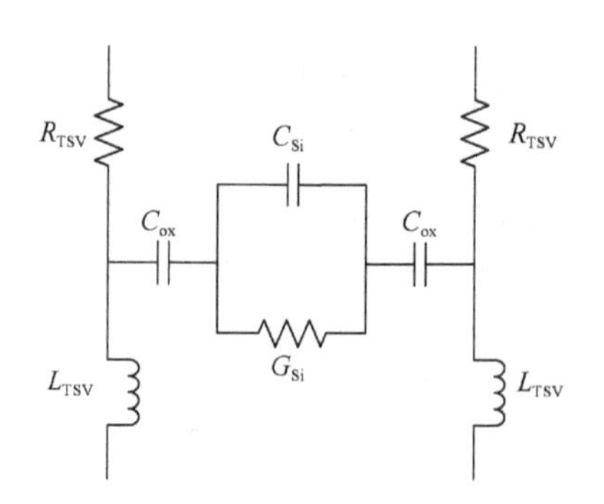

图 4-4　相邻 TSV 间等效电路

结合图 4-4，根据图 4-2 给出的立体模型图，将所有计算的寄生参数结果进行整合，得到电感分布式等效电路，如图 4-5 所示。根据图 4-2 可以看出分布式电路存在确定规律，即匝与匝之间的等效电路相同，所以只展示了前 2 匝电路，对后半部分电路进行了省略。

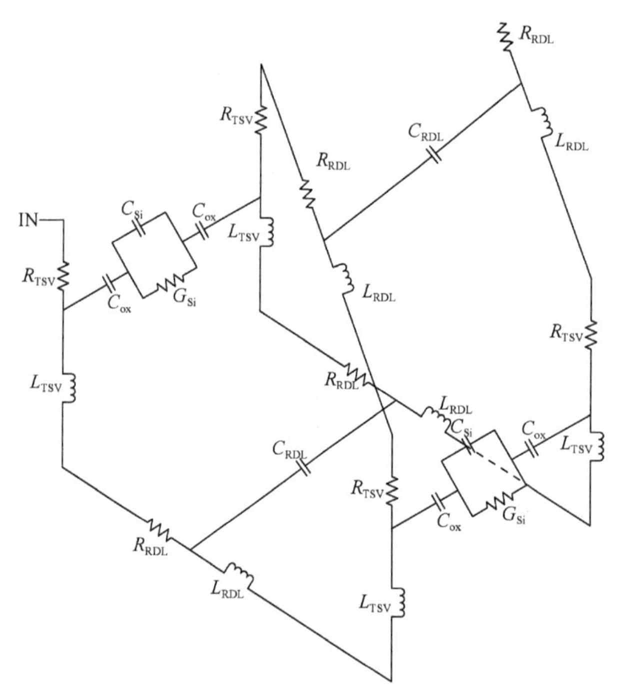

图 4-5　电感分布式等效电路

整个 TSV 三维螺旋电感的总电感值除了每根 TSV 所提供的自感值之外，还来源于 TSV 之间的互感，而考虑电流的流向可以将互感分为两种情况：处在不同行的 TSV 之间的互感，两者的电流方向相反；处在同行的 TSV 之间的互感，两者的电流方向相同。两种情况的互感值符号相反，图 4-6 对两行 TSV 进行电流流向标注并标号，之后会对每根 TSV 的互感值逐一进行计算分析，TSV 数量完全与图 4-2 对应。

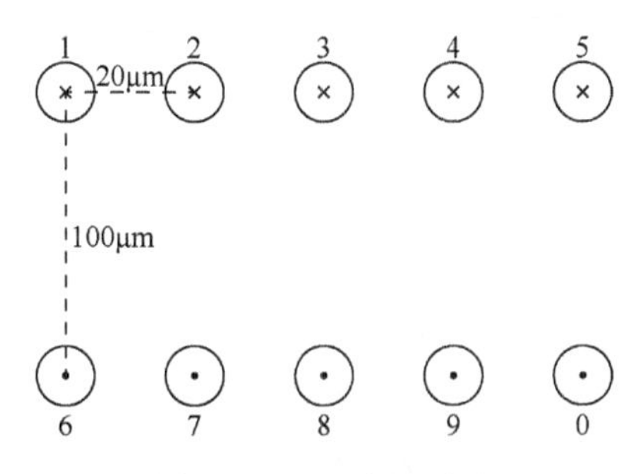

图 4-6　TSV 电流流向

两种情况下的互感计算公式如式（4-7），不同行 TSV 之间的斜对角距离计算采用勾股定理即可。根据式（4-2）的计算可知单根 TSV 的自感为 3.02×10^{-2}nH。

$$M_{\mathrm{TSV}}=\frac{\mu_0 h}{2\pi}\left\{\ln\left[\frac{h}{R_{\mathrm{m}}+d}+\sqrt{\left(\frac{h}{R_{\mathrm{m}}+d}\right)^2+1}\right]-\sqrt{\left(\frac{h}{R_{\mathrm{m}}+d}\right)^2+1}+\frac{R_{\mathrm{m}}+d}{h}\right\} \quad (4\text{-}7)$$

式中，d 为选定两根 TSV 的间距。

将标号为 1 的 TSV 互感计算结果整合为表 4-2，表中（1.j）表示 1 号 TSV 与标号为 j 的 TSV 之间的互感，互感值和自感值相加得到总的电感值。同理对其他标号 TSV 的总电感值进行计算，总结到表 4-3 中。

表 4-2　1 号 TSV 互感计算结果

标识	间距/μm	互感值/nH
（1.2）	20	8.28×10^{-3}
（1.3）	40	5.13×10^{-3}
（1.4）	60	3.69×10^{-3}
（1.5）	80	2.87×10^{-3}
（1.6）	100	2.34×10^{-3}
（1.7）	102	2.30×10^{-3}
（1.8）	107	2.20×10^{-3}
（1.9）	117	2.02×10^{-3}
（1.0）	128	1.86×10^{-3}

表 4-3　单根 TSV 的总电感值

标号	总电感值/nH	标号	总电感值/nH
1	3.95×10^{-2}	6	3.95×10^{-2}
2	4.44×10^{-2}	7	4.44×10^{-2}
3	4.57×10^{-2}	8	4.57×10^{-2}
4	4.44×10^{-2}	9	4.44×10^{-2}
5	3.95×10^{-2}	0	3.95×10^{-2}

接下来计算 RDL 之间的互感情况，描述和计算办法与 TSV 的互感相似，同样可以分为两种情况：处在同一层的 RDL 之间的互感，任意两根电流方向相同；处在不同层的 RDL 之间的互感，任意两根的电流方向相反。电流流向与图 4-6 相似，根据图 4-2，不考虑输入输出端部分，顶层 RDL 由里到外编号为 1 到 4，底层 RDL 由里到外编号为 5 到 9。两种情况下的互感计算公式如下：

$$M_{\mathrm{RDL}}=\frac{\mu_0}{2\pi}\left\{l_{\mathrm{RDL}}\ln\left[\frac{l_{\mathrm{RDL}}}{d}+\sqrt{\left(\frac{l_{\mathrm{RDL}}}{d}\right)^2+1}\right]-\sqrt{l_{\mathrm{RDL}}{}^2+d^2}+d\right\} \tag{4-8}$$

式中，l_{RDL} 为单根 RDL 长度。通过计算已经得出单根 RDL 的自感为 7.42×10^{-2}nH。同理单根 RDL 的总电感值总结到表 4-4 中。

表 4-4　单根 RDL 的总电感值

标号	总电感值/nH	标号	总电感值/nH
1	7.84×10^{-2}	6	11.95×10^{-2}
2	9.32×10^{-2}	7	12.34×10^{-2}
3	9.32×10^{-2}	8	11.95×10^{-2}
4	7.84×10^{-2}	9	10.34×10^{-2}
5	10.34×10^{-2}	—	—

无源 RLC 网络可以进行串并联转化，最终将图 4-5 所展示的电感分布式等效电路等效转化为集总电路，目的是便于在 ADS 中构建二维电路模型进行仿真获取 S 参数，与三维模型在 HFSS 中的 S 参数进行对比，来验证等效电路的有效性。

通过式（4-9）与式（4-10）进行电容、电阻的串并联转化，R_1 必然大于 R_2，C_2 大于 C_1。

$$R_1=(1+Q^2)R_2 \tag{4-9}$$

$$C_1=\frac{Q^2}{1+Q^2}C_2 \tag{4-10}$$

式中，参数 Q 的计算公式使用式（4-11）和式（4-12）均可。角频率ω与谐振频率相关，根据 HFSS 结果显示 TSV 三维螺旋电感的谐振频率为 5GHz。

$$Q=\frac{1}{R_2C_2\omega} \tag{4-11}$$

$$Q=R_1C_1\omega \tag{4-12}$$

经过串并转换，图 4-7 相邻 TSV 间的等效电路变成了 5.66×10^{-3}pF 的电容 C_2 与 853Ω的电阻 R_2 并联，分布式等效电路可以进一步转换为图 4-8。匝与匝之间构成了 C_{RDL}、C_{m}、R_{m} 三者的并联，集总电路中将其统一进行串并联计算，组合成一个电路元件。整个串联的 TSV 与 RDL 进行整合，即最终等效为一个电感与一个电阻的串联，电感与电阻串联的最终结果为所有量的总和。在 ADS 中进行构建的电感集总式等效电路如图 4-9 所示，C_{p}、R_{p}、C_{RDL} 分别对应 C_{m}、R_{m}、C_{RDL} 五匝之间并联计算综合之后的结果，两端则为 50Ω的微带线。

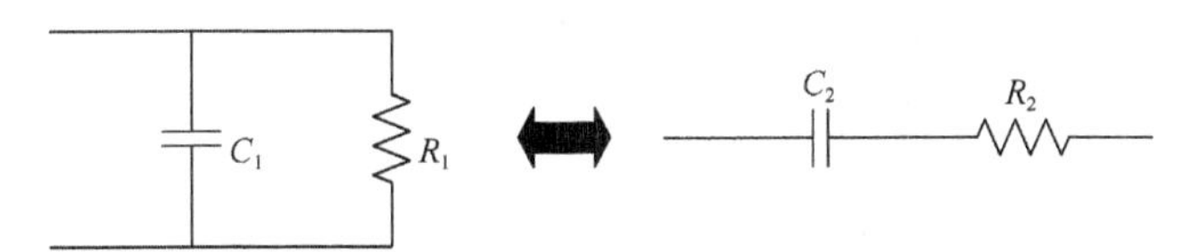

图 4-7　无源网络中 R、C 相互转换

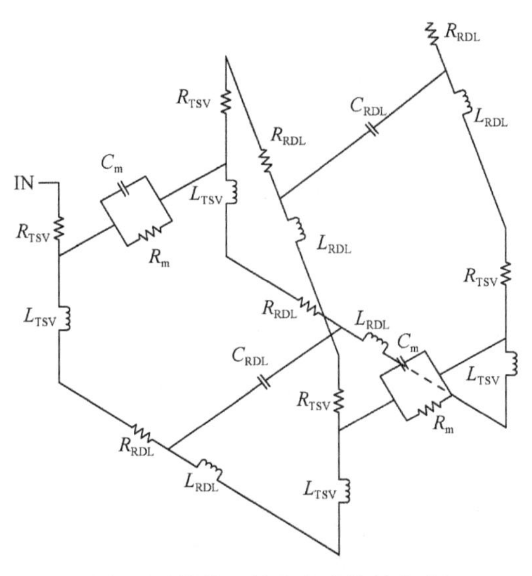

图 4-8　转换后的分布式等效电路

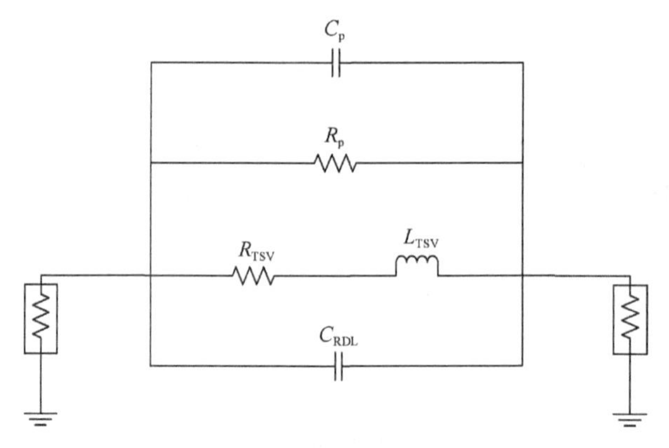

图 4-9　电感集总式等效电路

通过分析模块之间几何结构的连接，将模型导入到 Static Structural 分析模块中，设置对应温度条件应用于电感模型中，模拟实际生产中的退火过程。根据实际 Via last 工艺，退火过程的初始温度设置为 673K，结束温度设置为 300K。硅衬底表面的应力分布如图 4-10 所示，ANSYS 仿真结果表明，整个硅衬底的最大应力值为 1076MPa，最小的应力值为−445.55MPa，平均应力值为 323.12MPa，应力值的正负代表着受力方向的不同。

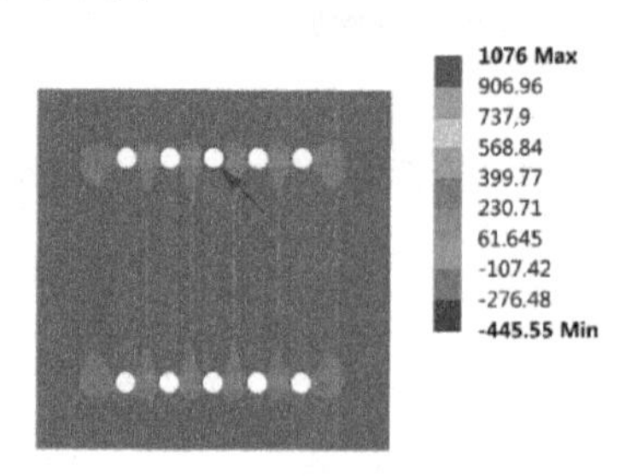

图 4-10　硅衬底表面的应力分布

从图 4-10 中可以看出，由于电感与衬底材料的热膨胀系数不匹配，整个应力的最大变化区域集中在各个通孔周围，通孔相邻区域产生最大应力值，通孔未相邻区域则产生了最小应力值。图 4-11 给出了衬底应力分布截面图，详细展示了通孔表面应力分布情况，可以看出相邻通孔间的表面应力分布高度一致。

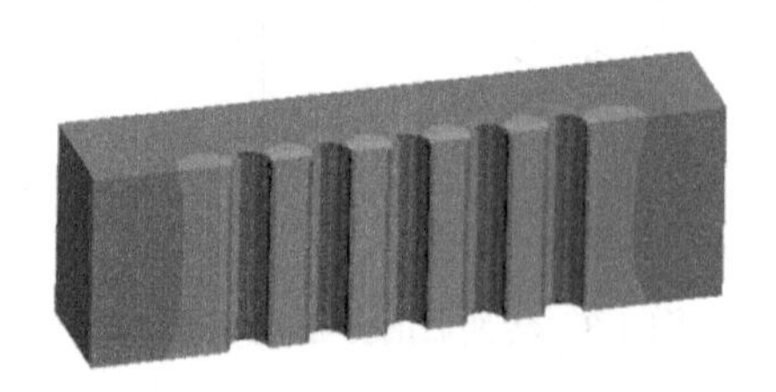

图 4-11　衬底应力分布截面图

靠近电感部分的应力分布是影响电感电学特性的主要因素，根据图 4-1 所展示的研究流程，应力会进一步改变 TSV 电感周边衬底的电阻率，从而影响其电学特性。衬底通孔表面应力呈现中心对称分布，所以取通孔表面环型边缘进行应力提取可以直观表示应力分布规律。对图 4-10 箭头所指圆标识边缘进行提取，绘制应力分布图，如图 4-12 所示，横坐标最大值表示通孔的周长。根据图 4-1 显示，热应力的产生会使得衬底电阻率发生变化，依据压阻效应进行分析，衬底电阻率的变化率（ROC）可以通过压阻系数与产生的热应力进行计算[5]：

$$\mathrm{ROC}=\Pi\sigma \tag{4-13}$$

式中，Π 为压阻系数，Pa^{-1}；σ 为热应力，MPa。

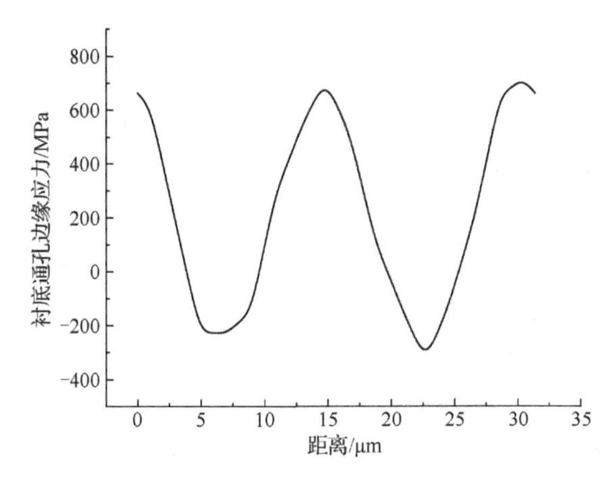

图 4-12　衬底通孔边缘应力分布

压阻系数的数值根据不同类型的硅衬底给出，这里给出了 P 型硅衬底和 N 型硅衬底两种类型，衬底电阻率变化情况如表 4-5 所示。

表 4-5　衬底电阻率变化情况

衬底类型	压阻系数/Pa^{-1}	电阻率平均变化率/%	电阻率平均值/（Ω·cm）
P-Si	71.8×10^{-11}	25.1	12.51
N-Si	-31×10^{-11}	−10.8	8.92

将不同类型硅衬底对应的压阻系数结合图 4-12 的应力分布代入式（4-1）进行计算，得到电阻率变化率及电阻率沿通孔边缘的分布如图 4-13 所示，初始衬底电阻率为 10Ω·cm。

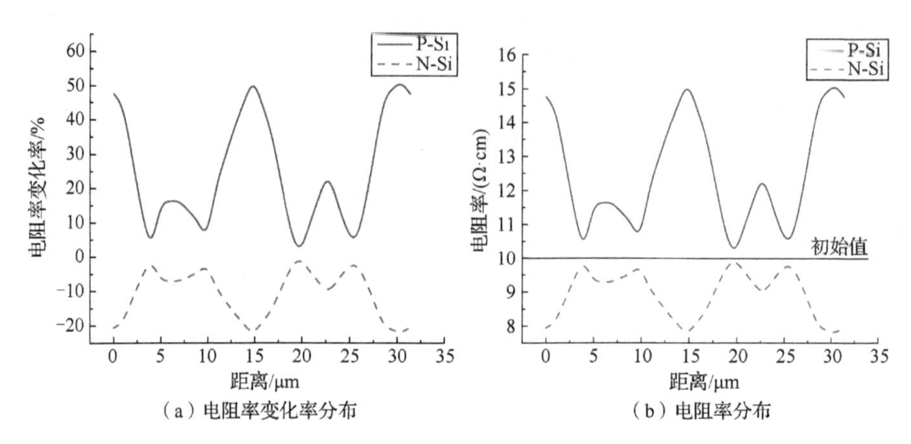

（a）电阻率变化率分布　　（b）电阻率分布

图 4-13　电阻率变化率及电阻率沿通孔边缘的分布

根据电阻率分布曲线，提取两种衬底类型下的电阻率平均值来表征多物理场耦合影响后 TSV 电感的硅衬底电阻率。

基于 TSV 的电感设计已经进行了大量的研究，最耗时的是电感值的提取[6]。根据研究经验可以得出，除电感值可以表征电感的电学性能之外，品质因数（Q）也是表征电学性能的重要参数。根据一般情况，电感值会随着匝数的增加而增加，但是匝数的增加会导致线路消耗的增加，从而使 Q 值减小，所以两种电学参数是相互限制的关系[7-8]。TSV 电感在高频领域中进行工作，将电磁场边界条件添加到 HFSS 模块进行仿真分析，将式（4-14）和式（4-15）引入分析模块中[9]，以获取不同衬底电阻率下的电感值和 Q 值。

$$L=\frac{\mathrm{Im}(1/Y_{11})}{2\pi f} \tag{4-14}$$

式中，Y_{11} 为端口导纳系数；f 为电感工作频率，GHz。

$$Q=\frac{\mathrm{Im}(1/Y_{11})}{\mathrm{Re}(1/Y_{11})} \tag{4-15}$$

根据式（4-14）和三维电感模型在 HFSS 仿真中的结果显示，TSV 三维螺旋电感的谐振频率为 5GHz，表明电感的频率应用上限为 5GHz，所以 S 参数的仿真提取范围设定为 0～10GHz。对不同 S 参数进行数据对比，从图 4-14 中可以看出，特别是在电感的可应用范围内，S 参数具有很高的一致性，从而证实了等效电路构建的有效性。

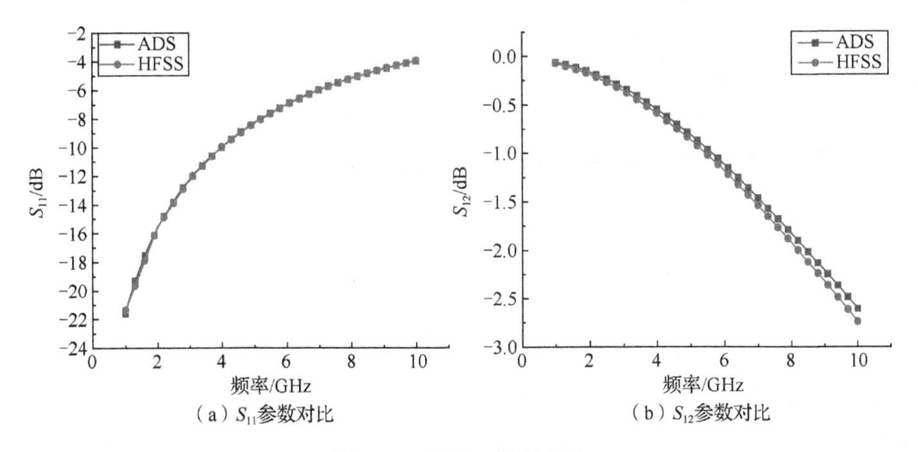

（a）S_{11}参数对比　　　　　　　　（b）S_{12}参数对比

图 4-14　不同 S 参数对比

根据式（4-5）可以得出衬底电导 G_{Si} 与衬底电阻率相关，由压阻效应、温度变化产生的热应力分布会使衬底电阻率产生变化，所以可以将式（4-5）与式（4-13）进行整合，得出衬底电导 G_{Si} 的公式为

$$G_{Si}=\frac{\pi h}{\ln\left[\frac{p}{2R_m}+\sqrt{\left(\frac{p}{2R_m}\right)^2-1}\right]\times\rho_{Si}\times(1+ROC)} \tag{4-16}$$

通过仿真分析可以得出不同温度下的应力分布，从而得到不同的衬底电阻率，代入等效电路，通过 ADS 仿真得到电感等效电路的 L、Q 值变化与三维模型的 L、Q 值变化并进行对比，对比结果如图 4-15 所示。根据 HFSS 提取数据得到 TSV 电感的 Q 值在 5GHz 时达到峰值，所以图 4-15 中 Q 值提取的是不同衬底电阻率情况下 Q 的峰值。

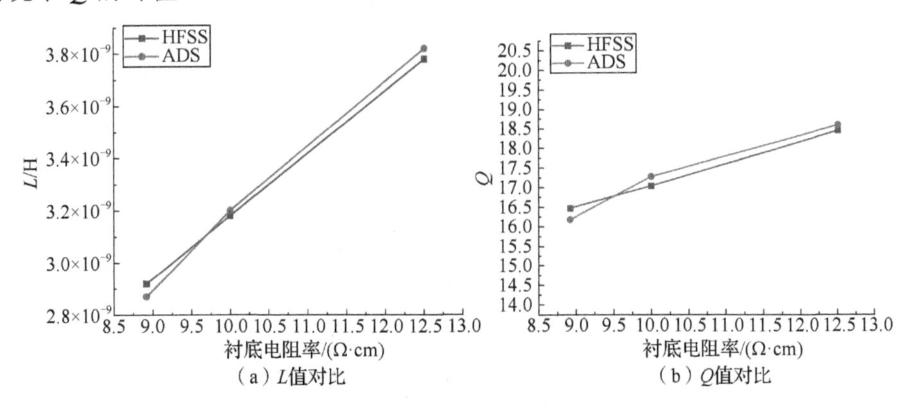

（a）L值对比　　　　　　　　（b）Q值对比

图 4-15　L 值对比和 Q 值对比

结果表明，电感等效电路和三维模型与 L 和 Q 值的最大误差分别相差 2.1%

与 2.3%，证明 TSV 三维螺旋电感可以使用等效电路进行多物理场耦合研究，会极大缩短仿真时间，提高研究效率。

TSV 三维螺旋电感热-力-电耦合分析结果为相比初始电阻率情况下的 L 值和 Q 值，P 型硅衬底二者的变化率分别为 18.87%和 8.27%，N 型硅衬底二者的变化率分别为 8.18%和 3.35%。

4.1.2　TSV 三维螺旋电感电-热-力多物理场耦合

4.1.1 小节对物理场耦合分析的侧重点在 TSV 电感的退火制备过程中的耦合场，并对电感的电学特性影响进行等效性研究。本节内容是作进一步的延伸研究，通过模拟电感通电过程，进行电-热-力研究，同样作为三场耦合研究。可以区别 4.1.1 小节热-力-电耦合研究的是，电-热-力不同于退火制备，不需要添加外在热源，多物理场耦合研究步骤图如图 4-16 所示。

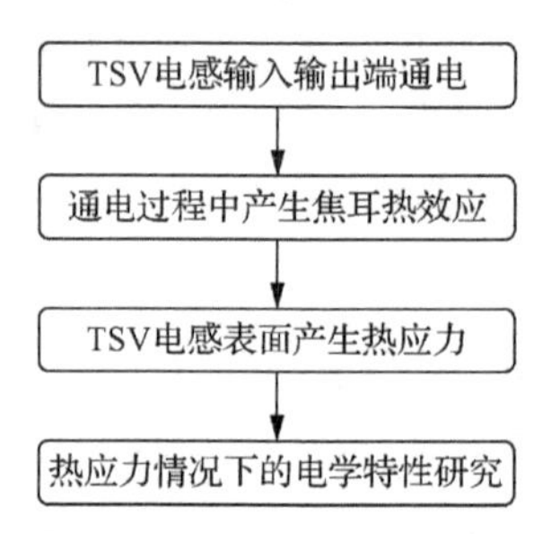

图 4-16　多物理场耦合研究步骤图

本小节主要通过 COMSOL Multiphysics 软件，基于数值进行偏微分方程计算，来模拟实际产生的物理现象。同时添加电学条件和温度条件，对 TSV 电感进行仿真，并提取电-热-力，来完成三场耦合的研究。本小节基于电感工作时的温度变化，并且结合 4.1.1 小节的内容进行电学特性对比分析，同时考虑硅衬底损耗角正切的变化，进一步对 TSV 电感器电学特性影响进行研究。

电-热-力三场的耦合来源于模拟 TSV 电感的通电过程，可以对整个器件的总体发热及产生的热应力情况进行把握。这是对器件稳定性的一种分析过程，用来证明 TSV 电感是否符合实际的生产和使用需要。

对通电的分析有两种情况：一种是电源靠近器件，这时的焦耳热来源也需要考虑电源所产生的部分；另一种是电源未靠近器件，这时整个焦耳热由器件本身提供。TSV 电感集成在芯片电路中，由外部电源稳定供电，所以分析的电致热应力为第二种情况，即不考虑电源产热所带来的影响。

根据 COMSOL 软件对立体建模的定义，从整体到内部采用布尔减运算进行电感的模型构建，根据表 4-1 提供的结构参数，建立了 COMSOL 软件中的 TSV 三维螺旋电感模型，如图 4-17 所示，模型中隐藏了硅衬底及 RDL 氧化层。表 4-6 对 COMSOL 软件选用材料的参数进行了详细介绍，TSV 电感填充金属选用铜，氧化层选用二氧化硅，衬底选用硅材料。COMSOL 软件的研究侧重点偏向于物理学方面的研究，如运动、相互作用等基本内容，本小节的耦合内容适用于使用 COMSOL 软件进行仿真提取。对于电学参数的提取，ANSYS HFSS 更加专业化、工程化，对两种软件的综合使用能更好地将结果进行耦合和完善。

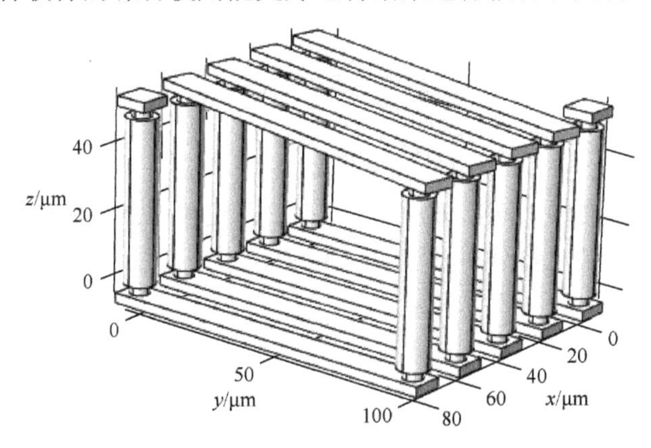

图 4-17　TSV 三维螺旋电感模型

表 4-6　TSV 电感材料参数

材料	热膨胀系数/（10^{-6}/℃）	杨氏模量/GPa	泊松比
铜	17	110	0.35
硅	2.6	170	0.28
二氧化硅	0.55	73.1	0.17

当 TSV 结构电路处于工作状态时，因为电势差的存在，在填充金属之间流过电流。因为焦耳热的影响会使得器件的温度提升，考虑到铜具有非常良好的热导率，所以单根圆柱型 TSV 的内部温度提升并不明显。但是通过第 3 章的内容分析可知，电感通电所形成的互感现象非常明显，这是电感温度提升的重要影响因素。对 TSV 三维螺旋电感的热电耦合分析，使用 COMSOL 软件中的焦耳热模块，包含电流（ec）和固体传热（ht）两个耦合接口。

电流（ec）接口方程如下：

$$\nabla \cdot J = Q_{J,V} \tag{4-17}$$

$$J = \sigma E + J_{\mathrm{e}} \tag{4-18}$$

$$E = -\nabla V \tag{4-19}$$

式中，J 为电流密度；E 为电场强度。

固体传热接口方程为

$$\rho C_{\mathrm{P}} u \cdot \nabla T + \nabla \cdot q = Q + Q_{\mathrm{ted}} \tag{4-20}$$

$$q = -k\nabla T \tag{4-21}$$

式中，ρ 为密度；q 为传导热通量矢量；T 为温度，K。

通过耦合上述方程，焦耳热模块的热传导方程与电阻加热方程如下：

$$\rho C_{\mathrm{P}} \frac{\partial T}{\partial t} - \nabla \cdot (k\nabla T) = Q \tag{4-22}$$

$$Q = J \cdot E \tag{4-23}$$

在自定义的电感输入端口施加电学条件，即设置 1.1V 电势，输出端口设置接地条件，电感形成的电势分布如图 4-18 所示。

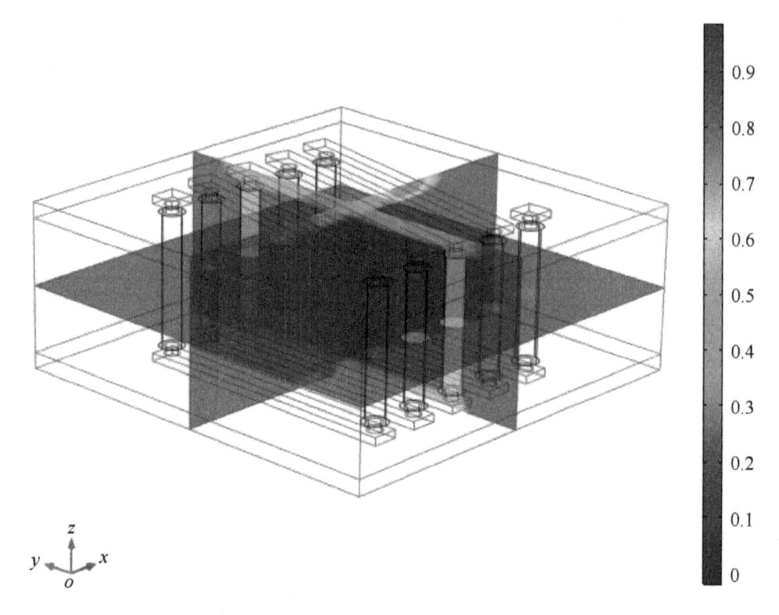

图 4-18　电感形成的电势分布

在固体传热中继续添加热学条件，输入端口和输出端口相当于在电路中与焊盘相接触，在物理场选项添加温度边界条件，设置温度为 300K，即等效成这些选取表面的对流换热系数为无穷大，电感的衬底侧表面设置为绝热条件。对于上下表面的设置，考虑两种情况：上表面与空气接触，施加边界条件热通量，下表面与三维集成电路的下一层存在焊接，设置温度为 300K，同样等效为该面的对流换热系数无穷大；上下表面与空气接触，同时施加边界条件热通量。热通量条件选择对流热通量，计算如下：

$$q_0 = h \cdot (T_{\mathrm{ext}} - T) \tag{4-24}$$

式中，T_{ext} 为外部温度，K；h 为传热系数，W/（$\mathrm{m}^2 \cdot \mathrm{K}$）。

根据图 4-18 可知，顶层 RDL 的分布使得同行呈现镜像对称，取 TSV 电感上表面结构，绘制如图 4-19 所示的三维截线，以便于提取电势曲线，下表面对称同样取一条截线。

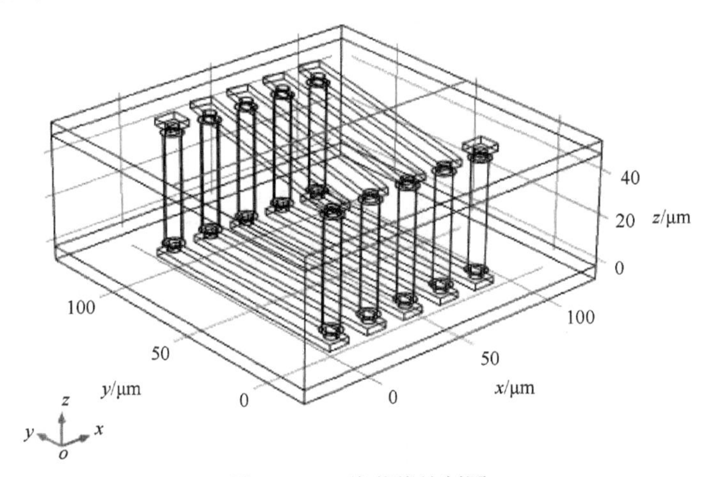

图 4-19　三维截线绘制图

图 4-20 清晰地显示了电感上下表面根据三维截线电势的变化规律，0～20μm 和 140～160μm 的区域为衬底区域，可忽略不计，中间部分的平滑线为经过每段 RDL 所具有的电势，呈现约等差规律性递增。但是对比上下表面，下表面 RDL 之间电势存在更明显的隔断点，所以下表面 RDL 连接更加稳定，使得电势分布更加合理。结合电势分布和给出的第一种热学设置情况，对表面温度的求解结果如图 4-21。从图 4-22 可以看出，曲线呈现对称分布，由于下表面设置相当于与焊盘相接触，对产生的热量进行分散传导，高温部分集中在上表面的 RDL 及其周围，取上表面的三维截线进行温度提取，可以得到最高区域温度为 399K，相比初始温度产生了 79K 的温升。

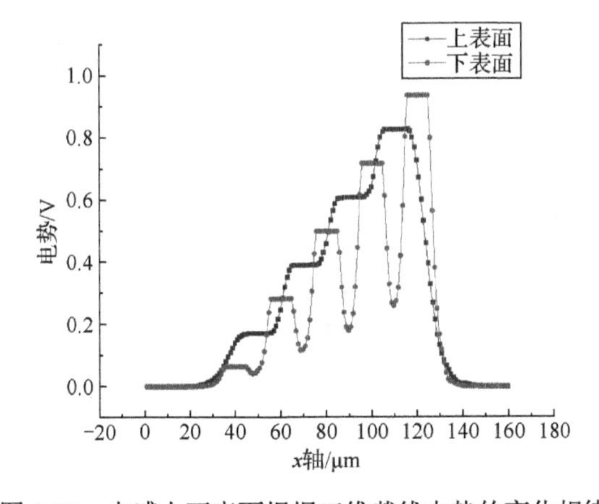

图 4-20　电感上下表面根据三维截线电势的变化规律

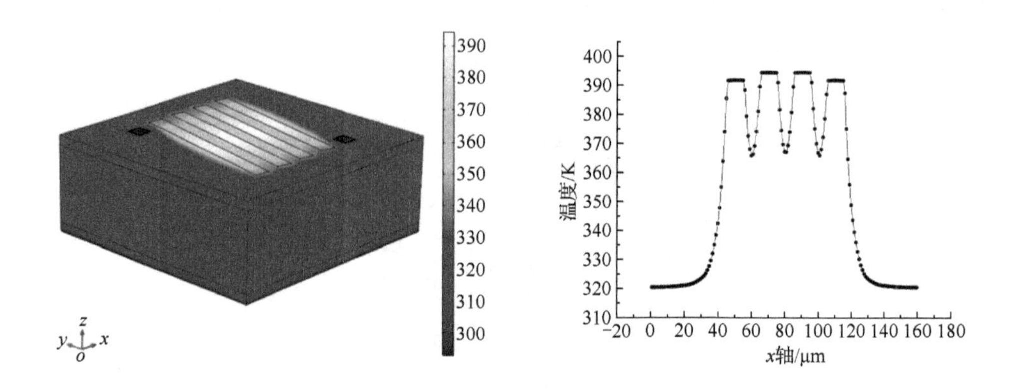

图 4-21　表面温度分布　　　　图 4-22　温度随 x 轴的变化情况

考虑第二种情况，修改固体传热模块的边界条件进行仿真分析，相应地，已给出上表面温度分布和下表面温度分布，如图 4-23 所示。

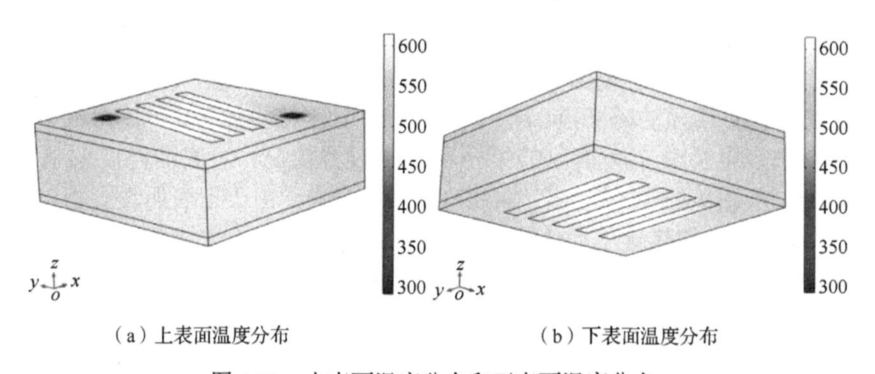

（a）上表面温度分布　　（b）下表面温度分布

图 4-23　上表面温度分布和下表面温度分布

从图 4-24 的温度随 x 轴的变化情况可以看出，高温部分同样集中分布在 RDL 区域，最高温度出现在上表面，数值为 615.41K。未使得下表面连接焊盘，相当于未设置热沉，导致散热效果不佳，由图 4-25 的两种热学条件下的上表面温度对比可知，虽然两种仿真情况相比，第二种上表面的温度梯度更小，但是相比第一种情况，最高温度提升了 57%。根据温度变化图可以看出，上表面温度呈现对称分布，但是下表面温度分布更加均匀，相邻 RDL 温度变化范围更小，即温度梯度更小。

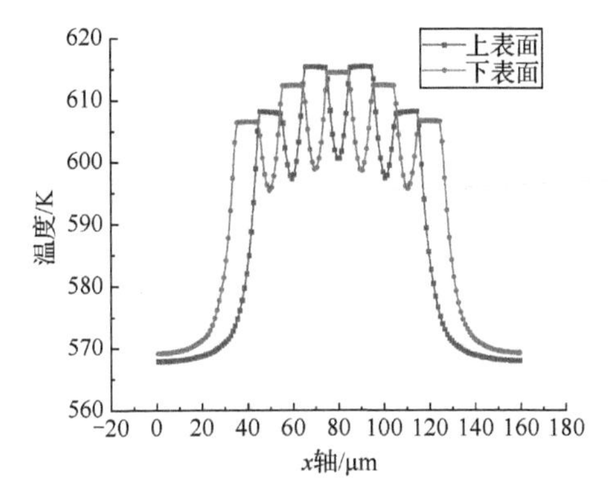

图 4-24　上下表面的温度随 x 轴的变化情况

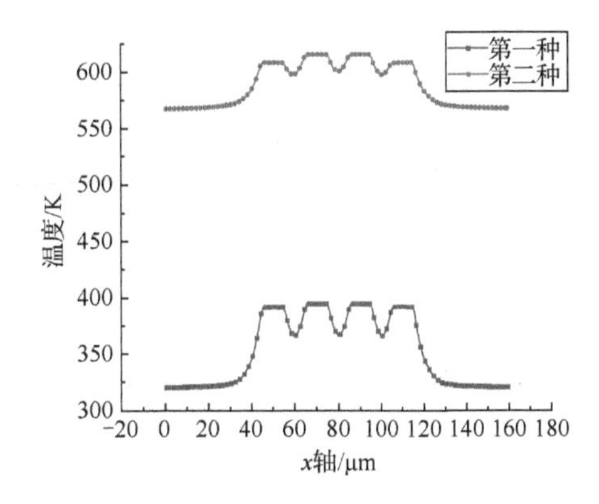

图 4-25　两种热学条件下的上表面温度对比

在输入端口和输出端口设置电势差，使得通孔内部的填充金属产生电流，TSV 电感所填充的金属铜具有一定的电阻率，从而产生焦耳热效应。根据电热耦合分析可知存在明显的升温现象，和 TSV 退火过程同理，因为衬底与金属之间的热膨胀系数不匹配，所以会形成应力分布。在焦耳热模块的物理场耦合前提下，加入固体力学接口，接口方程式如下：

$$\nabla \cdot S + F_{\mathrm{V}} = 0 \tag{4-25}$$

式（4-25）结合式（4-17）～式（4-23），针对固体力学，对 TSV 电感的周边（除去上下表面的域，其他剩下的域）施加固定约束，添加合适边界条件，使用式（4-17）～式（4-25）进行偏微分方程求解，求得应力分布、位移形变等稳态结果。首先对第一种热学设置情况进行研究，应力分布结果和位移形变结果如图 4-26 所示。因为电感的发热情况主要集中在 RDL 部分，而且有二氧化硅层进行隔热，所以可以看出硅衬底表面的应力值并不高，峰值为 34.35MPa，相比最上层峰值降低了 165.77MPa。根据多物理场中的热膨胀研究，在 RDL 部分发生最高数值为 $1.73\times10^{-2}\mu m$ 的位移形变，所以对这一部分的散热尤为重要。

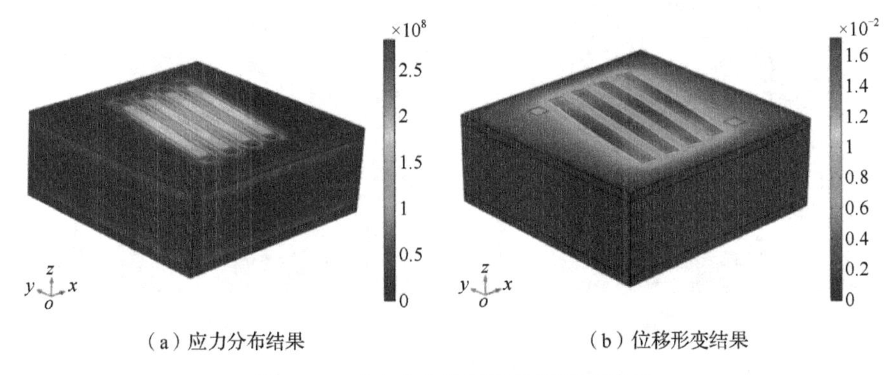

（a）应力分布结果　　（b）位移形变结果

图 4-26　应力分布结果和位移形变结果

因为设定下表面热交换系数无限大，所以应力和位移形变都主要分布在上表面。硅衬底表面上方存在 RDL 结构和包裹 RDL 的二氧化硅层，通过图 4-19 所展示的三维截线可以对最上层进行应力数值提取。同时还需要对硅衬底上表面应力分布进行提取，这是影响电感电学性能的重要因素，所以将三维截线根据电感结构参数平行下移 6μm，热应力随 x 轴的变化情况如图 4-27 所示。

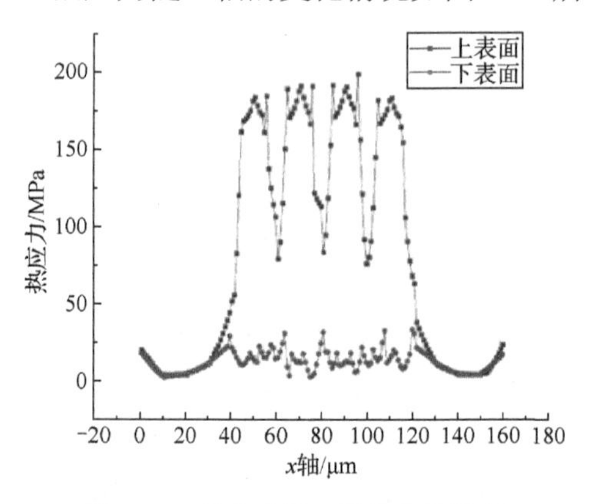

图 4-27　热应力随 x 轴的变化情况

继续对第二种热学设置情况进行研究，结合上下表面对流热通量进行计算，上表面和下表面应力分布如图 4-28 所示。根据结果显示的热应力变化情况可以看出，上下硅衬底的表面应力沿着 x-y 平面基本呈现对称分布，由此可以反映出两面的热梯度相当。虽然存在二氧化硅层的隔热作用，但是相较于第一种热学设置情况，在温升峰值相差 223.47K 的情况下，衬底的热应力峰值也相应提升了约 150MPa。上表面因为输入输出端口的存在，下端 RDL 在数量和密集程度上有明显优势，考虑通电后互感之间的影响更进一步提升了温度，进而提升了热应力。图 4-29 给出了上表面和下表面热应力随 x 轴变化情况，也清晰地反映出了在峰值及其附近，下表面热应力普遍高于上表面。

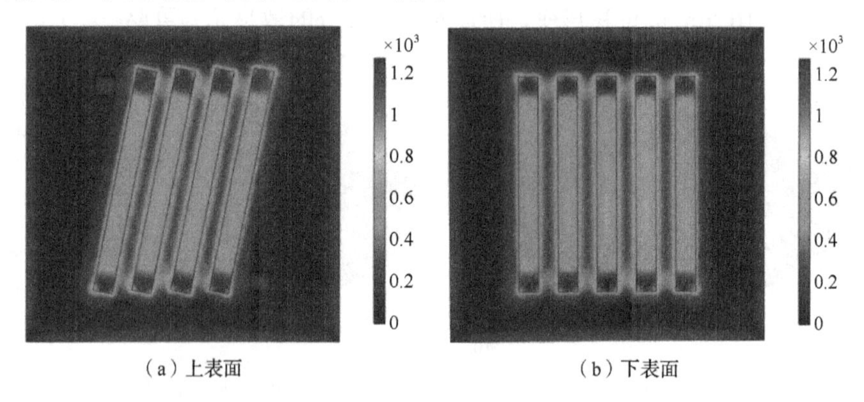

（a）上表面　　（b）下表面

图 4-28　上表面和下表面应力分布

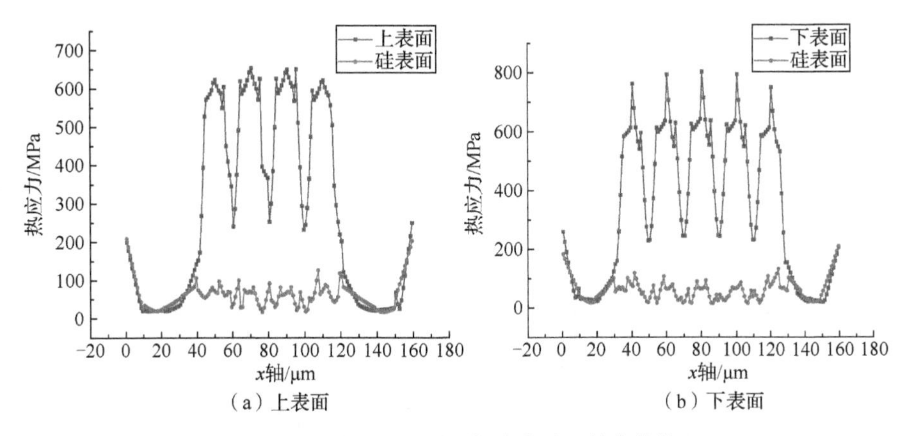

（a）上表面　　（b）下表面

图 4-29　上表面和下表面热应力随 x 轴变化情况

上表面和下表面位移形变结果如图 4-30 所示，可以看出位移形变比第一种情况下的位移形变值提高了两个数量级，针对结构规格单位为μm 的 TSV 电感来说，已经严重改变了自身结构，这会造成结构及电学性能上的不稳定。取下表面中间 RDL 表面位移形变情况绘制变化曲线图，如图 4-31 所示，并对其进行量化表示。从图 4-31 中可以看出，位移形变严重区域处于通孔填充金属与 RDL 的连接处，相较于 RDL 中段平稳处形变提高了 31.2%。相比第一种热学设置情况，结合图 4-26（b）可以看出，位移形变的严重区域与其相反，处于 RDL 中段位置。因此，对于不同的热学情况，散热位置的选择并不是唯一的，需要具体情况具体分析，从形变也可以看出因为位移形变的对称性，RDL 上的温度分布非常均匀。

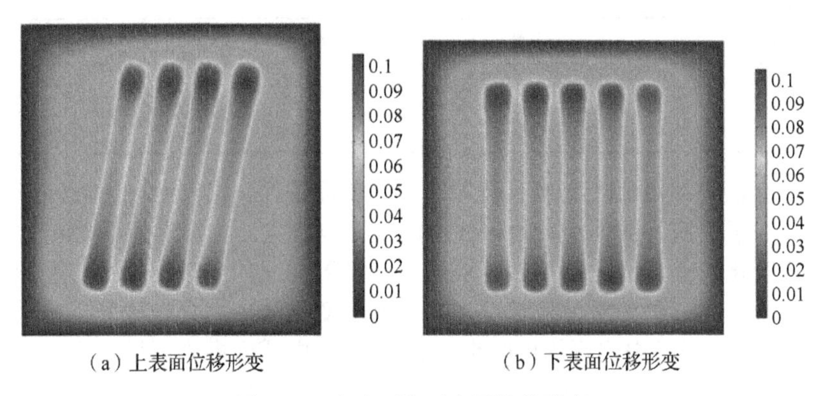
（a）上表面位移形变　　（b）下表面位移形变

图 4-30　上表面和下表面位移形变

本章对电-热-力之间的耦合关系和情况分析做了详尽研究，工作时产生的焦耳热效应导致温度的显著提升，整个硅衬底也普遍分布着热应力，会使 TSV 电感的电学性能相较于理想情况的电学性能产生一定偏差。

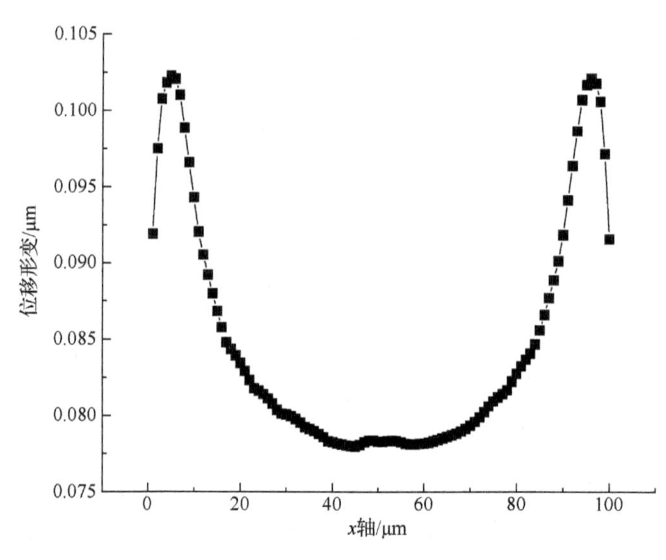

图 4-31　位移形变随 x 轴的变化情况

结合式（4-1），根据压阻效应公式进行计算，对比考虑耦合场之后的电学性能变化。第一种热学设置情况下衬底电阻率变化情况如表 4-7 所示，衬底类型同样分为 P 型与 N 型两种，对通孔周边应力进行提取，最后得出平均电阻率来表征 TSV 电感因多物理场影响之后的实际衬底电阻率，衬底电阻率初始值同样为 10Ω·cm。

表 4-7　第一种热学设置情况下衬底电阻率变化情况

衬底类型	压阻系数/Pa^{-1}	电阻率平均变化率/%	电阻率平均值/（Ω·cm）
P-Si	71.8×10^{-11}	1.57	10.16
N-Si	-31×10^{-11}	−0.67	9.93

由于存在底部对流热交换系数无穷大的前提条件，温升对硅衬底的影响大大减小，减少了热应力的作用，对衬底电阻率影响不大。由第 3 章内容可知，整个电学特性变化较小，因此着重对第二种热学设置情况的电学特性改变进行仿真定量分析。根据第二种热学设置情况，结合温度变化与应力分布情况，对通孔周边应力进行提取，最后得出平均电阻率来表征 TSV 电感因多物理场影响之后的实际衬底电阻率，第二种热学设置情况下衬底电阻率变化情况如表 4-8 所示。

表 4-8　第二种热学设置情况下衬底电阻率变化情况

衬底类型	压阻系数/Pa^{-1}	电阻率平均变化率/%	电阻率平均值/（Ω·cm）
P-Si	71.8×10^{-11}	17.7	11.77
N-Si	-31×10^{-11}	−7.64	9.23

衬底电阻率改变情况下的 L、Q 如图 4-32 所示，根据 HFSS 提取数据得到 TSV 电感的 Q 值在 5GHz 时达到峰值，所以图中 Q 值提取的是不同衬底电阻率情况下 Q 的峰值。

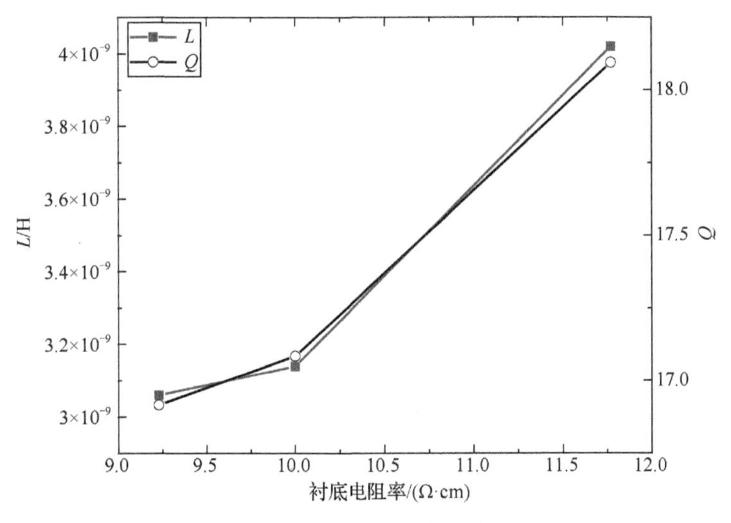

图 4-32　不同衬底电阻率下的 L、Q

4.2　基于 TSV 的可调磁芯电感器

4.2.1　基于 TSV 的可调磁芯电感器的结构及工作原理

目前，螺旋型、螺线管、磁条和弯曲是集成电感设计中应用最广泛的四种结构。在各种类型的电感器中，螺旋电感更受欢迎，因为它能够更好地利用磁性薄膜，并且具有更高的电感密度和品质因数，已被确立为高频应用中的标准无源元件[10]。因此，所提出的电感器采用螺旋绕组，磁通量主要沿长度方向限制在线圈内，从而实现更小的漏磁、电磁辐射，以及更高的电感密度。

图 4-33（a）和（b）分别为所提出的可调电感器结构的顶视图和剖面图。所提出的可调电感器包括两部分：两个回字形磁芯和螺旋缠绕在磁芯上的绕组。绕组由 RDL 将 $2\times N$ 的 TSV 阵列顶端和底端依次相连构成。左侧绕组为控制电感 L_{ctrl}，上侧、右侧和下侧绕组为三个串联的电感，分别为 L_1、L_2 和 L_3，其中 L_1 与 L_3 由 TSV 垂直开关连接起来。

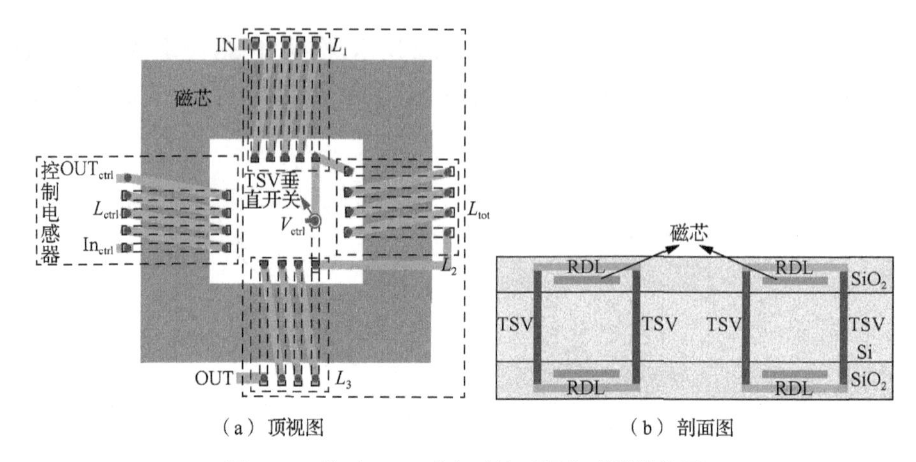

（a）顶视图　（b）剖面图

图 4-33　基于 TSV 垂直开关可调电感器结构图

TSV 为穿透硅衬底的铜柱，其周围使用一层二氧化硅来实现铜与硅衬底之间的电隔离，构成了金属-氧化物-半导体（MOS）的结构[11]。若硅衬底为 P 型，通过在 TSV 上、下两端分别重掺杂 n 型杂质，可构成垂直结构 TSV 开关[12]，如图 4-34 所示，TSV 金属为穿透 P 型硅转接板衬底的铜柱。在电学功能上，TSV 垂直开关结构中的 TSV 金属铜作为 TSV 垂直开关的栅极（G），二氧化硅层外侧上、下两端的 N 型掺杂区域作为 TSV 垂直开关的漏极（D）和源极（S），P 型硅转接板衬底（B）作为 TSV 垂直开关的衬底。可以看出，TSV 垂直开关中的 TSV-氧化层-P 型硅转接板衬底三者构成了金属-氧化物-半导体（MOS）结构。

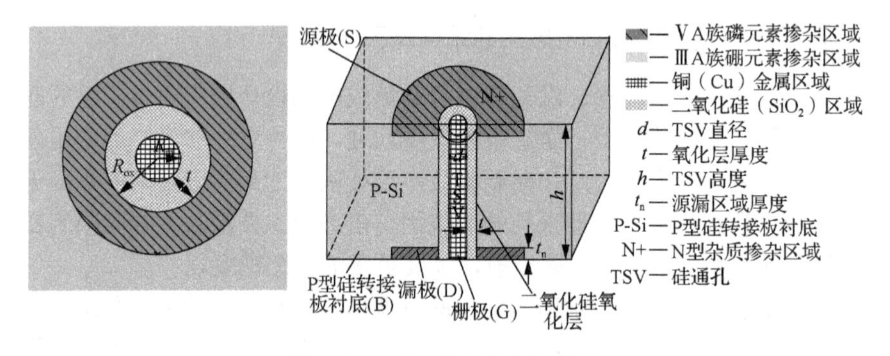

图 4-34　TSV 垂直开关结构图

图 4-35 为所提出的基于 TSV 垂直开关可调电感器的工作原理图，螺线管的绕组与易轴平行，当直流控制电流 I_{DC} 通过控制电感 L_{ctrl} 时，该电感周围会产生平行于磁芯易轴的直流磁场，最大安培磁场可以根据安培定律估算：

$$H = I / w \tag{4-26}$$

式中，I 是施加的直流电流；w 是电感器导线的宽度。该磁场会改变磁芯饱和程度，产生的静态磁场引起磁化的旋转运动，使磁化偏离易轴磁化，并向难轴磁化倾斜，从而导致与线圈电流相关的磁通量可以有效地增加。磁芯有效磁导率μ降低，使得电感 L_1、L_2 和 L_3 的电感值发生变化，实现直流偏置电流控制下电感值的连续可调。

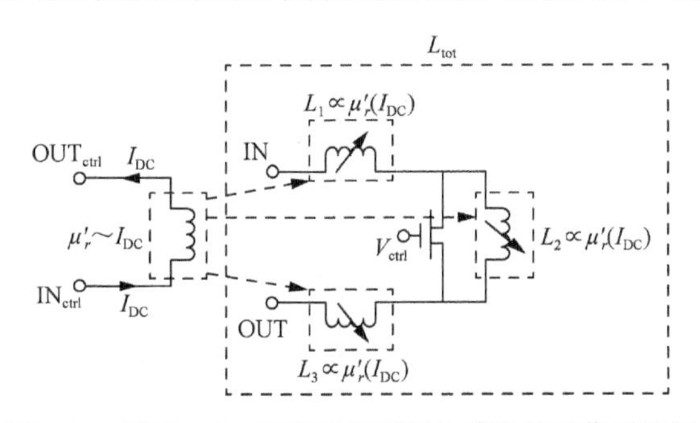

图 4-35　基于 TSV 垂直开关可调电感器的工作原理图

TSV 垂直开关采用增强型 nMOS 结构，当栅极-源极电压小于阈值电压时，MOS 管工作在截止区，无导电沟道，开关处于关断状态；当栅极-源极电压大于阈值电压时，在漏源之间形成沟道，开关处于导通状态。

当 TSV 垂直开关的控制电压 V_{ctrl} 较低时，开关断开，总电感为 L_1、L_2 和 L_3 的总和：

$$L_{\text{tot1}} = L_1 + L_2 + L_3 \quad (V_{\text{ctrl}}=0) \tag{4-27}$$

当 TSV 垂直开关的控制电压 V_{ctrl} 较高时，开关导通，电感 L_2 短路，总电感为 L_1 和 L_3 的总和：

$$L_{\text{tot2}} = L_1 + L_3 \quad (V_{\text{ctrl}}=1) \tag{4-28}$$

因此，通过 TSV 垂直开关的开通与关断，可以实现电感器的粗调，粗调范围为

$$\Delta L = L_{\text{tot1}} - L_{\text{tot2}} = L_2 \tag{4-29}$$

无限螺线管电感的理论表达式如式（4-30）所示，可用于对预期电感值所需线圈匝数进行估算：

$$L = \mu N^2 \frac{A}{L} \tag{4-30}$$

4.2.2　基于 TSV 的可调磁芯电感器特性分析

为了得到在直流电流的控制下，磁芯磁导率及电感值的变化情况，通过电磁仿真软件 HFSS 和 MAXWELL 对所提出的电感器进行了建模与仿真。仿真时，三维模型的相关参数尺寸如表 4-9 所示。

表 4-9　三维模型的相关参数尺寸

设计参数	尺寸/μm
TSV 高度	100
TSV 金属柱半径	4.7
TSV 二氧化硅厚度	0.3
RDL 厚度	3
相邻 TSV 之间距离	20
相对 TSV 之间距离	80
磁芯宽度	40
磁芯厚度	26
磁芯横向长度	230
磁芯纵向长度	190

通过 S 参数的矩阵参数变换，可以得到电感器的各种电气参数。电感的电感值和品质因数的计算公式为

$$L_{\mathrm{P}}=\frac{\mathrm{Im}(Z_{11})}{2\pi f} \tag{4-31}$$

$$Q_{\mathrm{P}}=\frac{\mathrm{Im}(Z_{11})}{\mathrm{Re}(Z_{11})} \tag{4-32}$$

对无磁芯时的电感进行建模与仿真得到 TSV 垂直开关分别处于开通与关断两种状态下电感值和品质因数随频率变化曲线，如图 4-36 所示。图 4-36（a）为 TSV 垂直开关开通时电感 L_{tot1} 和 TSV 垂直开关关断时电感 L_{tot2} 随频率变化曲线，图 4-36（b）为电感 L_{tot1} 和 L_{tot2} 品质因数 Q_1、Q_2 随频率变化曲线。

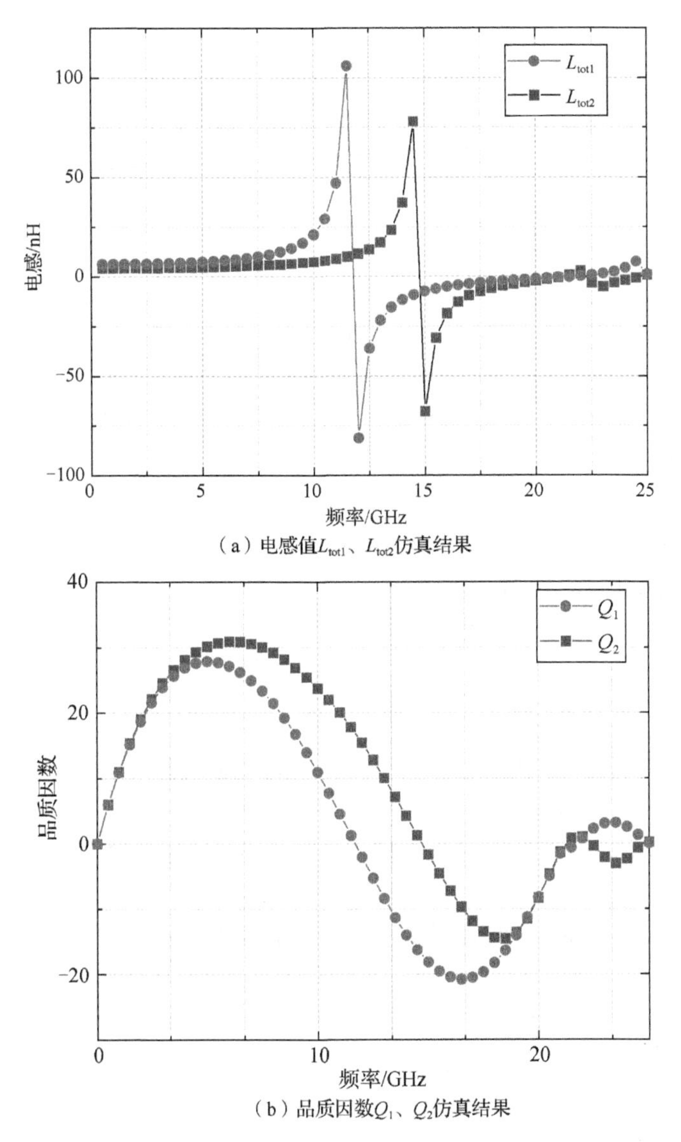

（a）电感值L_{tot1}、L_{tot2}仿真结果

（b）品质因数Q_1、Q_2仿真结果

图 4-36　开关分别处于开通与关断状态下无磁芯电感器电感值 L_{tot1}、L_{tot2} 和品质因数 Q_1、Q_2 仿真结果

通过在控制线圈加直流偏置电流，引起磁芯磁导率的变化，进而引起电感值的变化，实现电流对电感值的控制。对不同直流偏置激励下的磁芯磁导率进行仿真，得到了磁芯磁导率随电流变化的曲线，如图 4-37 所示。

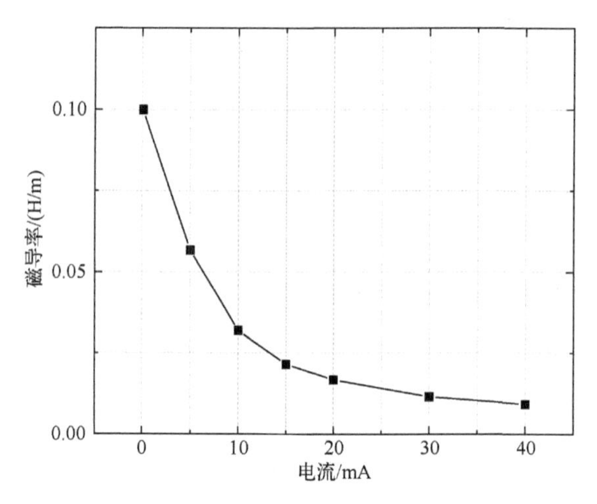

图 4-37　磁芯磁导率随电流变化的曲线

随着电流的增大，磁芯磁导率逐渐减小，当电流从 0.1mA 增大到 560mA 时，磁导率从 0.1000H/m 降低到 0.00180H/m。

磁芯电感的电感值可由式（4-33）计算得到：

$$L = \frac{k\mu N^2 S}{l} \tag{4-33}$$

式中，L 为电感值；l 为电感线圈的长度；N 为电感线圈的匝数；S 为线圈的截面积；μ为直流电流控制的磁芯磁导率；k 为长冈系数，k 为常量。电感确定后，N、S 和 l 也为确定值，这意味着在直流偏置的作用下，磁导率改变进而引起电感值的变化。

表 4-10 总结了 5GHz 时直流偏置电流分别为 0.1mA 和 40mA 情况下的数据，包括磁导率、L_{tot1}、L_{tot2} 和 ΔL。当直流偏置电流从 0.1mA 增大到 40mA 时，L_{tot1} 从 108.12nH 减小到 9.90nH，L_{tot2} 从 1.02nH 减小到 0.09nH，调谐范围均可达 90%。当直流偏置电流从 0.1mA 增大到 120mA 时，L_{tot1} 从 108.12nH 减小到 0.15nH，L_{tot2} 从 1.02nH 减小到 0.02nH，可实现 98%的调谐。

表 4-10　不同直流偏置条件下 5GHz 时的数据

直流偏置电流 I_{DC}/mA	磁导率μ/（H/m）	L_{tot1}/nH	L_{tot2}/nH	ΔL/nH
0.1	0.10	108.12	1.02	107.10
40	0.01	9.90	0.09	9.81

文献[13]提出的直流偏置控制的可变电感器，在 2GHz 下，当直流电流从 0mA 增到 150mA 时，电感从 1.14nH 减小到 1.02nH，可调谐率为 10.5%。文献[14]提

出的直流偏置控制的可变电感器，当输入端向输出端施加200mA直流电流时，两组电感调谐范围约为2.4%和4.1%。文献[15]提出的可变电感器，当输入端向输出端施加100mA直流电流，在0.12GHz时电感可实现50%的调谐，在22GHz时电感可实现20%的调谐。对比可见，本节提出的可变电感器，可以在较小的电流范围内实现较大的可调谐率。

根据上面的分析，对本节提出的可变电感器，首先可以通过在控制端加直流偏置电流，实现电感值的连续变化，这可以是L_{tot1}或L_{tot2}的连续变化。此外，也可以仅仅使用TSV垂直开关的开通与关断得到两种不同的电感值，实现ΔL的粗调。

4.3 小 结

本章详细介绍了TSV螺旋电感及多物理场耦合和TSV可调磁芯电感器两部分特性。第一部分为对TSV螺旋电感进行热-力-电耦合、电-热-力耦合的详细分析方法与过程。根据实际TSV工艺介绍了TSV三维螺旋电感的设计参数，并细致展示了其外部与内部结构。首先，给出设计标准，对TSV三维螺旋电感在COMSOL中进行构建。其次，进行电热耦合分析，假设TSV三维螺旋电感在三维集成电路中的固定位置，设定两种热学边界情况。因为通电产生的焦耳热效应会带来温升，进一步观察整体的温度分布，发现表面温度主要集中在RDL部分。最后，进一步根据热学进行电感电致热应力分析，对应力分布和位移形变进行研究。受顶层RDL周围的二氧化硅层影响，使得大部分应力分布聚集在该层，衬底体平均应力减小，进一步对电学性能进行对比，定量分析了多物理场耦合对电感产生的影响。

第二部分研究表明，本章提出的基于TSV垂直开关的可调磁芯TSV电感器，与现有的研究成果相比，在较小的电流范围内，就可实现较大的调谐率。这体现在，在5GHz时，当直流偏置电流从0.1mA增大到40mA，L_{tot1}和L_{tot2}就可实现90%的调谐，并且所提出的电感器在TSV垂直开关开通、关断两种不同的状态下，可实现两种不同的连接方式，也就是得到两种不同的电感值。

参考文献

[1] WANG F J, YU N M. Simple and accurate inductance model of 3D inductor based on through-silicon via[J]. Electronics Letters, 2016, 52(21): 1815-1816.

[2] WANG F J, LIU J T, YU N M. Effect of thermal stress on the electrical properties of TSV inductor[C]. Xi'an: 15th IEEE International Conference on Electron Devices and Solid-state circuits, 2019.

[3] KIM J, PAK J S, CHO J, et al. High-frequency scalable electrical model and analysis of a through silicon via(TSV)[J]. IEEE Transactions on Components, Packaging and Manufacturing Technology, 2011, 1(2): 181-195.

[4] MONDAL S, CHO S, KIM B C. Modeling and crosstalk evaluation of 3-D TSV-based inductor with ground TSV shielding[J]. IEEE Transactions on Very Large Scale Integration Systems, 2017, 25(1): 308-318.

[5] SUN Y, THOMPSON S, NISHIDA T. Strain Effect in Semiconductors: Theory and Device Applications[M]. New York: Springer-Verlag, 2010.

[6] DUPLESSIS M, TESSON O, NEUILLY F, et al. Physical implementation of 3D integrated solenoids within silicon substrate for hybrid IC applications[C]. Rome: 2009 European Microwave Conference, 2009.

[7] YIN X K, WANG F J. Analytical models of AC inductance and quality factor for TSV-based inductor[J]. IEICE Electronics Express, 2021, 18(18): 20210319.

[8] 刘景亭. TSV 电感器多物理场耦合特性研究[D]. 西安: 西安理工大学, 2021.

[9] BONZIOS Y I, DIMOPOULOS M G, HATZOPOULOS A A. Prospects of 3D inductors on through silicon vias processes for 3D IC[C]. Hong Kong: 2011 IEEE/IFIP 19th International Conference on VLSI and System-on-Chip, 2011.

[10] CHEN H H, WANG X J, GAO Y, et al. Integrated tunable magnetoelectric RF inductors[J]. IEEE Transactions on Microwave Theory and Techniques, 2020, 68(3): 951-963.

[11] WANG F J, REN R N, YIN X K, et al. A transformer with high coupling coefficient and small area based on TSV[J]. Integration, 2021, 81(6): 211-220.

[12] WANG F J, ZHU Z M, YANG Y T, et al. Capacitance characterization of tapered through-silicon-via considering MOS effect[J]. Microelectronics Journal, 2014, 45(2): 205-210.

[13] WANG T X, JIANG W, DIVAN R, et al. Novel electrically tunable microwave solenoid inductor and compact phase shifter utilizing permalloy and PZT thin films[J]. IEEE Transactions on Microwave Theory and Techniques, 2017, 65(10): 3569-3577.

[14] WANG T X, PENG Y J, JIANG W, et al. Integrating nanopatterned ferromagnetic and ferroelectric thin films for electrically tunable RF applications[J]. IEEE Transactions on Microwave Theory and Techniques, 2017, 65(2): 504-512.

[15] WANG F J, LIU J T, YIN X K, et al. Multi-physics coupling of TSV-based toroidal inductor[C]. Nanjing: International Conference on Microwave And Millimeter Wave Technology, 2021.

第5章　TSV集总滤波器设计及特性分析

随着5G技术的不断商用和TSV技术的不断成熟，射频器件的发展得到了越来越多的关注，因为5G的频带多加了高频的波段，所以市场对于高频滤波器的需求逐步增加。同时一些新的技术也被用于滤波器的设计中，本章主要介绍基于TSV的集总滤波器设计及特性分析。

首先是TSV低通集总滤波器的设计，由TSV阵列电容器和RDL螺旋电感器组成TSV LPF模型，仿真结果与设计要求的截止频率20GHz一致，同时TSV LPF拥有小物理尺寸和可集成性。

其次研究RDL螺旋电感器和TSV阵列电容器的特性，TSV LPF物理尺寸对滤波特性的影响，以及TSV高通集总滤波器的设计过程。同样是由RDL螺旋电感器和TSV阵列电容器组成的TSV HPF模型，TSV HPF的仿真结果实现了设计要求，即滤波器的截止频率为20GHz。

再次比较基于不同技术的HPF，证明TSV HPF拥有小物理尺寸的特点，同时也对TSV HPF在未来制造和封装中遇到的问题做了简单分析。

最后是关于TSV BPF设计过程，利用RDL螺旋电感器和TSV阵列电容器组成TSV BPF。

5.1　TSV低通滤波器设计及特性分析

低通集总滤波器的设计方法是基于定*K*法进行设计，定*K*法是以归一化LPF为基准通过计算得出待设计集总LPF的电容和电感。考虑到TSV LPF的模型复杂度与滤波特性正相关，即滤波器阶数越高，滤波特性越好，所以采用的滤波器结构为三阶LC集总LPF。

已知归一化三阶LPF的截止频率为1/（2π）Hz，特性阻抗为1Ω，待设计三阶LC集总LPF的截止频率为20GHz，特性阻抗为50Ω。图5-1为归一化三阶低通滤波器LC电路图，$L_{norm1}=L_{norm2}=1.0\text{H}$，$C_{norm1}=1.0\text{F}$。

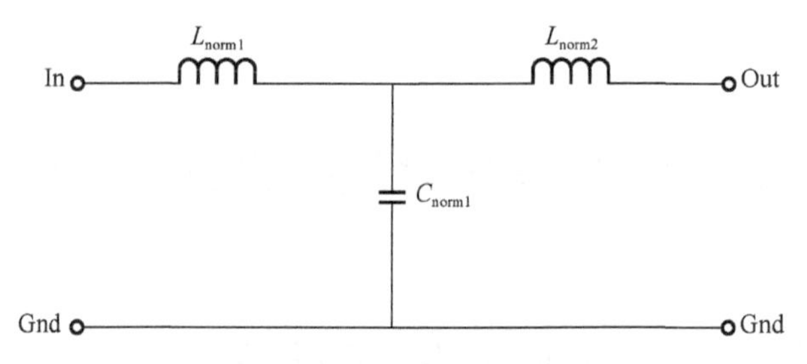

图 5-1　归一化三阶低通滤波器 LC 电路图

从归一化三阶 LPF 到待设计 LPF 的推演如下所示。

（1）求出定 K 法的截止频率基准参数 M，M 为待设计 LPF 截止频率与归一化 LPF 截止频率的比值。

$$M=\frac{20\text{GHz}}{\frac{1}{2\pi}\text{Hz}}=1.256637\times10^{11} \tag{5-1}$$

（2）求出定 K 法的特性阻抗基准参数 K，K 为待设计 LPF 特性阻抗与归一化 LPF 特性阻抗的比值。

$$K=\frac{50\Omega}{1\Omega}=50 \tag{5-2}$$

（3）求出截止频率为 $\frac{1}{2\pi}$ GHz，特性阻抗为 1Ω的 LPF 电感。将归一化 LPF 的所有电感除以 M，即可将归一化 LPF 的截止频率变成 20GHz，但特性阻抗仍为 1Ω。

$$L_{new1}=L_{new2}=\frac{L_{norm1}}{M}\approx7.958\times10^{-12}(\text{H}) \tag{5-3}$$

式中，L_{new1} 表示截止频率为 $\frac{1}{2\pi}$ GHz，特性阻抗为 1Ω的 LPF 电感；L_{new2} 表示截止频率为 20GHz，特性阻抗为 1Ω的 LPF 电感；L_{norm1} 表示归一化 LPF 电感。

（4）求出截止频率为 $\frac{1}{2\pi}$ GHz，特性阻抗为 1Ω的 LPF 电容。将归一化 LPF 的所有电容除以 M，即可将归一化 LPF 的截止频率变成 20GHz，但特性阻抗仍为 1Ω。

$$C_{new1}=\frac{C_{norm1}}{M}\approx1.592\times10^{-11}(\text{F}) \tag{5-4}$$

式中，C_{new1} 表示截止频率为 20GHz，特性阻抗为 1Ω的 LPF 电容；C_{norm1} 表示归一化 LPF 电容。

（5）上述演算已将归一化 LPF 的截止频率从 1/（2π）Hz 变成 20GHz。接着只需将 LPF 特性阻抗从 1Ω变到 50Ω，就可以得到待设计 LPF。求出待设计 LPF

的电感，将截止频率为 20GHz，特性阻抗为 1Ω的归一化 LPF 的所有电感乘以 K。

$$L_1 = L_2 = L_{\text{new1}} \times K \approx 3.0 \times 10^{-10}(\text{H}) \tag{5-5}$$

式中，L_1 和 L_2 表示待设计滤波器的电感。

（6）求出待设计 LPF 电容，将截止频率为 20GHz，特性阻抗为 1Ω的 LPF 的所有电容除以 K。

$$C_1 = \frac{C_{\text{new1}}}{K} \approx 1.9 \times 10^{-13}(\text{F}) \tag{5-6}$$

式中，C_1 表示待设计滤波器的电容。

所提 LPF 的结构示意图如图 5-2 所示，该 LPF 包括两个螺旋电感器和五个同轴 TSV 电容器[1]。首先，采用基于有限元法的 Q3D 提取器对螺旋电感器和同轴 TSV 电容器的特性进行了研究[2-8]。所提 LPF 的结构参数如表 5-1 所示。

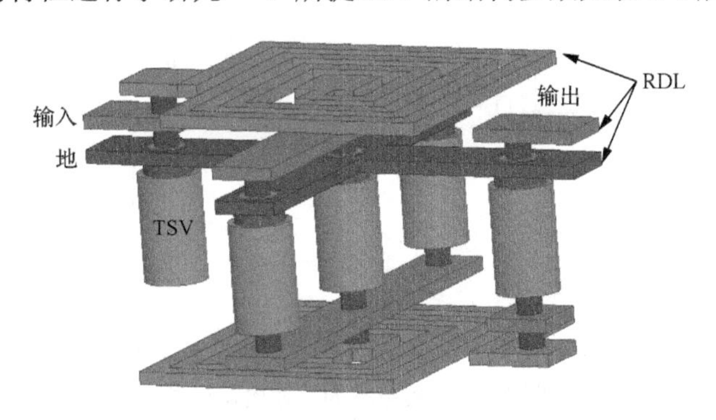

图 5-2　所提 LPF 的结构示意图

表 5-1　所提 LPF 的结构参数

结构	结构参数	符号	数值/μm
TSV 电容器	TSV 金属芯半径	r_{m}	5
	二氧化铪厚度	t_{HfO_2}	0.1
	金属厚度	t_{m}	1
	二氧化硅厚度	t_{SiO_2}	0.1
	TSV 高度	h_{TSV}	55
	TSV 间距	p_{TSV}	30
RDL 电感器	金属线宽度	w_{ind}	5
	金属线间距	s_{ind}	5
	金属线厚度	t_{ind}	3
	匝数	N	3

续表

结构	结构参数	符号	数值/μm
RDL	宽度	w_{RDL}	14
	厚度	t_{RDL}	3
金属柱	直径	$d_{contact}$	10
	高度	$h_{contact}$	3

螺旋电感器由再分配层构成。螺旋电感的等效电路模型如图 5-3 所示。在这里，电感是期望的和明显的，而电容和电阻是寄生的。因为 ICs 中衬底通常是接地的，所以电感器和衬底之间的耦合电容（C_p）与电感器和地之间的耦合电容相等。

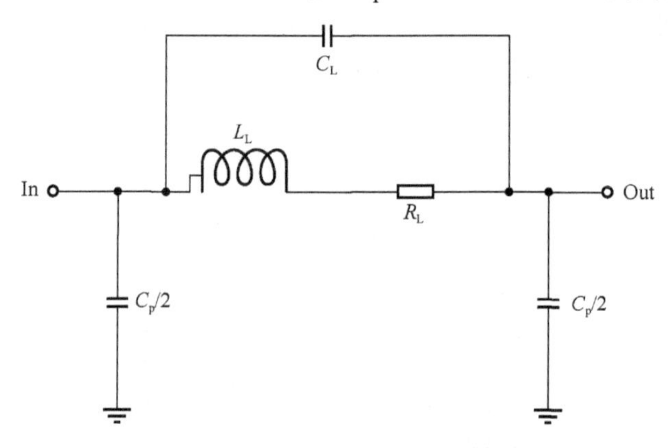

图 5-3　螺旋电感的等效电路模型

图 5-4 研究并总结了重要参数对电感的影响。显然，电感随着匝数、间距和宽度的增加而增加，这是因为有效总长度增加了。频率高达 20GHz，电感基本上保持恒定。因此，可以通过调整螺旋电感的尺寸参数来选择 LPF 所需要的电感。尺寸参数选定后，电感在不同频率下基本稳定。

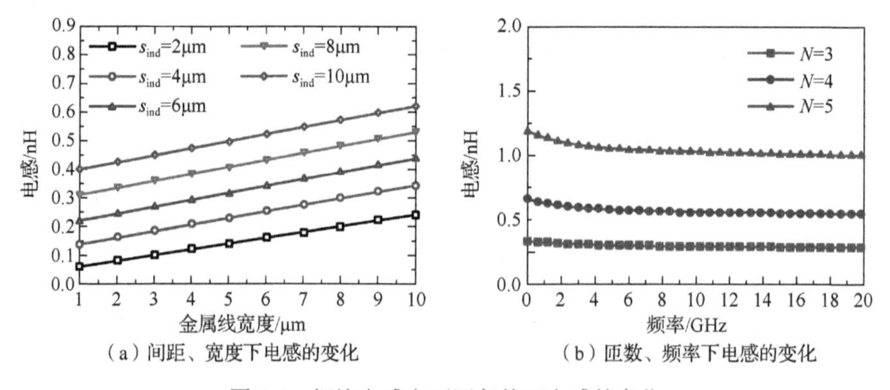

（a）间距、宽度下电感的变化　　（b）匝数、频率下电感的变化

图 5-4　螺旋电感在不同条件下电感的变化

螺旋电感的寄生电容和电阻随匝数和频率的变化如图 5-5（a）所示。结果表明，电容和电阻分别为飞法拉和欧姆量级。并联支路的电容阻抗远大于电感阻抗和电阻阻抗。因此，寄生电容是可以忽略的。图 5-5（b）显示了不同匝数和频率下电感与衬底之间的耦合电容（C_p）的变化。由于电容与面积的乘积和介质厚度的倒数成正比，C_p 随频率的增加保持不变，随匝数的增加呈线性增加。注意，C_p 的数值为几十飞法拉，因此可以忽略。从衬底到电感的耦合路径的阻抗（$1/\mathrm{j}\omega C_p$）是非常大的。因此，螺旋电感受衬底噪声的影响很小。此外，本小节对电感的品质因数进行了评价，如图 5-6 所示，N=3、4、5 的峰值均在 15 左右。

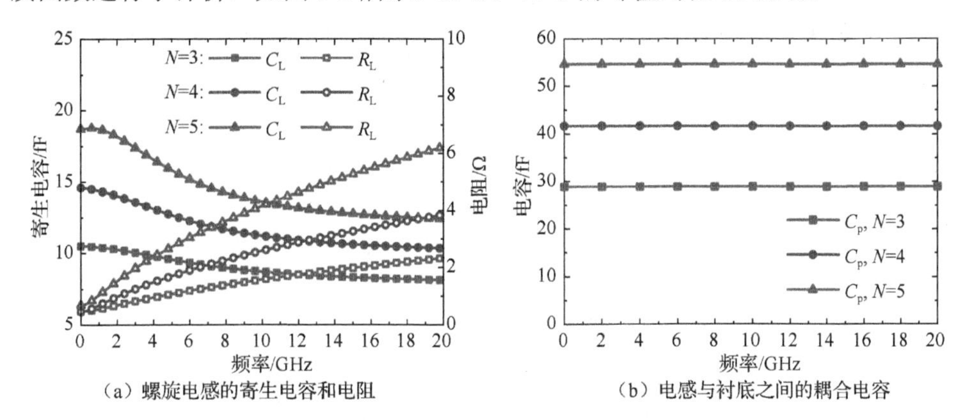

（a）螺旋电感的寄生电容和电阻　（b）电感与衬底之间的耦合电容

图 5-5　螺旋电感的寄生参数随匝数和频率的变化

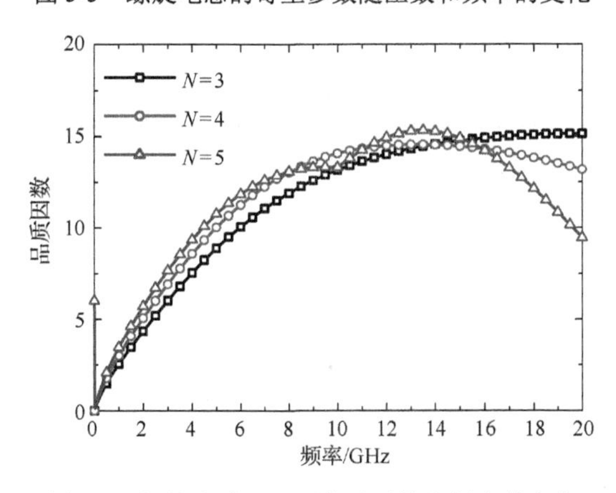

图 5-6　螺旋电感品质因数随匝数和频率的变化

同轴 TSV 电容器的等效电路模型如图 5-7 所示。因为同轴 TSV 的外金属是接地的，所以从衬底到同轴 TSV 的耦合路径与到地的耦合路径是等效的。因此，衬底噪声对同轴 TSV 电容器没有影响。

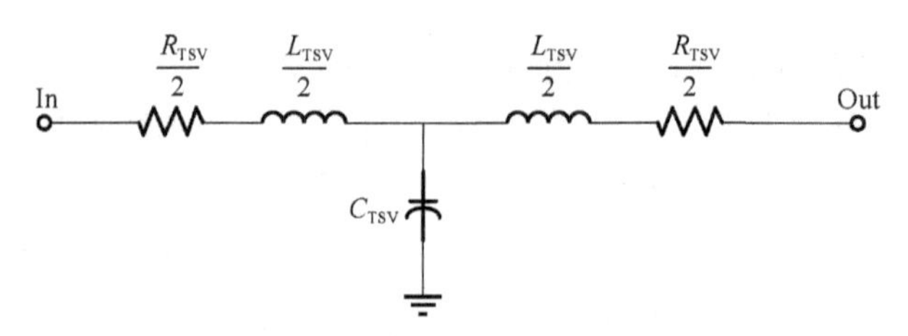

图 5-7　同轴 TSV 电容器的等效电路模型

对同轴 TSV 电容器的电容和电阻特性进行了研究和总结，如图 5-8 所示。结果表明，电容与介质厚度和内金属芯半径（r_m）密切相关。因此，可以选择合适的结构参数来获得合适的电容，以满足 LPF 的要求。同时，电容在不同的工作频率下保持稳定。

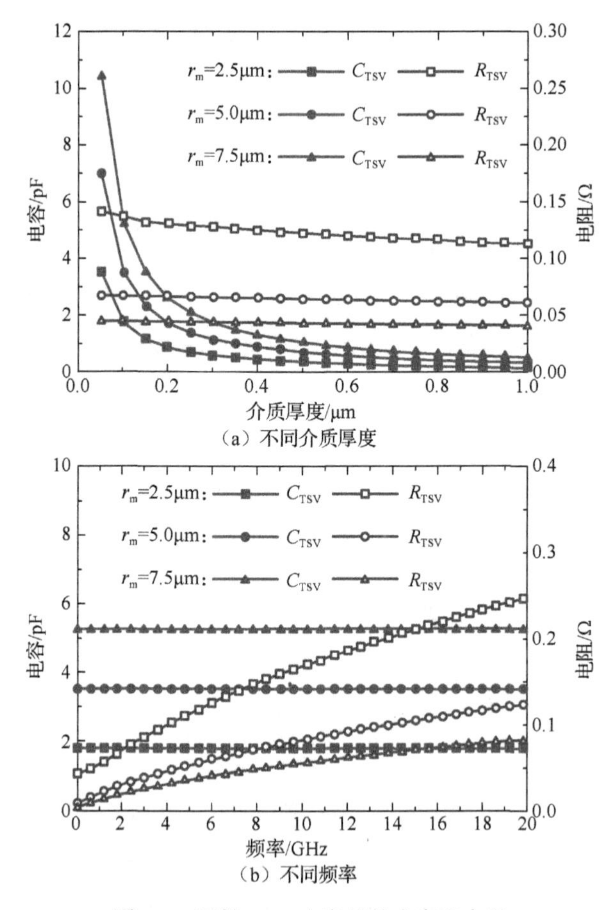

图 5-8　同轴 TSV 电容器的电容和电阻

图 5-9 为同轴 TSV 电容器的电感特性。结果表明，随着频率的增加，电感在低频下降缓慢，在高频下几乎保持不变。一般情况下，同轴 TSV 电容器电感的变

化很小，频率最高可达 20GHz。同轴 TSV 电容器电感的量值为几十皮亨利，与螺旋电感的量值相比微不足道。

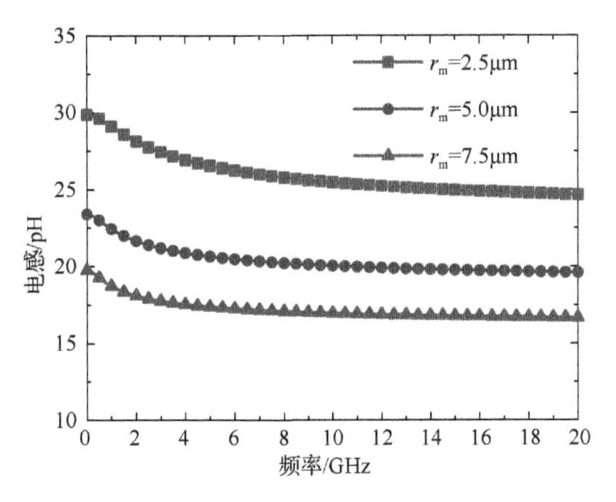

图 5-9　同轴 TSV 电容器电感随 TSV 半径和频率的变化

基于以上研究分析，建立了完整的 LPF 等效电路模型，如图 5-10（a）所示。电感和电容在滤波中起着重要的作用，而电阻则导致传递阻抗和导体损耗。表 5-2 列出了频率为 4GHz 时 LPF 的完整等效电路模型参数。由于图 5-10（a）过于复杂，无法清晰地展示所提出 LPF 的原理和顺序，因此简化模型如图 5-10（b）所示。

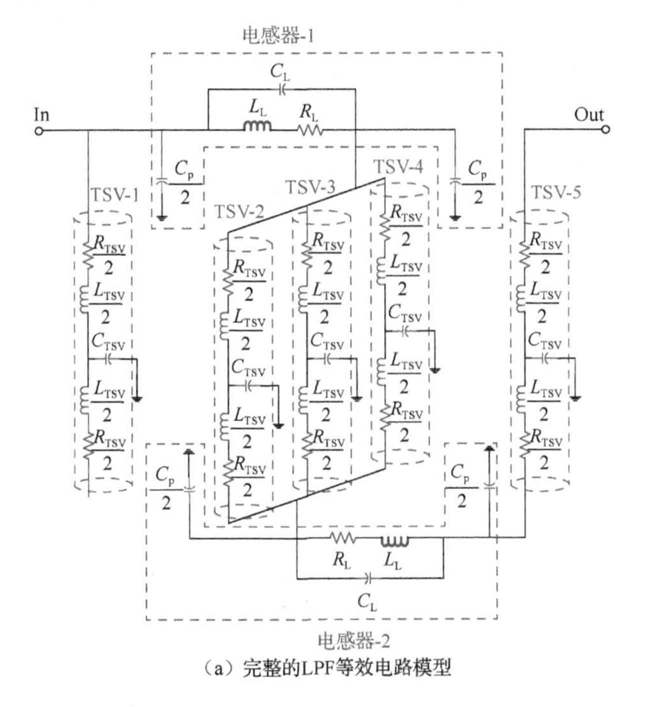

（a）完整的LPF等效电路模型

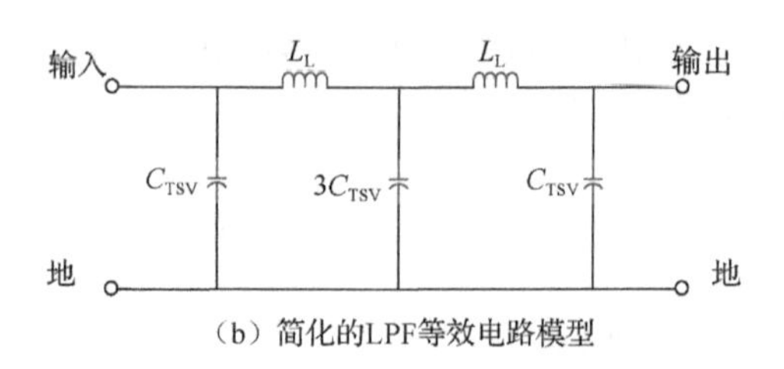

（b）简化的LPF等效电路模型

图 5-10　LPF 等效电路模型

表 5-2　频率为 4GHz 时 LPF 的完整等效电路模型参数

结构	符号	数值
同轴 TSV 电容器	R_{TSV}	46.5mΩ
	L_{TSV}	20.9pH
	C_{TSV}	3.53pF
电感	R_L	0.96Ω
	L_L	0.32nH
	C_L	9.8fF
寄生电容	C_P	28.9fF

采用三维全波电磁仿真器 HFSS，基于有限元方法，对所提 LPF 的滤波特性进行了分析[4-5]。五阶巴特沃斯 LPF 滤波特性如图 5-11 所示。为了比较，图中还给出了理想的 4GHz 五阶巴特沃斯 LPF 等效电路模型结果。从图 5-11 中可以看出，三种结果吻合较好。理想的 4GHz 五阶巴特沃斯 LPF 电路拓扑如图 5-12 所示。

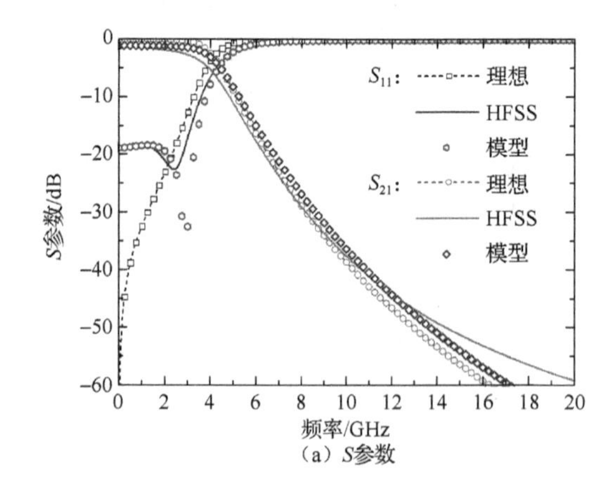

（a）S参数

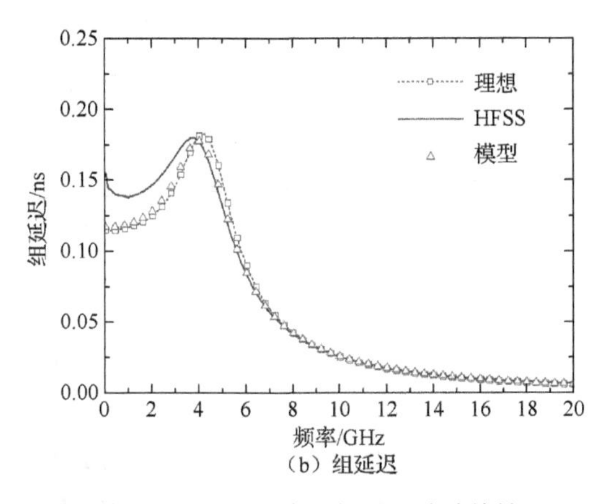

（b）组延迟

图 5-11　五阶巴特沃斯 LPF 滤波特性

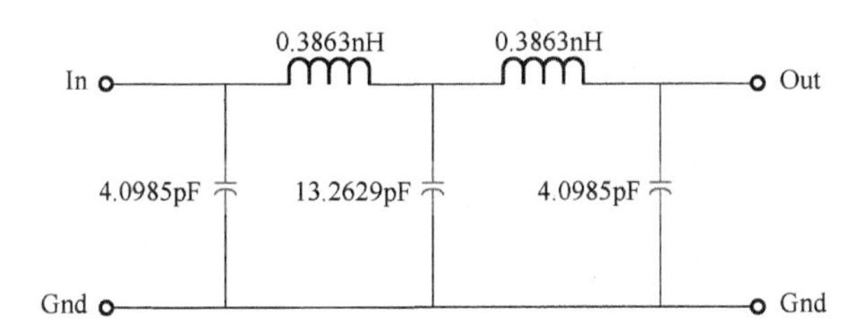

图 5-12　理想的 4GHz 五阶巴特沃斯 LPF 电路拓扑

将本节所提的 LPF 特性与表 5-3 所列的相关 LPFs 特性进行比较。结果表明，本节所提的 LPF 的尺寸仅为（0.1×0.1）mm^2，远远小于其他 LPFs 的尺寸。因此，本节所提的 LPF 具有超紧凑的尺寸和优越的滤波特性。

表 5-3　本节所提的 LPF 特性与相关 LPFs 特性的比较

滤波器	截止频率/GHz	峰值延迟	尺寸/mm^2	技术
文献[1]	1.0	—	60.1×37.5	微带线
文献[2]	2.4	—	30.4×8.4	
文献[3]	2.44	—	11.5×14.0	
文献[4]	1.0	1.6	24.8×16.6	
文献[5]	2.0 3.0	0.5	14.4×7.0 16.4×6.6	LCP
文献[6]	2.5	—	4.5×3.4	LTCC
文献[7]	1.6	—	1.0×0.8	IPD
本节	模型：4.0 FEM：3.5	模型：0.18 FEM：0.18	0.1×0.1	TSV&RDL

续表

滤波器	截止频率/GHz	峰值延迟	尺寸/mm^2	技术
巴特沃斯理想五阶 4GHz 的 LPF	4.0	0.18	—	—

上述内容给出了基于同轴 TSV 电容器的超紧凑巴特沃斯低通滤波器的设计过程，接下来分析衬底对其的影响[6]。如图 5-13 所示，LPF 由上至下依次为电感器层、氧化层、衬底层、氧化层、电感器层。从顶部电感器层到底部电感器层的耦合电流需要通过三个阻抗，即顶部氧化层阻抗（Z_{ox}）、衬底层阻抗（Z_{sub}）和底部氧化层阻抗（Z_{ox}），如图 5-13 左图所示。相应的寄生电路模型如图 5-13 右图所示，其中 C_p 为电感器与衬底之间的寄生电容。衬底被模拟为并联电导（G_{sub}）和电容（C_{sub}）。此外，衬底和 TSV 之间还存在寄生电容 C_{ox_TSV}，这里选择π 型电路模型，具体如图 5-14 所示。

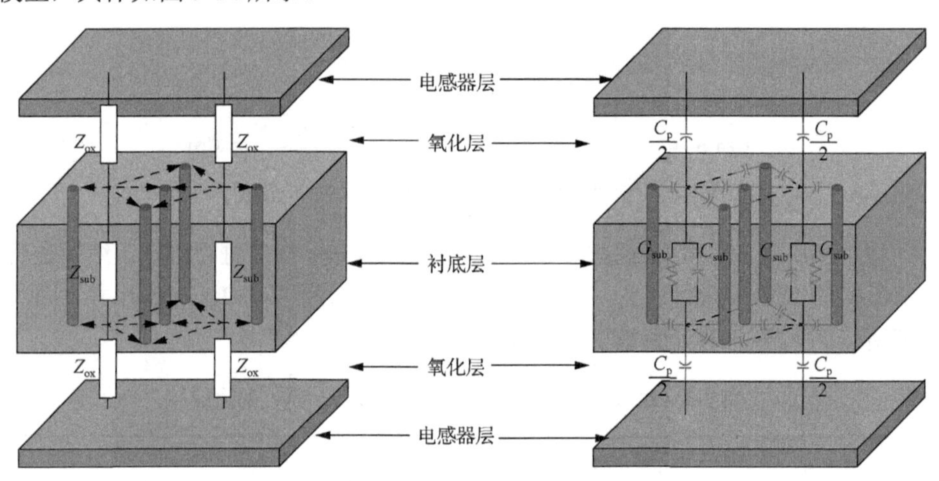

图 5-13　衬底阻抗模型

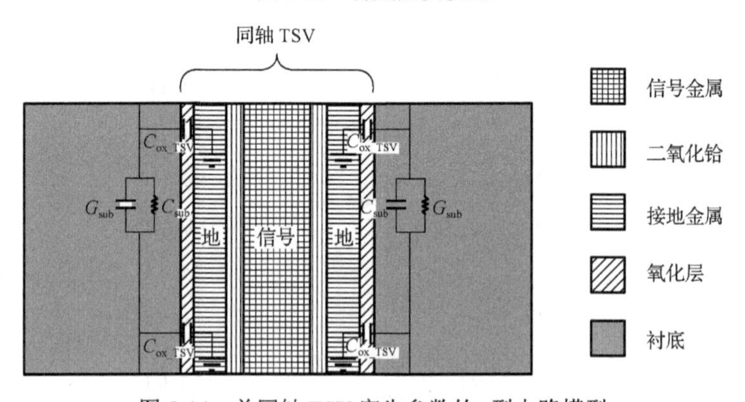

图 5-14　单同轴 TSV 寄生参数的π型电路模型

根据上述分析，提取出LPF的等效电路模型，如图5-15（a）和（b）所示，其中C_{sub}和G_{sub}分别代表衬底的电容和电导；C_{ox_TSV}为同轴TSV的外层氧化层电容。根据文献[7]可得C_{sub}为2.6fF，G_{sub}为1.0mS，C_{ox_TSV}为0.7pF。

图5-15（a）和（b）对应的阻抗模型如图5-15（c）所示，其中Z_{ox}表示电感器与衬底之间的氧化层阻抗，Z_{sub}表示衬底层阻抗，Z_{ox_TSV}表示同轴TSV的氧化层阻抗。它们可以分别用式（5-7）、式（5-8）、式（5-9）来计算。

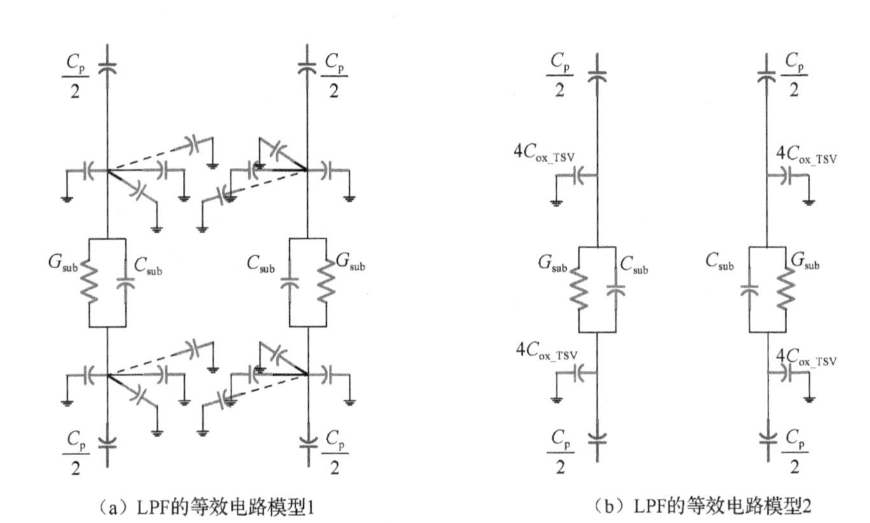

（a）LPF的等效电路模型1　（b）LPF的等效电路模型2

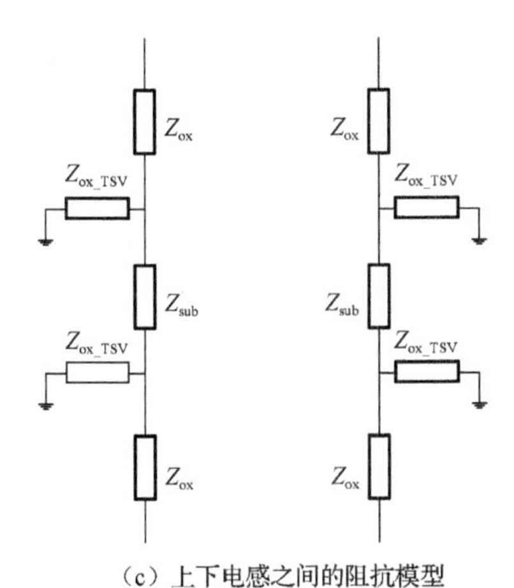

（c）上下电感之间的阻抗模型

图5-15　LPF的等效电路模型和上下电感之间的阻抗模型

$$Z_{ox} = \frac{2}{j\omega C_p} \tag{5-7}$$

$$Z_{sub} = \frac{1}{G_{sub} + j\omega C_{sub}} \tag{5-8}$$

$$Z_{ox\_TSV} = \frac{1}{j\omega 4C_{ox\_TSV}} \tag{5-9}$$

根据上面给出的 C_{sub}、G_{sub}、C_{ox_TSV} 的值和 C_p（28.9fF）的值，可以得到 Z_{ox}、Z_{sub}、Z_{ox_TSV} 的幅值，如图 5-16 所示。结果表明，Z_{sub} 和 Z_{ox_TSV} 在低频时远小于 Z_{ox}，可以忽略，而在更高的频率下，Z_{ox_TSV} 远小于 Z_{ox} 和 Z_{sub}，可以忽略不计。因此，可以得到如图 5-15（a）所示的 LPE 的等效电路模型。可以看出，对于较高的频率，Z_{sub} 的两端都连接到 Gnd。因此，从衬底到 Gnd 的阻抗为零，而到电感的阻抗为 Z_{ox}。衬底中的电流会选择零阻抗路径，因此没有从衬底到电感器的电流路径。请注意，很明显，图 5-17（a）中的两种情况都可以等效于图 5-15（b）。因此，衬底对电感的影响是可以忽略的。

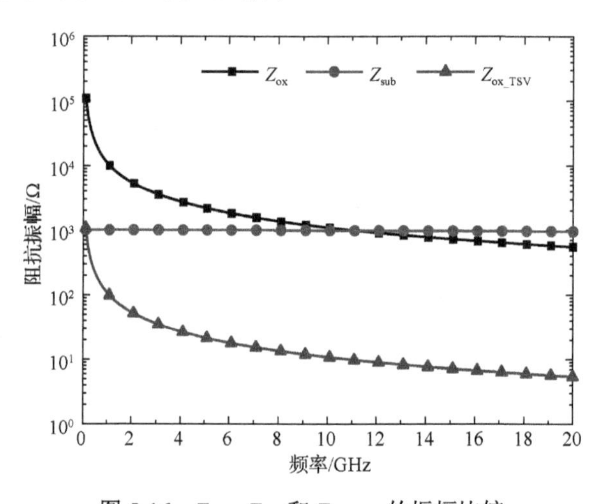

图 5-16　Z_{ox}、Z_{sub} 和 Z_{ox_TSV} 的振幅比较

在同轴 TSV 电容器方面，由于同轴 TSV 电容器受外金属接地的保护，基片对电容器的影响也很小[8]，这一点可以在图 5-14 中观察到。

此外，将衬底冲击的等效电路模型加入到 LPF 的等效电路模型中，研究衬底冲击对整个 LPF 的影响，如图 5-18 所示。表 5-4 列出了考虑衬底冲击的 LPF 等效电路模型参数。

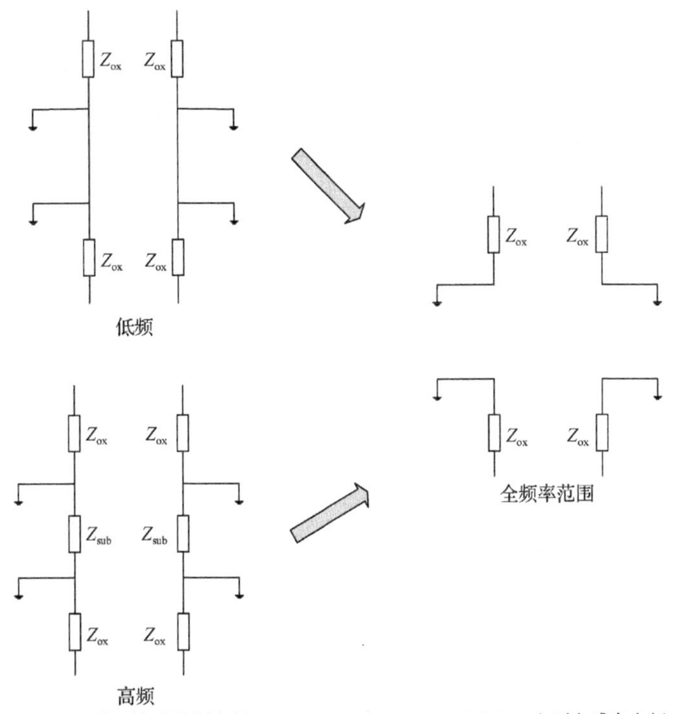

（a）LPF上下电感分别在低频和高频下的等效阻抗模型

（b）LPF上下电感在全频率范围内的等效阻抗模型

图 5-17　LPF 上下电感的等效阻抗模型

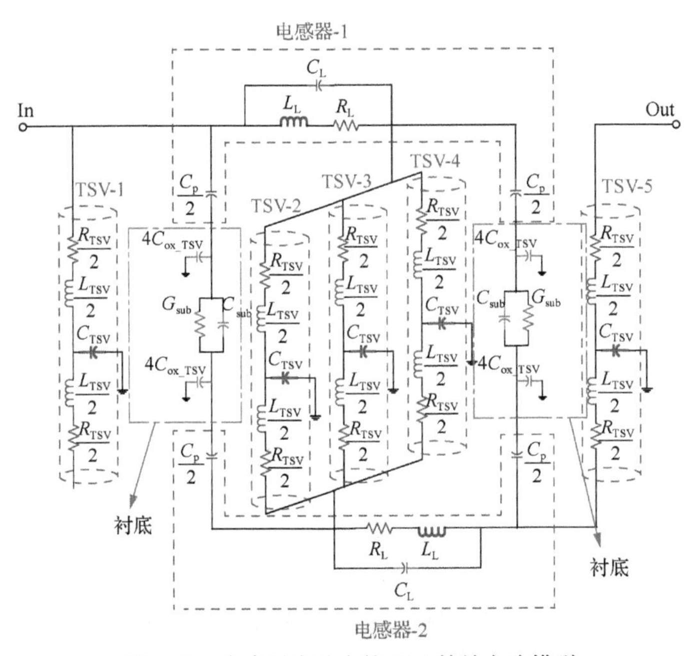

图 5-18　考虑衬底冲击的 LPF 等效电路模型

表 5-4　考虑衬底冲击的 LPF 等效电路模型参数

参数	数值
R_{TSV}	46.5mΩ
L_{TSV}	20.9pH
C_{TSV}	3.53pF
R_L	0.96Ω
L_L	0.32nH
C_L	9.8fF
C_p	28.9fF
$C_{ox\text{-}TSV}$	0.7pF
G_{sub}	1.0mS
C_{sub}	2.6fF

在等效电路模型的基础上，利用 ADS 计算得到了带衬底和不带衬底的 LPF 的 S 参数。选择 S 参数模块和线性扫频，频率范围为 0.1～20GHz，步长为 0.1GHz。LPF 的 S 参数仿真结果如图 5-19 所示，输入端和输出端分别连接两个阻抗为 50Ω 的端子。可以得出，衬底对 LPF 几乎没有任何影响。

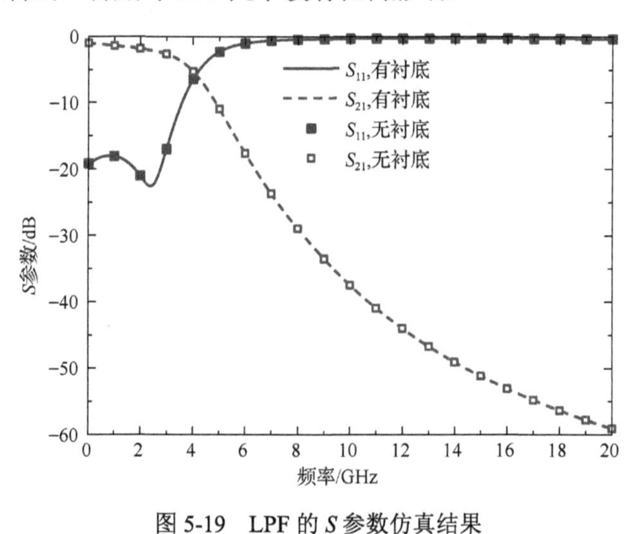

图 5-19　LPF 的 S 参数仿真结果

5.2　TSV 高通滤波器设计及特性分析

与 LPF 一致，TSV 高通集总滤波器的设计方法同样是基于定 K 法。但与 LPF 设计不同的是，TSV 高通集总滤波器首先将归一化的 LPF 转化成归一化的 HPF，然后以归一化的 HPF 为基准通过计算得出待设计集总 HPF 元件值。考虑到 TSV HPF 的模型复杂度与滤波特性是正相关的，即模型越复杂，阶数越高，滤波特性越好，所以采用的结构为四阶 LC 集总 HPF。首先，将已知的归一化四阶 LPF（截止频率为 1/（2π）Hz，特性阻抗为 1Ω）转化成归一化四阶 HPF（截止频率为 1/（2π）Hz，特性阻抗为 1Ω），具体过程是将归一化四阶 LPF 的电感器转化成电容器，特性器转化成电感器，相应的元件值都做倒数处理，即可得到归一化四阶 HPF 的元件值，然后将归一化四阶 HPF 的元件值转换成待设计的 HPF（截止频率为 20GHz，特性阻抗为 50Ω）[9]。归一化四阶 LC 高通滤波器电路图如图 5-20 所示，计算可知元件值 L_{norm1}=0.5412H，L_{norm2}=1.30656H，C_{norm1}=1.30656F，C_{norm2}=0.5412F。从归一化四阶 HPF 到待设计 HPF 的推演如下所示。

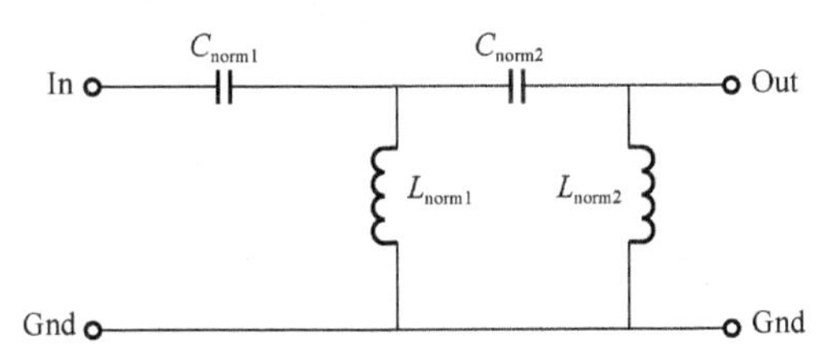

图 5-20 归一化四阶 LC 高通滤波器电路图

（1）求出定 K 法的截止频率基准参数 M，M 为待设计 HPF 截止频率与归一化 HPF 截止频率的比值。

$$M=\frac{20\text{GHz}}{\frac{1}{2\pi}\text{Hz}}=1.256637\times 10^{11} \tag{5-10}$$

（2）求出定 K 法的特性阻抗基准参数 K，K 为待设计 HPF 特性阻抗与归一化 HPF 特性阻抗的比值。

$$K=\frac{50\Omega}{1\Omega}=50 \tag{5-11}$$

（3）求出截止频率为 $\frac{1}{2\pi}$GHz，特性阻抗为 1Ω的 HPF 电感。将归一化 HPF 的所有电感除以 M，可以将归一化 HPF 的截止频率变成 20GHz，但特性阻抗仍为 1Ω。

$$L_{new1}=\frac{L_{norm1}}{M}\approx 4.307\times 10^{-12}(\text{H}) \tag{5-12}$$

$$L_{new2}=\frac{L_{norm2}}{M}\approx 1.040\times 10^{-11}(\text{H}) \tag{5-13}$$

式中，L_{new1} 表示截止频率为 $\frac{1}{2\pi}$ GHz，特性阻抗为 1Ω的 HPF 电感；L_{new2} 表示截止频率为 20GHz，特性阻抗为 1Ω的 HPF 电感；L_{norm1} 和 L_{norm2} 表示归一化 HPF 的电感。

（4）求出截止频率为 $\frac{1}{2\pi}$ GHz，特性阻抗为 1Ω的 HPF 电容。将归一化 HPF 的所有电容除以 M，可以将归一化 HPF 的截止频率变成 20GHz，但特性阻抗仍为 1Ω。

$$C_{\text{new1}} = \frac{C_{\text{norm1}}}{M} \approx 0.1040 \times 10^{-10}(\text{F}) \tag{5-14}$$

$$C_{\text{new2}} = \frac{C_{\text{norm1}}}{M} \approx 0.4307 \times 10^{-11}(\text{F}) \tag{5-15}$$

式中，C_{new1} 表示截止频率为 $\frac{1}{2\pi}$ GHz，特性阻抗为 1Ω的 HPF 电容；C_{new2} 表示截止频率为 20GHz，特性阻抗为 1Ω的 HPF 电容；C_{norm1} 和 C_{norm2} 表示归一化 HPF 的电容。

（5）上面演算已将归一化 HPF 的截止频率从 1/（2π）Hz 变成 20GHz。接着只需将 HPF 特性阻抗从 1Ω变到 50Ω，就可以得到待设计 HPF。求出待设计 HPF 的电感，将截止频率为 20GHz，特性阻抗为 1Ω的 HPF 所有电感乘以 K。

$$L_1 = L_{\text{new1}} \times K \approx 2.1535 \times 10^{-10}(\text{H}) \tag{5-16}$$

$$L_2 = L_{\text{new2}} \times K \approx 5.2 \times 10^{-10}(\text{H}) \tag{5-17}$$

式中，L_1 和 L_2 表示待设计滤波器的电感。

（6）求出待设计 HPF 电容，将截止频率为 20GHz，特性阻抗为 1Ω的 HPF 的所有电容除以 K。

$$C_1 = \frac{C_{\text{new1}}}{K} \approx 2.08 \times 10^{-13}(\text{F}) \tag{5-18}$$

$$C_2 = \frac{C_{\text{new2}}}{K} \approx 8.614 \times 10^{-14}(\text{F}) \tag{5-19}$$

式中，C_1 和 C_2 表示待设计滤波器的电容。

通过上述推导可将归一化 HPF 转化成待设计 HPF，最后得出待设计 HPF 的元件值分别为 C_1=208fF，C_2=86.14fF，L_1=215pH，L_2=520pH。有了四阶 HPF 的所有元件值，可以在 ADS 中建立出四阶 LC 高通滤波器电路模型，如图 5-21 所示，对其进行仿真得出滤波特性。

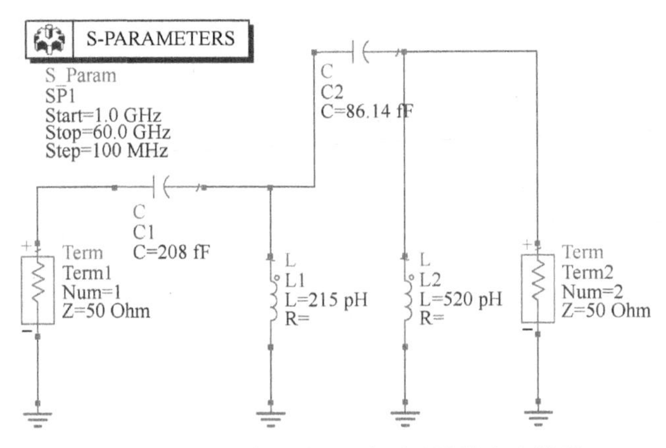

图 5-21　ADS 中四阶 LC 高通滤波器电路模型

对 ADS 中的电路图加入仿真约束，约束频率范围为 1～60GHz，步长为 100MHz，观察滤波器的波形。ADS 中四阶 LC 高通滤波器的仿真结果图如图 5-22 所示，通过图中纵轴插入损耗 S_{21} 随横轴电磁波频率的变化可知，当电磁波的频率高于 20GHz 时，电磁波可以通过，而当电磁波的频率低于 20GHz 时，有一个很明显的衰减特性阻止了电磁波的通过。同时，ADS 中的仿真图很好地满足了设计需要，从侧面来讲是对定 K 法的进一步认同，也为后面建立 TSV 集总 HPF 模型的可行性奠定了坚实的基础。

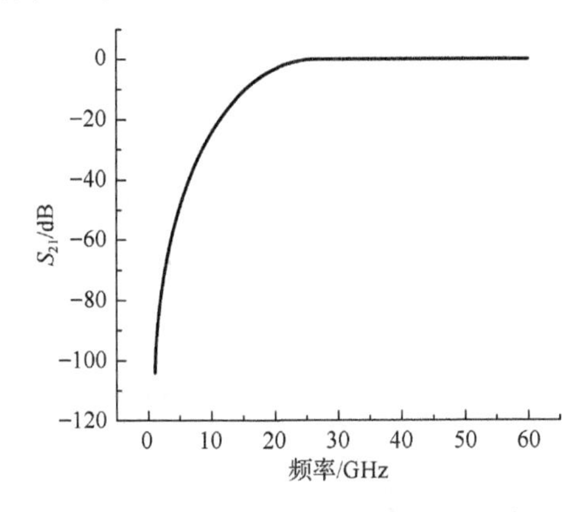

图 5-22　ADS 中四阶 LC 高通滤波器的仿真结果图

通过上面的推演可知，待设计滤波器的电感 L_1=215pH，L_2=520pH。关于 TSV 的 HPF 电感器的设计利用的是 RDL 技术，因为上述电感器的电感不大，所以基于 RDL 的平面螺旋电感器就可以在结构简单且面积占用率小的情况下完成大电感的需求。RDL 平面螺旋电感器的结构与传统线圈类似，只不过该新型电感器是用 RDL 代替线圈。因为 RDL 技术已经广泛地运用到了 CMOS 的制造和封装过程中，所以 RDL 平面螺旋电感器不但拥有更小的面积和更高的电容密度，还能与其他器件和电路很好地集成。RDL 平面螺旋电感器的匝数一般为 4 和 3。仿真结果显示，在频率为 10GHz 时，两个 RDL 平面螺旋电感器的电感仿真值约为 214.96pH 和 520.07pH，与需要的电感值很接近。

通过上述的计算可知，需要的电容器电容 C_1=208fF，C_2=86.14fF。考虑到待设计电容器的电容比较小且仿真难度高等一系列原因，采用基于 TSV 阵列的三维电容器。新型电容器提升了电容的密度和品质因数，并且可以减小电容器的面积[10]。

图 5-23 为 TSV 高通滤波器模型，上面的两个 RDL 平面螺旋电感器通过金属柱与下面的两个 TSV 阵列电容器连接起来，构成 TSV 高通滤波器。由于可集成的特点，TSV 掩埋在硅衬底中，且 RDL 平面螺旋电感器和连接线均掩埋在隔离层二氧化硅中。

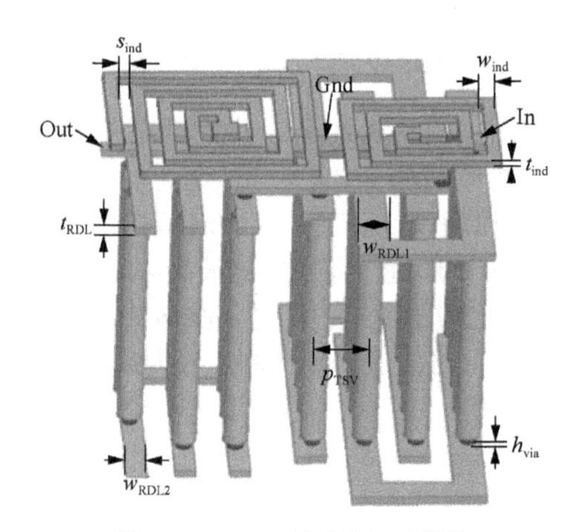

图 5-23　TSV 高通滤波器模型

在 TSV 的 HPF 上加 0.1～60GHz 频率的电磁波进行仿真，对比 TSV 滤波器仿真曲线与 ADS 中电路的滤波曲线可以明显地看到两条曲线，即插入损耗随频率的变化有很高的一致性，如图 5-24 所示。

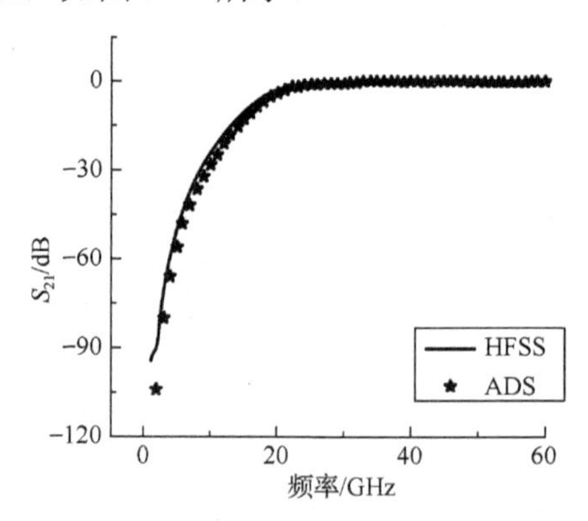

图 5-24　TSV 高通滤波器的仿真结果

图 5-24 的仿真结果，充分证明了基于 TSV 的 HPF 的有效性，为 HPF 的研究提供了新的思路。同时该滤波器还有一系列优点，如面积只有 328000μm^2 且易于集成等[11-12]。TSV 高通滤波器的结构参数如表 5-5 所示，该结构参数为 TSV 制造商的常用参数。

表 5-5　TSV 高通滤波器的结构参数

结构	结构参数	符号	数值
TSV 电容器	TSV 金属芯半径	r_m	4.7μm
	二氧化硅厚度	t_{SiO_2}	0.3μm
	TSV 高度	h_{TSV}	100μm
	TSV 间距	p_{TSV}	20μm
RDL 电感器	金属线宽度	w_{ind}	5μm
	金属线间距	s_{ind}	5μm
	金属线厚度	t_{ind}	3μm
	匝数	N_1	4
	匝数	N_2	3
RDL	宽度	w_{RDL}	5μm
	厚度	t_{RDL}	3μm
金属柱	直径	d_{via}	6μm
	高度	h_{via}	3μm

同时为了了解基于 TSV 的 HPF 的微型化和集成化特性，特意对比了不同技术下的 HPF 面积。表 5-6 为基于不同技术下的 HPF 面积，通过对比可以明显地看出 TSV 高通滤波器拥有最小的面积，集成度最高。

表 5-6　基于不同技术下的 HPF 面积

带通滤波器	截止频率/GHz	面积/mm^2	技术
文献[13]	0.07	32×10	微带线
文献[14]	2.3	87.5×12.0	微带线 & 传输零点
文献[15]	1	5.8×4.2	液晶聚合物
TSV 高通滤波器	20	0.16×0.205	TSV & RDL

尽管 TSV HPF 已可成为传统 HPF 的有效替代者，但在实际制造和应用过程中依然存在挑战[16-21]。一个挑战是关于射频电路的三维封装，基于 TSV 的 HPF（以三维封装为主）会受到相邻模块通过硅基板产生的噪声影响，因为噪声的影响

会对滤波器的滤波特性产生很大的不良作用，所以在封装和电路设计的过程中需要对噪声问题给予极大的关注。因此，在封装的过程中需要设计新的电路或者应用低噪的材料来处理，必须提高封装对电磁干扰的屏蔽特性。同时也可以将其用于噪声比较小的电路中，因此滤波器的使用对电路的要求比较高。

另一个挑战是 TSV 技术发展的副作用。在新的三维 IC 中，TSV 具有更小的物理尺寸，包括更小的半径、高度、隔离层厚度和 TSV 到 TSV 的间距。首先，随着 TSV 的半径和高度变小，TSV 的侧向表面积不断缩小，从而使两个 TSV 之间的耦合电容更小。其次，随着隔离层厚度和 TSV 间距变小，TSV 电容器两极板之间的距离会减小，从而使 TSV 之间的电容变大。因此，随着技术的微型化发展，TSV 阵列电容会随着 TSV 的工艺尺寸发生细微的变化，其设计过程需要全方位地考虑工艺与电容的变化规律。

5.3 小　结

本章详细介绍了定 *K* 法计算 TSV 低通滤波器和高通滤波器元件值的设计过程，TSV 阵列电容器和 RDL 螺旋电感器的建模以及 TSV 滤波器的设计过程，仿真结果显示 TSV 滤波器有较好的滤波特性。与此同时，对 RDL 螺旋电感器、TSV 阵列电容器和 TSV 滤波器的特性作了进一步研究。

研究了 RDL 物理尺寸对 RDL 螺旋电感器的电感和品质因数的影响。仿真可知 RDL 的宽度和间距与 RDL 螺旋电感器的电感正相关，而 RDL 的厚度与 RDL 螺旋电感器的电感负相关。

研究了 TSV 阵列电容器的电容和品质因数随频率的变化。仿真可知 TSV 阵列电容器的电容不随频率变化，同时 TSV 阵列电容器的品质因数最大达到了 35，该值高于传统电容器的品质因数。

TSV LPF 特性研究是通过改变 RDL 的物理尺寸和 TSV 的物理尺寸来实现的。仿真可知，通过增加 RDL 的宽度和间距可以增加滤波器的矩阵因数，提高滤波器的效率，而增加 RDL 的厚度则会减小滤波器的矩阵因数和效率。同时增加 TSV 的高度和半径可以增加滤波器的截止频率。

接着提出了一种基于 TSV 技术的超紧凑无源 LPF。通过研究螺旋电感和同轴电容的寄生参数，建立和简化了 LPF 的等效电路模型。理想的 4GHz 五阶巴特沃斯 LPF 的等效电路模型和 HFSS 模型的结果一致，验证了该 LPF 的特性。将所提出的 LPF 与相关的 LPF 的滤波特性进行比较，结果表明，所提出的 LPF 具有超紧凑的体积和优越的滤波特性。

关于 TSV HPF 的研究，因为与 LPF 均采用了 TSV 阵列电容器和 RDL 螺旋电感器，因此 HPF 的截止频率范围应该小于 RDL 螺旋电感器的自谐振频率 70GHz。

同时对比了不同技术下的 HPF 面积，通过对比可知，基于 TSV 的 HPF 具有最小的面积，即最高的集成度。

参考文献

[1] MUSONDA E, HUNTER I C. Exact design of a new class of generalized Chebyshev low-pass filters using coupled line/stub sections[J]. IEEE Transactions on Microwave Theory and Techniques, 2015, 63(12): 4355-4365.

[2] LI J L, QU S W, XUE Q. Compact microstrip lowpass filter with sharp roll-off and wide stop-band[J]. Electronics Letters, 2009, 45(2): 110-111.

[3] HAYATI M, ABDIPOUR A. Compact microstrip lowpass filter with sharp roll-off and ultra-wide stop-band[J]. Electronics Letters, 2013, 49(18): 1159-1160.

[4] CHEN C J, SUNG C H, SU Y D. A multi-stub lowpass filter[J]. IEEE Microwave and Wireless Components Letters, 2015, 25(8): 532-534.

[5] CERVERA F, HONG J. High rejection, self-packaged low-pass filter using multilayer liquid crystal polymer technology[J]. IEEE Transactions on Microwave Theory and Techniques, 2015, 63(12): 3920-3928.

[6] ZHOU C X, GUO Y X, WU W. Lowpass filter with sharp roll-off and wide stopband using LTCC technology[C]. Suzhou: 2015 IEEE MTT-S International Microwave Workshop Series on Advanced Materials and Processes for RF and THz Applications, 2015.

[7] YOOK J M, KIM D, KIM J C. High-performance RF inductors and capacitors using the reverse trench structure of silicon[J]. IEEE Microwave and Wireless Components Letters, 2015, 25(11): 709-711.

[8] WANG F J, YU N M. An ultracompact butterworth low-pass filter based on coaxial through-silicon vias[J]. IEEE Transactions on Very Large Scale Integration Systems, 2017, 25(3): 1164-1167.

[9] YIN X K, WANG F J, PAVLIDIS V F, et al. Design of compact LC lowpass filters based on coaxial through-silicon vias array[J]. Microelectronics Journal, 2021, 116: 105217.

[10] WANG F J, HUANG J, YU N M. A low-pass filter made up of the cylindrical through-silicon-via[C]. Shanghai: 2018 19th International Conference on Electronic Packaging Technology, 2018.

[11] WANG F J, HUANG J, YU N M. LC low-pass filter based on through-silicon via[C]. Xi'an: 2019 IEEE International Conference on Electron Devices and Solid-state Circuits, 2019.

[12] WANG F J, XIAO S, YIN X K, et al. A miniature TSV-based branch line coupler using π equivalent circuit model for transmission line[J]. IEICE Electronics Express, 2021, 19(3): 515.

[13] HUANG Y J, HSIEH C H, TSAI Z M, et al. A compact, high-selectivity, and wide passband semi-lumped 70MHz high-pass filter[C]. Kuala Lumpur: IEEE Asia Pacific Micro-wave Conference, 2017.

[14] PARVEZ S, SAKIB N MOLLAH M N. A novel quasi-lumped UWB high-pass filter with multiple transmission zeros[C].Cox's Bazar: IEEE International Conference on Electrical Computer and Communication Engineering, 2017.

[15] QIAN S, HAO Z C, HONG J, et al. Design and fabrication of a miniature high-pass filter using multilayer LCP technology[C]. Manchester: IEEE 41st European Microwave Conference, 2011.

[16] WANG F J, LI H, YU N M. Investigation on impact of substrate on low-pass filter based on coaxial TSV[J]. IEICE Electronics Express, 2019, 16(2): 20180992.

[17] NDIP I, ZOSCHKE K, LOBBICKE K, et al. Analytical, numerical-, and measurement-based methods for extracting the electrical parameters of through silicon vias(TSVs)[J]. IEEE Transactions on Components, Packaging and Manufacturing Technology, 2014, 4(3): 504-515.

[18] YIN X K, WANG F J, LU Q J, et al. A miniatured passive low-pass filter with ultrawide stopband based on 3-D integration technology[J]. IEEE Microwave and Wireless Components Letters, 2021, 32(1): 29-32.

[19] WANG F J, HUANG J, YU N M. A high-pass filter based on through-silicon via(TSV)[J]. IEICE Electronics Express, 2019, 16(10): 98.

[20] YIN X K, LU J Y, WANG F J. Optimization of heterogeneous interconnection transmission based on impedance matching for 3-D IC high-frequency application[J]. Microelectronics Journal, 2022, 119(3): 105317.

[21] 黄嘉. TSV 滤波器设计及特性分析[D]. 西安: 西安理工大学, 2020.

第 6 章　TSV 太赫兹滤波器设计

频率在 0.1～10THz 波段范围的电磁波通常意义上被归为太赫兹（terahertz, THz）波。由于 THz 波具有瞬时性、宽带性、穿透性、低能性等特点，其在通信、天文观测、医学研究等众多军用和民用领域展现出了独特的优势，具有极大的发展前景，因此近年来形成了一股 THz 波的科研热潮。滤波器作为一种重要的微波器件，在 THz 系统中具有不可替代的重要地位。因为 THz 器件的使用频段很高，尺寸相对于普通微波射频器件更小，所以开展微型化、集成化滤波器件的研究对于其在 THz 频段的发展和应用具有极其重要意义。

发夹滤波器的直接耦合方式实现了较好的带内性能，而带外性能需要通过交叉耦合矩阵来实现。因此，本节进一步研究了交叉耦合矩阵拓扑重构，并应用在基片集成波导传输结构上。基于广义切比雪夫滤波器，本节提出了通过拓扑重构得到串列型交叉耦合矩阵和四角元件交叉耦合矩阵。基于有限元方法的 HFSS 软件，对串列型基片集成波导（SIW）交叉耦合滤波器和四角元件 SIW 交叉耦合滤波器进行仿真和优化。研究通过给串列型耦合拓扑增加两个有限传输零点，四角元件耦合拓扑增加一个有限传输零点来提高滤波器的带外抑制性能，并利用 TSV 的优良电学特性，实现了在太赫兹领域内同时具有良好的带内特性和带外特性的基片集成波导交叉耦合滤波器。

6.1　TSV 太赫兹发夹滤波器设计

由于传统发夹滤波器的设计方法是基于低于太赫兹频率的微带结构，所以在太赫兹波段没有基于 TSV 的发夹滤波器的研究。为了填补这一空白，本章提出了在太赫兹波段基于 TSV 的发夹滤波器设计新方法和新颖的 HFSS 模型，以及中心频率为 0.5THz 的五阶发夹带通滤波器，可以为未来的移动通信提供前所未有的数据传输速率和信道容量。该滤波器的显著特点是采用紧凑馈线和 TSV 耦合。

为了进一步提高发夹单元耦合作用并考虑工艺误差，本章提出四臂发夹滤波器理论，其由 TSV 设计的四个臂组成，可以改善发夹带通滤波器的回波损耗特性，以提供优越的性能。对中心频率为 400GHz 左右的四臂发夹滤波器的四种滤波器结构进行研究，证明四臂发夹单元个数增加会提高耦合效果，工艺误差可由臂长可调结构缓解，在 HFSS 中建立了该滤波器的结构并进行了优化。

6.1.1　TSV 太赫兹两臂发夹滤波器设计

基于 TSV 垂直互连、臂长可调、太赫兹频段和微带发夹滤波器设计理论，研究三维发夹滤波器[1]。考虑到阻抗匹配、耦合效应，建立发夹滤波器的三维模型，定量研究输入\输出耦合系数和输入\输出耦合单元、级间耦合系数和级间耦合单元的关系，研究 TSV 尺寸、发夹单元间距、发夹单元结构、RDL 段尺寸、馈线位置、信号层与接地层间距等对滤波器通频带位置和带内损耗的影响。基于 TSV 的太赫兹两臂发夹滤波器流程图如图 6-1 所示。

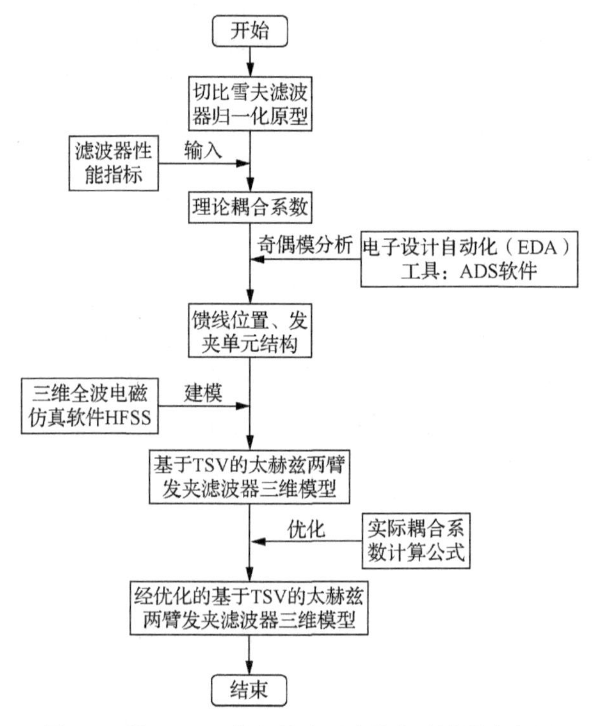

图 6-1　基于 TSV 的太赫兹两臂发夹滤波器流程图

基于 TSV 的太赫兹两臂发夹滤波器在切比雪夫滤波器的基础上，采用 TSV 技术，并根据太赫兹应用范围对馈线位置和发夹单元结构进行修调。该滤波器的滤波功能是通过发夹单元之间的耦合作用来实现的，这种耦合作用可以用奇偶模型来分析。每个发夹单元由两个 TSV 作为臂和一个再分布层（RDL）段作为连接。紧凑的输入输出馈线是电源和滤波器之间的接口。该方法也适用于基于该几何结构的其他滤波器。

基于 TSV 的太赫兹两臂发夹滤波器以五阶切比雪夫归一化滤波器原型为基础，采用 TSV 作为发夹单元的臂，RDL 段作为发夹单元中两个 TSV 的臂间连接，利用阻抗匹配原则设计位于 RDL 段的馈线结构，运用奇偶模方法分析耦合系数与相邻耦合 TSV 尺寸之间的关系，得到基于 TSV 的太赫兹两臂发夹滤波器。

输入和输出设计包括相同的三个部分，分别是 TSV、RDL 段和馈线，如图 6-2 所示。其尺寸包含：TSV 的直径为 D，长度为 L_2；RDL 段的长度为 L_3，高度为 H_2；馈线的长度为 L_1，高度为 H_1。为了获得最大的传输效率，设计了抽头式发夹滤波器馈线结构，其是一个与滤波器阻抗匹配的分支调制器。如图 6-2 所示，l 为 RDL 段中点到馈线中点的距离，L 为 RDL 段中点到 TSV 下侧底部的距离。

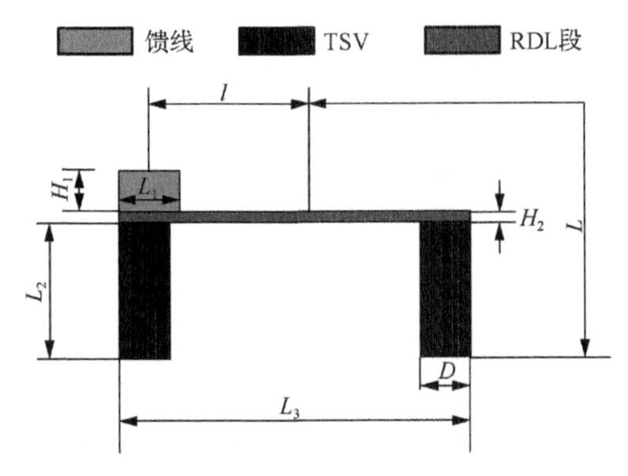

图 6-2　发夹滤波器的输入设计结构及相关的设计参数

l 和 L 的比值与阻抗匹配的效果有关，其理论关系[2]如下：

$$l = \frac{2L}{\pi} \cdot \arcsin\sqrt{\frac{\pi R}{2Z_0 Q_{e1}}} \tag{6-1}$$

式中，R、Z_0 分别为馈线和发夹单元的特性阻抗，其值都为 50Ω；Q_{e1} 为外部耦合系数，可由式（6-2）[3]给出：

$$Q_{e1} = \frac{g_0 g_1}{\left(\omega_{p2} - \omega_{p1}\right) / \sqrt{\omega_{p2}\omega_{p1}}} \tag{6-2}$$

式中，g_0 和 g_1 可以通过切比雪夫低通滤波器元素表[4]得到；ω_{p1} 和 ω_{p2} 分别为预先设计的下通带截止频率和上通带截止频率。

在本章中，l 由 0.5 W_1、W、0.5 L_3 组成，而 L 由 L_2、W、0.5 L_3 组成。L 可以由式（6-3）～式（6-6）给出[5]：

$$L = \frac{c}{4 f_0 \sqrt{\varepsilon_e}} \tag{6-3}$$

$$\varepsilon_e = \frac{\varepsilon_r + 1}{2} + \frac{\varepsilon_r - 1}{2}\left(\frac{1}{\sqrt{1 + 12\dfrac{h}{W}}}\right) \tag{6-4}$$

$$W = \frac{8he^{A}}{e^{2A} - 2} \tag{6-5}$$

$$A = \frac{Z_0}{60}\sqrt{\frac{\varepsilon_r + 1}{2}} + \frac{\varepsilon_r - 1}{\varepsilon_r + 1}\left(0.23 + \frac{0.11}{2}\right) \quad \left(\frac{W}{h} < 2l\right) \tag{6-6}$$

式中，f_0和 c 分别为真空中光速的中心频率和速度；ε_r和 h 分别为基板材料的相对介电常数和基板的衬底高度。本章滤波器采用高电阻硅衬底，相对介电常数为11.9，介电角正切为0.005，电阻率为1000Ω·cm。在本章中，h 为所提出的滤波器的信号层与接地层双导体之间的距离。

在本章中，L_2作为TSV的长度，初步确定为

$$L_2 = \frac{c}{8f_0\sqrt{\varepsilon_e}} \tag{6-7}$$

式中，ε_e可根据式（6-4）～式（6-6）求得。此外，馈线长度L_1可根据式（6-5）和式（6-6）求得。

本章采用的馈线结构紧凑、尺寸较小，更易于发夹滤波器的小型化设计。另外，RDL段的长度可以确定为

$$L_3 = 1.438\left(L_2 + H_2 + 1.429L_1\right) \tag{6-8}$$

TSV的耦合结构由类型1发夹单元和类型2发夹单元组成。如图6-3所示，S_2是类型1发夹单元和类型2发夹单元之间的距离。通过对信号传播模式进行奇偶模分析[6]，可以得到相邻TSV的阻抗值，进而初步确定TSV的直径、发夹单元耦合间距。S_2与耦合系数成反比，因此耦合系数是决定滤波器性能的决定性因素之一，其理论上的公式为[7]

$$k_{i,i+1} = \frac{\omega_{p2} - \omega_{p1}}{\sqrt{\omega_{p2}\omega_{p1}g_i g_{i+1}}} \quad (i = 1,2,3,4) \tag{6-9}$$

式中，$k_{i,i+1}$为电磁混合耦合的级间耦合系数。

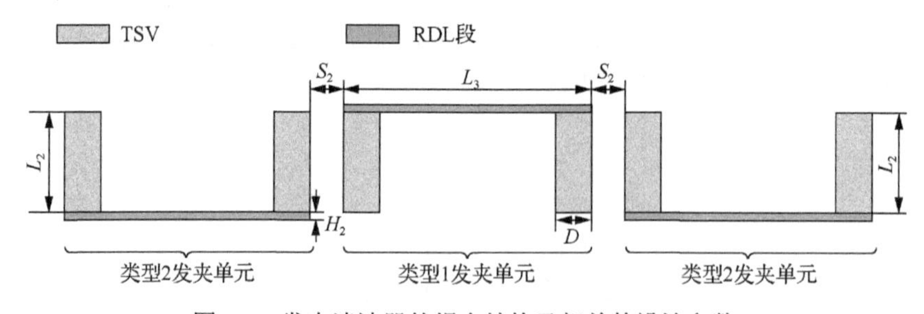

图6-3　发夹滤波器的耦合结构及相关的设计参数

基于 TSV 的发夹带通滤波器的二维结构图和三维结构图如图 6-4 和图 6-5 所示。

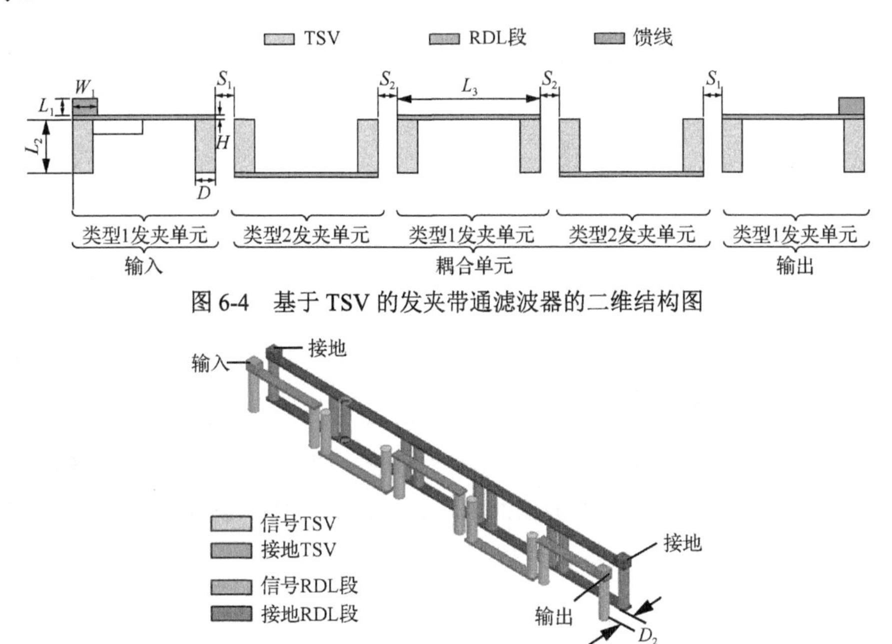

图 6-4　基于 TSV 的发夹带通滤波器的二维结构图

图 6-5　基于 TSV 的发夹带通滤波器的三维结构图

如图 6-4 所示，发夹单元由输入馈线、输出馈线和发夹耦合线组成。S_1 是类型 1 发夹单元和类型 2 发夹单元之间的耦合间距，S_1 的值在该结构中设置为 TSV 的半径。另外，S_2 的值由 S_2 与 S_1 的比值决定。在本章中，S_2 是 S_1 的 1.4 倍。例如，若 S_1 为 5μm，则 S_2 为 7μm。接地层到信号层的距离为 D_2，如图 6-5 所示，D_2 可以比拟微带滤波器的介电层厚度。

本节采用 EDA 工具 ADS 软件计算微带线宽度，并利用奇偶模分析获得 TSV 直径，采用基于有限元方法的 HFSS 软件建立三维发夹滤波器进行仿真和优化，研究 TSV 尺寸、发夹单元间距、RDL 段尺寸、馈线位置、信号层与接地层间距等对滤波器通频带位置和带内损耗的影响。根据上述设计方法，可以得到基于 TSV 的太赫兹两臂发夹滤波器的物理参数，如表 6-1 所示。

表 6-1　基于 TSV 的太赫兹两臂发夹滤波器的物理参数

结构	结构参数	符号	取值/μm
馈线	长度	L_1	5.8
	宽度	W_1	5
	高度	H_1	4

续表

结构	结构参数	符号	取值/μm
TSV	直径	D_2	5
	长度	L_2	22
RDL段	长度	L_3	45
	宽度	W_2	5
	高度	H_2	1
间距	信号 RDL 段到接地 RDL 段	D_3	8
	类型 1 发夹单元到类型 2 发夹单元	S_1	2.5
	类型 2 发夹单元到类型 1 发夹单元	S_2	3.5

依照图 6-5 的滤波器结构和表 6-1 的参数可得到 S 参数曲线仿真结果，如图 6-6 所示。结果表明：该滤波器的中心频率为 0.5THz，通带带宽为 0.08THz，带内插入损耗为 1.5dB，回波损耗超过 13.4dB。

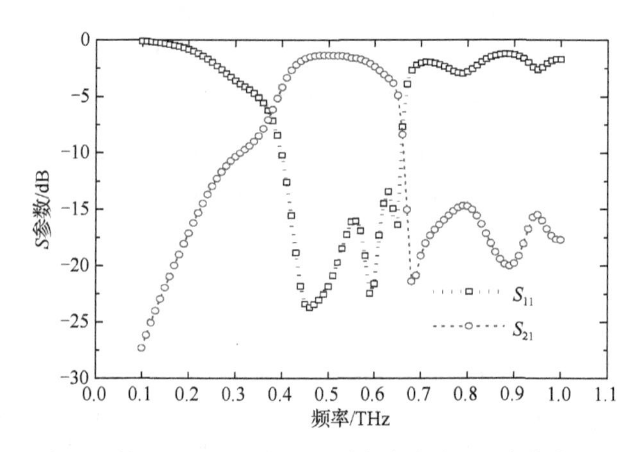

图 6-6　基于 TSV 的太赫兹两臂发夹滤波器 S 参数曲线图

本章节所提出的发夹滤波器的电场分布和磁场分布分别如图 6-7 和图 6-8 所示，其中可以看到信号传输的耦合路径。

（a）基于 TSV 的太赫兹两臂发夹滤波器的二维电场分布

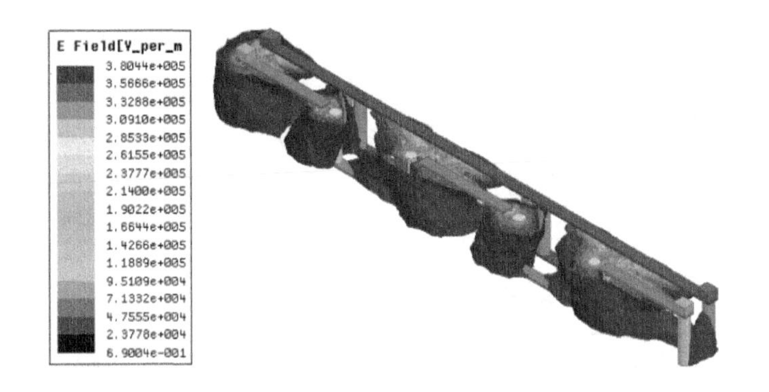

（b）基于 TSV 的太赫兹两臂发夹滤波器的三维电场分布

图 6-7　基于 TSV 的太赫兹两臂发夹滤波器的二维电场分布和三维电场分布

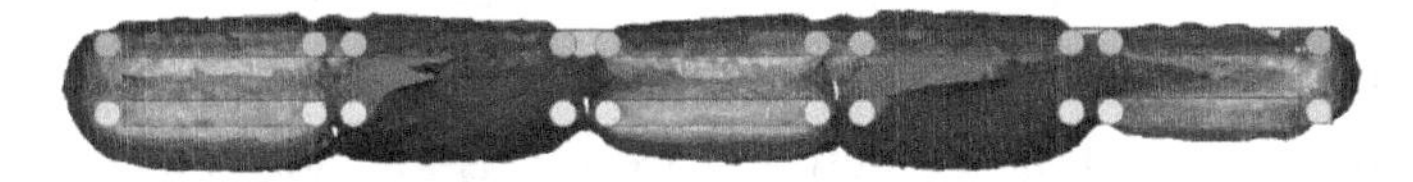

（a）基于 TSV 的太赫兹两臂发夹滤波器的二维磁场分布

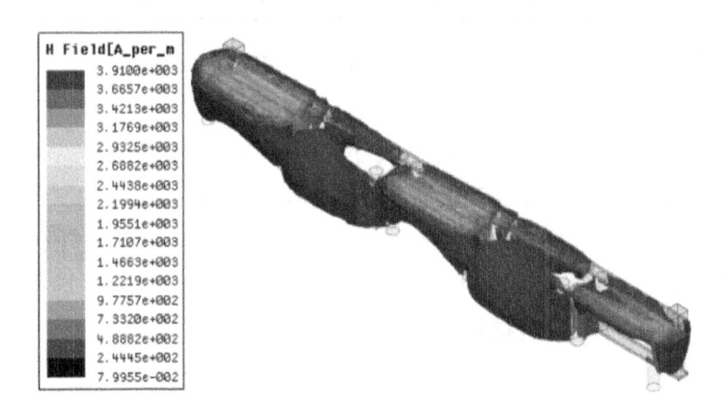

（b）基于 TSV 的太赫兹两臂发夹滤波器的三维磁场分布

图 6-8　基于 TSV 的太赫兹两臂发夹滤波器的二维磁场分布和三维磁场分布

信号通过类型 1 发夹单元和类型 2 发夹单元后，信号相位相反、能量偏移，从而产生传输零点。耦合路径由输入、耦合单元和输出组成，其中五个发夹单元用于传输准 TEM 模式。基于 TSV 的太赫兹两臂发夹滤波器采用直接耦合方式，由三个类型 1 发夹单元和两个类型 2 发夹单元组成。各个类型 1 发夹单元结构可实现电感与电容串联的电路功能，各个类型 2 发夹单元结构可实现电感与电容并联的电路功能。五个发夹单元实现了具有五阶耦合的拓扑电路。

表 6-2 给出了所提出滤波器与四种相关太赫兹滤波器的性能对比，其中包括中心频率（CF）、带宽（BW）、插入损耗（IL）、回波损耗（RL）和尺寸。由于引

入了 TSV，本节提出的滤波器比其他滤波器具有更好的耦合效果。与文献[8]～[11]的太赫兹滤波器相比，本节提出的滤波器的 0.08THz 带宽（列于表 6-2 第五列）分别提高了约 2.67 倍、4.00 倍、3.48 倍和 1.57 倍。相关的四种太赫兹滤波器的尺寸（列于表 6-2 的后两列）分别比本节提出的滤波器物理尺寸大 8.93 倍、43.53 倍、211.61 倍和 21.25 倍左右。

表 6-2　太赫兹滤波器的性能对比

滤波器	种类	方法	CF/THz	BW/THz	IL/dB	RL/dB	物理尺寸/mm^2	相对尺寸/λ_g^2
文献[8]	发夹（Hairpin）	仿真	0.125	0.03	6.9	8	0.3×0.2	0.43×0.29
文献[9]	SIW	仿真	0.16	0.02	1.5	10	0.9×0.325	2.25×0.81
文献[10]	SIW	测试	0.14	0.023	2.4	11	1.8×0.79	2.90×1.27
文献[11]	SIW	测试	0.331	0.051	1.5	15	0.68× 0.21	2.6×0.8
本节	Hairpin	仿真	0.5	0.08	1.5	13.4	0.24×0.028	1.38×0.16

为了研究 TSV 参数与所提滤波器性能之间的关系，图 6-9、图 6-10 和图 6-11 分别给出了三组 D、三组 L_2 和三组 L_3（基于 L_2 组）的对比。如图 6-9 所示，D 分别为 5μm、10μm 和 15μm，其他物理尺寸不变。结果表明，D 取 10μm 的滤波器组具有 0.1305THz 的带宽、1.5dB 的带内插入损耗和超过 14.4dB 的带内回波损耗；D 取 15μm 的滤波器组具有 0.134THz 带宽、1.5dB 的带内插入损耗和超过 15.9dB 的带内回波损耗。对比图 6-9 中的六条 S 参数曲线，可以很容易地得出结论：随着 D 的增加，带内性能略有提高，同时带宽有所增加。

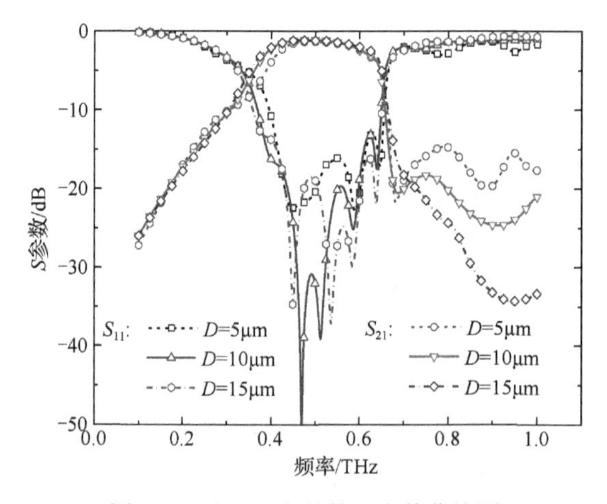

图 6-9　不同 D 参数的 S 参数曲线图

图 6-10 给出了 L_2 分别为 22μm、27μm 和 32μm 时的 S 参数，其他物理尺寸不变。结果表明，中心频率随 TSV 的 L_2 增大而降低，而带内性能则大幅下降。据推测，性能损失的原因是图 6-10 中提出的滤波器的物理尺寸与阻抗匹配特性不一致。

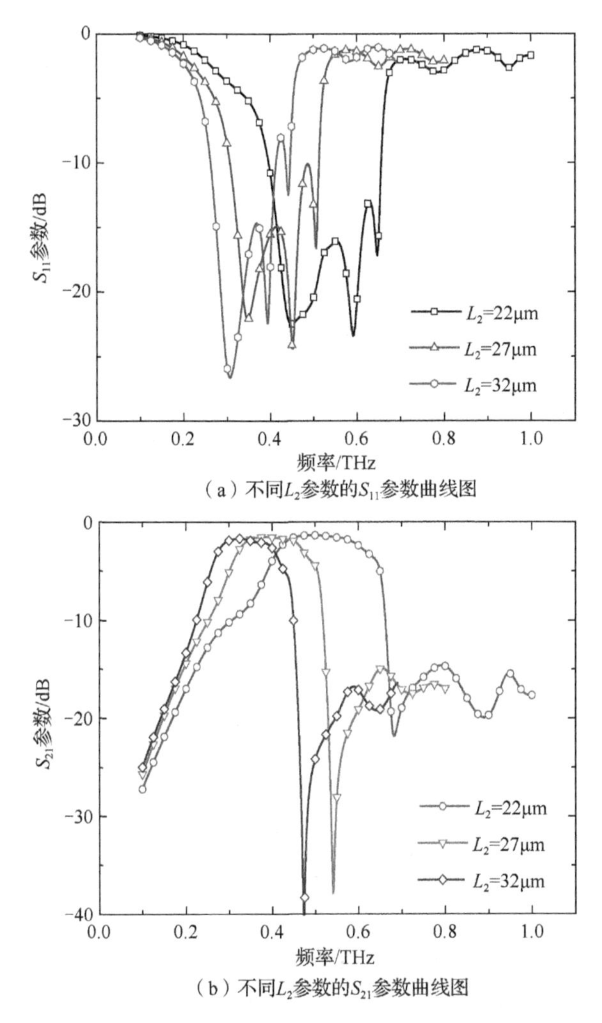

（a）不同 L_2 参数的 S_{11} 参数曲线图

（b）不同 L_2 参数的 S_{21} 参数曲线图

图 6-10　不同 L_2 参数的 S_{11} 参数曲线图和 S_{21} 参数曲线图

基于 L_2 分别为 22μm、27μm 和 32μm 时的三组 S 参数，在其他物理尺寸不变的情况下，L_3 取值分别为 45μm、52μm 和 59μm 三组滤波器的仿真结果如图 6-11 所示。相对于图 6-10 中的 S 参数曲线，带内性能有了很大的提高，因为为了匹配阻抗，根据式（6-8），L_3 是随着 L_2 的增加而调整的。

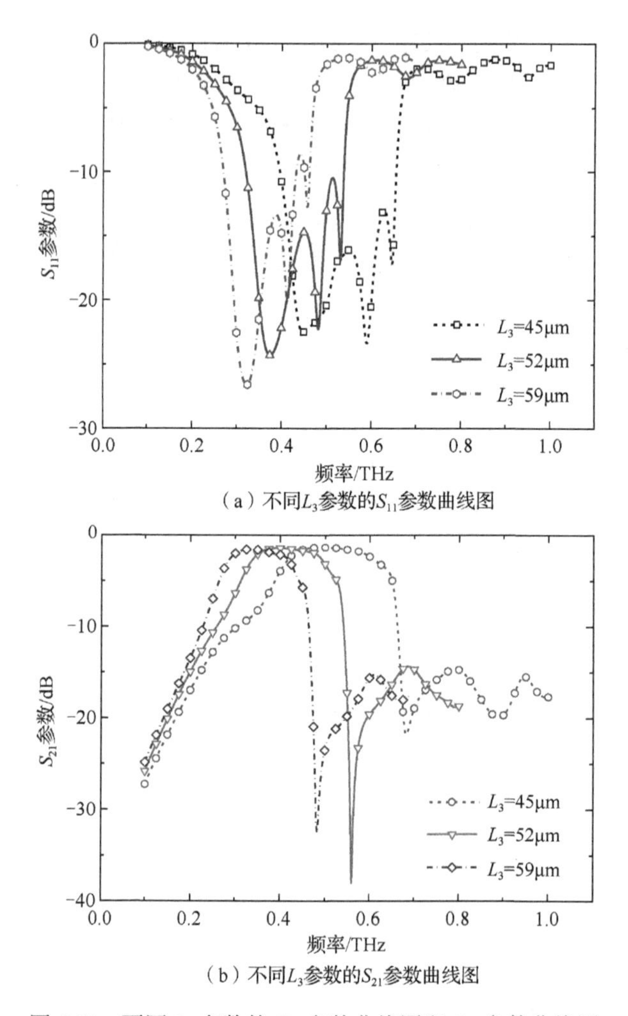

（a）不同L_3参数的S_{11}参数曲线图

（b）不同L_3参数的S_{21}参数曲线图

图 6-11　不同 L_3 参数的 S_{11} 参数曲线图和 S_{21} 参数曲线图

6.1.2　TSV 太赫兹四臂发夹滤波器设计

TSV 太赫兹四臂发夹滤波器在基于 TSV 的太赫兹两臂发夹滤波器的基础上，采用四臂发夹单元以增强耦合作用，同时调整馈线位置以应对工艺误差带来的影响[12]。其中四臂发夹单元结构能够增强耦合作用，并且可以提高滤波器的带内回波损耗。该滤波器采用 TSV 作为发夹单元的臂，RDL 段作为 TSV 的臂间连接，利用阻抗匹配原则设计，运用奇偶模方法分析相邻耦合 TSV 尺寸之间的关系，得到基于 TSV 的太赫兹四臂发夹滤波器。其设计流程图如图 6-12 所示。

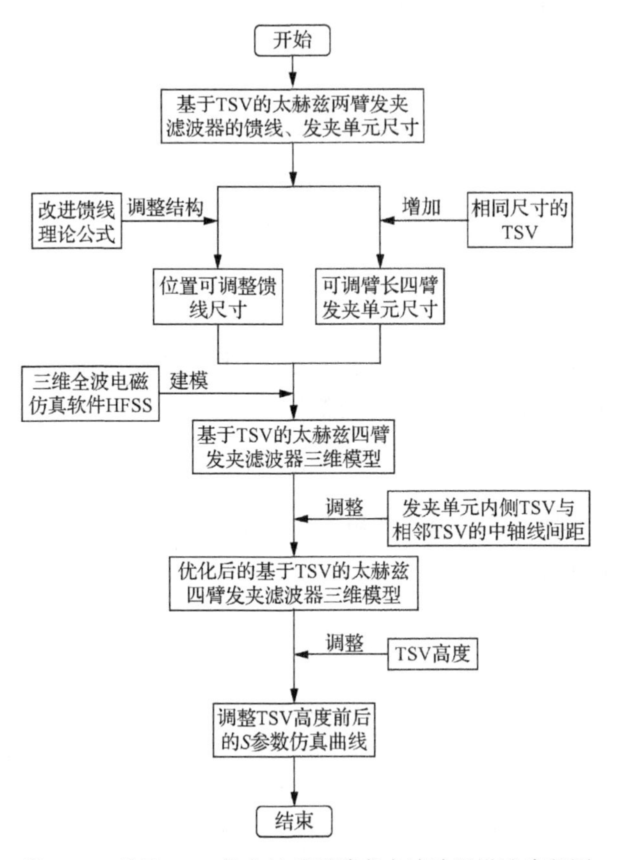

图 6-12　基于 TSV 的太赫兹四臂发夹滤波器设计流程图

图 6-13 中，馈线长度为 L_1，高度为 H_1；TSV 直径为 D_2，长度为 L_2；RDL 段长度为 L_3，高度为 H_2；馈线与发夹单元侧边距离为 ΔL；发夹单元 TSV 中间与相邻的侧臂 TSV 的中心距为 D_1。

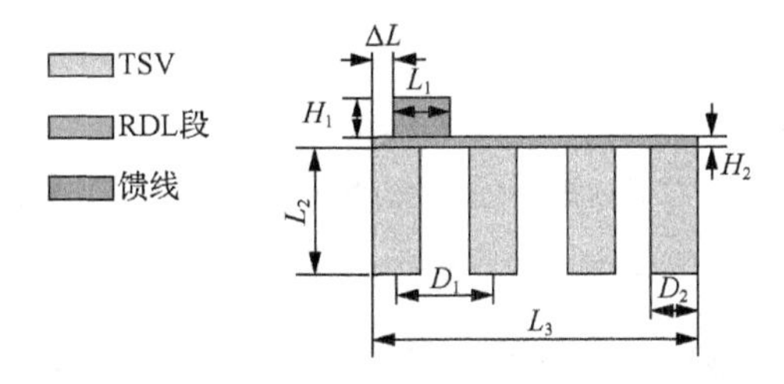

图 6-13　四臂发夹滤波器的输入设计结构及相关的设计参数

相对于两臂发夹滤波器的 TSV 长度公式，四臂发夹滤波器的 TSV 长度需要考虑馈线结构的偏移量，表示为

$$L_2 = \frac{c}{8f_0\sqrt{\varepsilon_e}} - \Delta L \tag{6-10}$$

另外，基于仿真优化可以得到四臂发夹滤波器新增 TSV 位置关系如下：

$$D_1 = \frac{1}{4}\left(L_3 - D_2\right) \tag{6-11}$$

由于四臂发夹单元极大地增强了滤波器的耦合作用，因此四臂发夹滤波器的 RDL 段长度的表示方式需要进一步调整为

$$L_3=1.5954\left(L_2 + \Delta L + H_2\right) + 1.7977L_1 \tag{6-12}$$

四臂发夹滤波器的耦合结构及相关的设计参数如图 6-14 所示，级间耦合系数可参考两臂发夹滤波器。

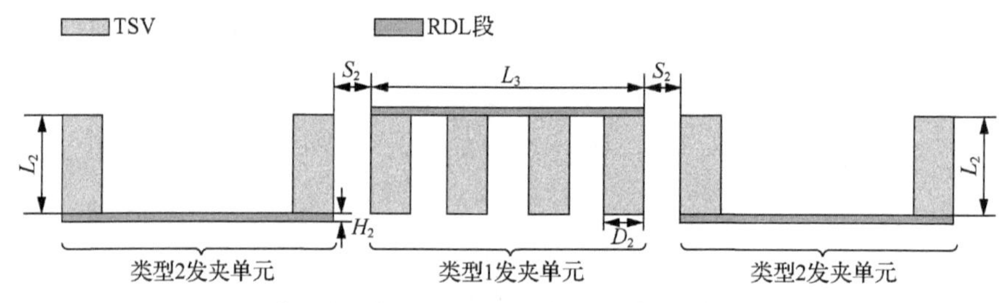

（a）第一种四臂发夹滤波器的耦合结构及相关的设计参数

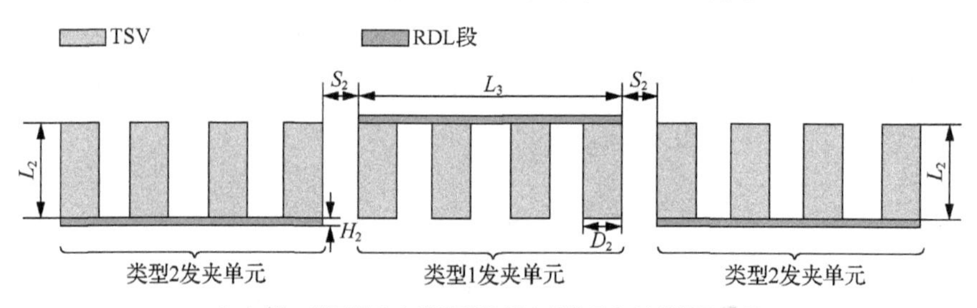

（b）第二种四臂发夹滤波器的耦合结构及相关的设计参数

图 6-14　四臂发夹滤波器的耦合结构及相关的设计参数

基于 TSV 的太赫兹四臂发夹滤波器在图 6-15 的电子器件电路和图 6-16 的发夹滤波器结构拓扑中是一致的。四臂发夹滤波器在三维电磁仿真软件 HFSS 中建模，其结构及相关的设计参数如图 6-17 所示。

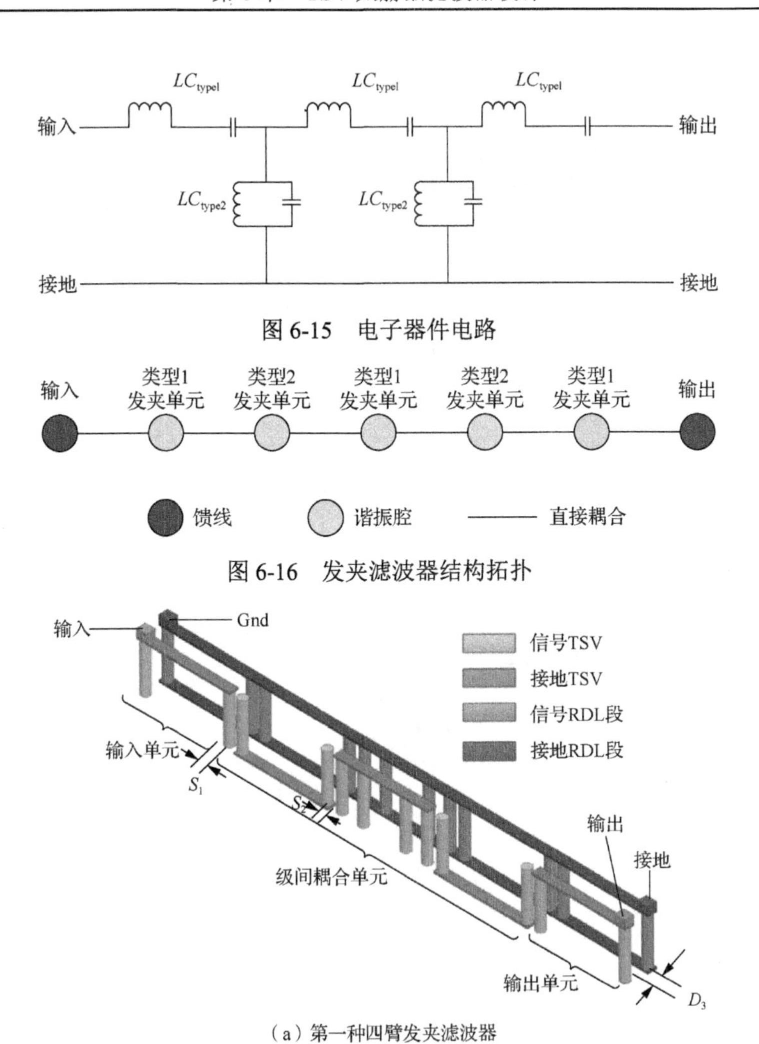

图 6-15　电子器件电路

图 6-16　发夹滤波器结构拓扑

（a）第一种四臂发夹滤波器

（b）第二种四臂发夹滤波器

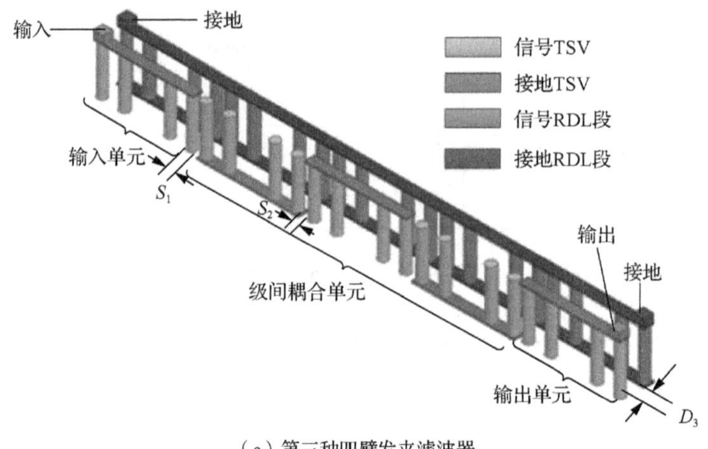

（c）第三种四臂发夹滤波器

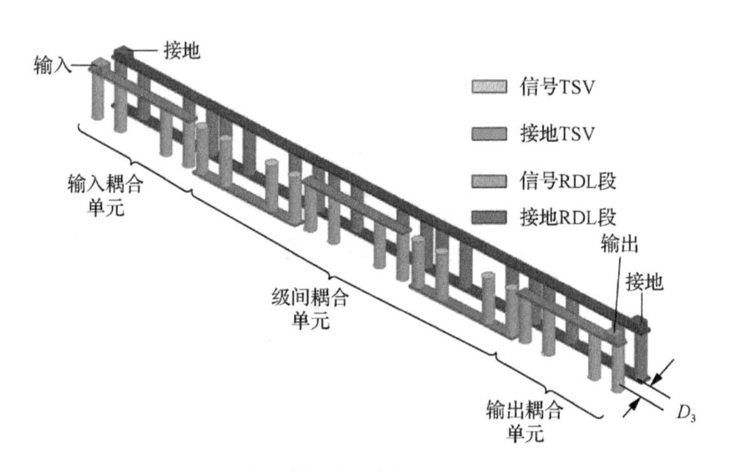

（d）第四种四臂发夹滤波器

图 6-17　四臂发夹滤波器的结构及相关的设计参数

本节采用 ADS 软件计算微带线宽度，并利用奇偶模分析获得 TSV 直径，采用基于有限元方法的 HFSS 软件建立三维四臂发夹滤波器进行仿真和优化，研究 TSV 臂长可调、发夹单元内侧 TSV 与相邻外侧 TSV 的间距、发夹单元间距、RDL 段尺寸、馈线位置、双导体层间距等对滤波器通频带位置和带内损耗的影响。根据上述理论设计的基于 TSV 的太赫兹四臂发夹滤波器的物理参数如表 6-3 所示。图 6-17（a）～（c）的滤波器结构根据表 6-3 尺寸可得到三种四臂发夹滤波器 S 参数曲线仿真结果，如图 6-18 所示。结果表明：随着四臂发夹单元的增加，有利于带内回波损耗增大，但该滤波器的带宽会减小。

表 6-3　基于 TSV 的太赫兹四臂发夹滤波器的物理参数

结构	结构参数	符号	取值/μm
馈线	长度	L_1	5.8
	宽度	W_1	5.1
	高度	H_1	4
TSV	直径	D_2	5.1
	长度	L_2	26.5
RDL 段	长度	L_3	54.3
	宽度	W_2	5.1
	高度	H_2	1
间距	邻近的 TSV	D_1	12.3
	信号 RDL 段到接地 RDL 段	D_3	8
	类型 1 发夹单元到类型 2 发夹单元	S_1	2.5
	类型 2 发夹单元到类型 1 发夹单元	S_2	3.6

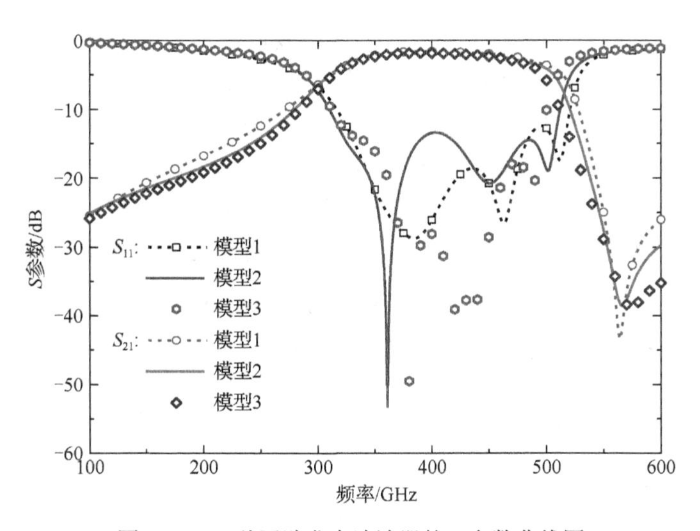

图 6-18　三种四臂发夹滤波器的 S 参数曲线图

根据表 6-3 的参数和式（6-10）～式（6-12）研究图 6-17（c）和（d）的四臂发夹滤波器的臂长可调特性，可得到两种四臂发夹滤波器的 S 参数曲线仿真结果，如图 6-19 所示。其中，一组为 ΔL= 0μm，L_2 = 26.5μm；另一组为调整后的对照组，ΔL= 1.5μm，L_2 = 25μm。通过图 6-19 的 S_{11} 曲线显示，带内最小回波损耗偏差为 1.7dB，而 S_{21} 曲线显示，在相同带内插入损耗 2.0dB 时，通带带宽偏差为 2GHz。

调整臂长后，仿真性能会有一个小的偏差，其原因是随着 TSV 长度的减小，滤波器的耦合变小。

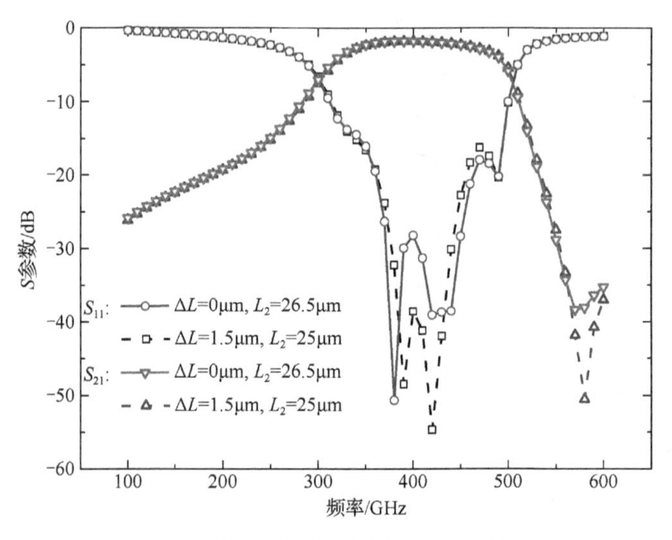

图 6-19　两种四臂发夹滤波器的 S 参数曲线图

将图 6-17 的四种四臂发夹滤波器和太赫兹滤波器性能进行比较，如表 6-4 所示。S_{11} 的最小衰减值优于其他四种滤波器。四臂发夹滤波器具有较高的带宽，为微波信号的传输提供了更高的信道容量。在这两种优势下，四种四臂发夹滤波器的面积也都比其他 SIW 滤波器小，这表明发夹滤波器通常比 SIW 滤波器更具备小型化趋势。此外，本节提出的四臂发夹滤波器的尺寸比其他发夹滤波器的尺寸小得多，这表明本节设计的基于 TSV 的太赫兹四臂发夹滤波器的结构更加紧凑。

表 6-4　太赫兹滤波器性能比较（四臂发夹滤波器）

滤波器	种类	CF/THz	BW/THz	IL/dB	RL/dB	物理尺寸/mm^2	相对尺寸/λ_g^2
文献[8]	Hairpin	0.12	0.02	6.9	10	0.3×0.05	0.41×0.069
文献[9]	SIW	0.16	0.02	1.5	10	0.9×0.325	2.25×0.81
文献[10]	SIW	0.14	0.023	2.4	11	1.8×0.79	2.90×1.27
文献[11]	SIW	0.331	0.051	1.5	15	0.68×0.21	2.59×0.80
模型 1	Hairpin	0.405	0.1	2.0	12.4	0.284×0.0325	1.29×0.148
模型 2		0.3915	0.077	2.0	13.4	0.284×0.0325	1.29×0.148
模型 3		0.3955	0.063	2.0	14	0.284×0.0325	1.29×0.148
模型 4		0.399	0.061	2.0	12.3	0.299×0.031	1.36×0.141

注：模型 1～模型 4 对应图 6-17 设计的四种四臂发夹滤波器。

与两臂发夹滤波器相比，四臂发夹滤波器通过增加两个臂，增强了耦合效应，并通过调整馈线进而微调 TSV 长度，从而研究工艺误差对滤波器性能的影响。

6.2　TSV 太赫兹 SIW 滤波器设计

TSV 太赫兹 SIW 滤波器包括直接耦合和交叉耦合两大类。TSV 太赫兹直接耦合 SIW 滤波器是基于 K 阻抗变换器设计的。TSV 太赫兹交叉耦合 SIW 滤波器是基于广义切比雪夫滤波器、耦合拓扑结构、不同电磁场传输模式、耦合谐振腔结构、馈线结构等设计的。采用基片集成波导实现的滤波器具有宽带、窄带、单频带、双频带、多频带等频带，不同的频带对应不同的应用背景。

6.2.1　TSV 太赫兹直接耦合 SIW 滤波器设计

基于 TSV 的太赫兹 SIW 滤波器是由上顶面金属（RDL）、TSV 组件和下底面金属（RDL）构成。其中，TSV 组件由侧壁金属（沟槽型 TSV）和膜片金属（沟槽型 TSV）组成。上顶面金属、侧壁金属与下底面金属构成了波导结构，目的是传输电磁波。同时由膜片金属与膜片金属形成的并联电感组成了谐振器间的耦合结构，所以波导结构与谐振器结构组成了最后的 SIW 滤波器结构。

基于 TSV 的太赫兹 SIW 滤波器中每个膜片可以等效为一个 K 阻抗变换器，TSV 太赫兹 SIW 滤波器 K 阻抗变换器形式的等效电路如图 6-20 所示。其中每一个 K 阻抗变换器可以等效为一个 T 型网络，包括两个标记为 X_s 的串联电感和一个标记为 X_p 的并联电感，并在每边端口接一个 $\phi_{n+1}/2$ 节，如图 6-21 所示[13]。

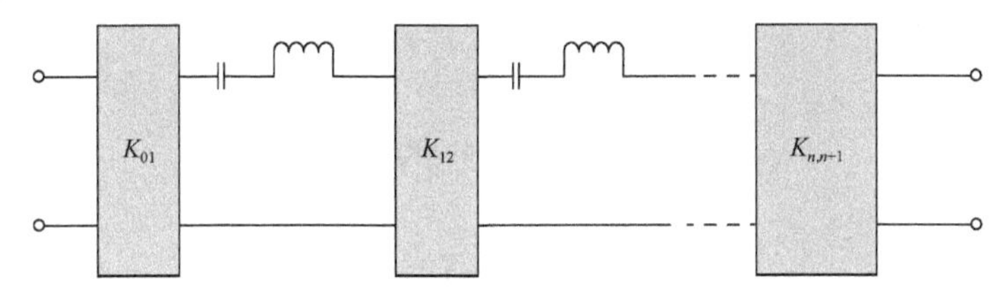

图 6-20　TSV 太赫兹 SIW 滤波器 K 阻抗变换器形式的等效电路

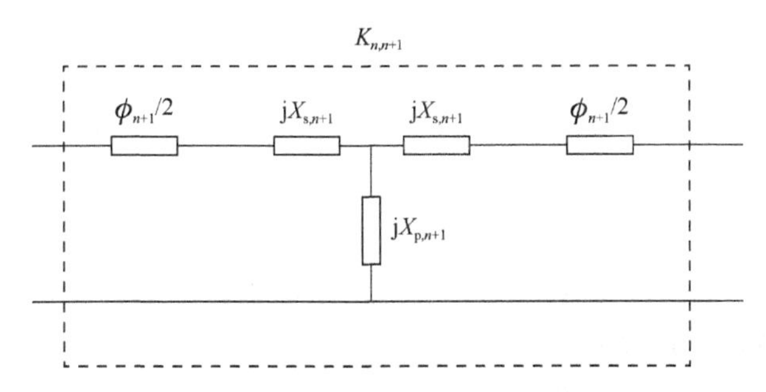

图 6-21　K 阻抗变换器的等效 T 型网络

TSV 太赫兹 SIW 滤波器的设计过程如下所示，根据滤波器指标要求及式（6-13）～式（6-15），可计算阻抗变换器阻抗的理论值 K/Z_0：

$$\frac{K_{01}}{Z_0}=\sqrt{\frac{\pi\Delta}{2g_0g_1}} \tag{6-13}$$

$$\frac{K_{i,i+1}}{Z_0}\bigg|_{i=1\sim n-1}=\frac{\pi\Delta}{2\sqrt{g_ig_{i+1}}} \tag{6-14}$$

$$\frac{K_{n,n+1}}{Z_0}=\frac{\pi\Delta}{2\sqrt{g_ng_{n+1}}} \tag{6-15}$$

式中，$\Delta=\left(\lambda_{g1}-\lambda_{g2}/\lambda_{g0}\right)$，为百分比带宽，$\lambda_{g0}$ 为中心频率对应的波长，λ_{g1} 和 λ_{g2} 分别为通带边沿频率对应的波长；$g_i\left(i=0,1,\cdots,n+1\right)$ 为元件值。

结合电磁仿真软件 HFSS，计算单个膜片的散射矩阵与膜片开窗宽度 W 的关系，根据式（6-16）～式（6-19）便可得到阻抗 K/Z_0 与膜片开窗宽度 W 的关系。使用式（6-13）～式（6-15）可计算得到理论值 K/Z_0，在散射矩阵与膜片开窗宽度 W 关系曲线上取对应点，得到膜片开窗宽度 W，同样的方法可得到每个膜片的开窗宽度。

$$\mathrm{j}\frac{X_\mathrm{s}}{Z_0}=\frac{1-S_{12}+S_{11}}{1-S_{11}+S_{12}} \tag{6-16}$$

$$\mathrm{j}\frac{X_\mathrm{p}}{Z_0}=\frac{2S_{12}}{(1-S_{11})^2-{S_{12}}^2} \tag{6-17}$$

$$\frac{K}{Z_0}=\left|\tan\left(\frac{\varphi}{2}+\arctan\frac{X_\mathrm{s}}{Z_0}\right)\right| \tag{6-18}$$

$$\varphi=-\arctan\left(2\frac{X_\mathrm{p}}{Z_0}+\frac{X_\mathrm{s}}{Z_0}\right)-\arctan\frac{X_\mathrm{s}}{Z_0} \tag{6-19}$$

根据式（6-19）所得的 φ 值，可计算第 i 个谐振器长度 L_i：

$$L_i=\frac{\lambda_{g0}}{2\pi}\left[\pi+\frac{1}{2}\left(\varphi_i+\varphi_{i+1}\right)\right]\quad\left(i=1,2,\cdots,n\right) \tag{6-20}$$

在确定每个膜片的开窗宽度和每个谐振器的长度之后，便确定了整个 TSV 太赫兹 SIW 滤波器的结构参数。TSV 太赫兹 SIW 滤波器的设计要求为在通带下截止频率 f_{c1}=3.05THz 到通带上截止频率 f_{c2}=3.15THz 的通带内有 0.5dB 的切比雪夫波纹，且在通带内至少有 10dB 的回波损耗。为了满足要求，选择电抗元件数目

n=4，即膜片的数目共有 10 个，两边各有 5 个。通过式（6-13）～式（6-20）可得出 TSV 太赫兹 SIW 滤波器的结构尺寸，如表 6-5。

表 6-5　TSV 太赫兹 SIW 滤波器的结构尺寸

符号	膜片开窗宽度/in	符号	谐振器长度/in	符号	波导的长度/in
W_1	2.669×10^{-3}	L_1	2.331×10^{-3}	a	2.840
W_2	1.587×10^{-3}	L_2	2.460×10^{-3}	b	1.340
W_3	1.443×10^{-3}	L_3	2.460×10^{-3}	d	0.020
W_4	1.587×10^{-3}	L_4	2.331×10^{-3}	—	—
W_5	2.669×10^{-3}	—	—	—	—

注：1in=2.54cm。

本节将介绍基于 TSV 的新型 SIW 的结构和设计[11]。基于矩型 TSV 的太赫兹腔体带通滤波器结构如图 6-22 所示。此时，为了观察，该滤波器上面的金属被拉了起来。设计的滤波器有 6 对矩型 TSV 虹膜，形成 5 个谐振腔。下文将讨论所提出的 SIW 设计方法，并分别研究 SIW 的最终特性。

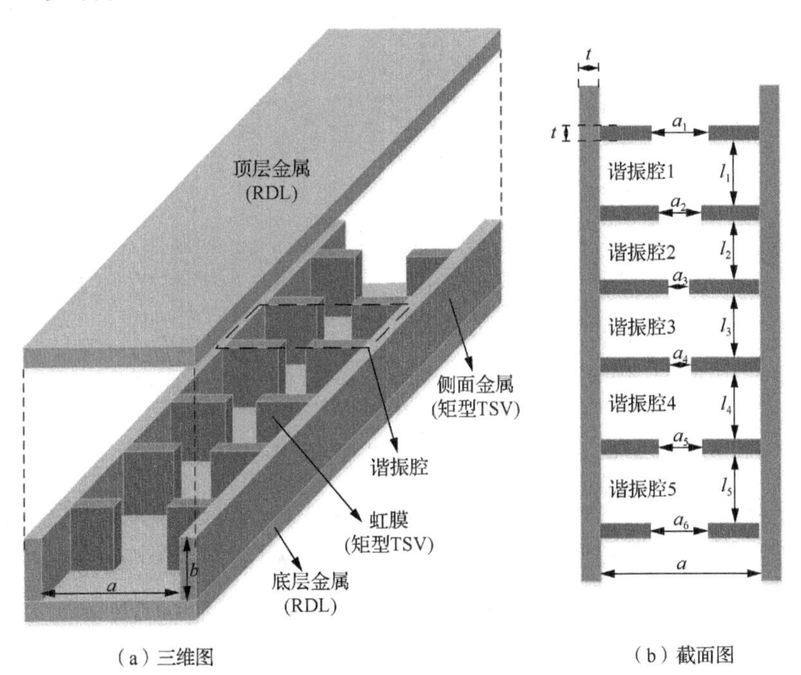

图 6-22　基于矩型 TSV 的太赫兹腔体带通滤波器结构示意图

TSV 太赫兹滤波器的虹膜等效为 K 阻抗变压器，由文献[14]可得到该滤波器等效电路的 K 阻抗变压器形式。每个 K 阻抗变压器相当于一个 T 型网络，包括一

个串联电感 X_s、一个分流电感 X_p 和一个相位 $\phi/2$。根据性能要求，可以得到 K 阻抗变压器 K/Z_0 的理论阻抗。利用高频结构仿真器（HFSS）[15]，确定阻抗 K/Z_0 与虹膜窗宽度 W 的关系，根据该关系结合 K/Z_0 理论值得到 W。第 i 个谐振腔的长度 l_i 可以由 K 和 l_i 的关系来确定[14]。通过这些步骤，能够初步确定滤波器的所有结构参数，然后基于模态匹配方法（MMM）对结构参数进行微调。MMM 是一种快速的数值模拟方法，而电磁求解器的有限元模拟计算成本较高。

利用上述方法，得到了所提出的 TSV 太赫兹滤波器的结构参数。内部截面积（$a\times b$）为 200μm^2，TSV 虹膜和侧面金属（t）的厚度都为 10μm。RDL 段厚度为 5μm，谐振腔的长度（$l_i, i=1\sim5$）分别为 125μm、143μm、146μm、143μm 和 125μm，虹膜窗宽度（$a_i, i=1\sim6$）分别为 115μm、85μm、78μm、78μm、85μm 和 115μm。因此，TSV 太赫兹滤波器所占的核心面积仅为 0.682mm × 0.210mm。

在本节中，FEM 和 MMM 都被用来研究所提出的 TSV 太赫兹滤波器的滤波特性。所提出的基于矩型 TSV 的太赫兹滤波器的 S 参数如图 6-23 所示。太赫兹滤波器的带宽为 0.05THz，中心为 0.336THz，插入损耗为 0.01dB。

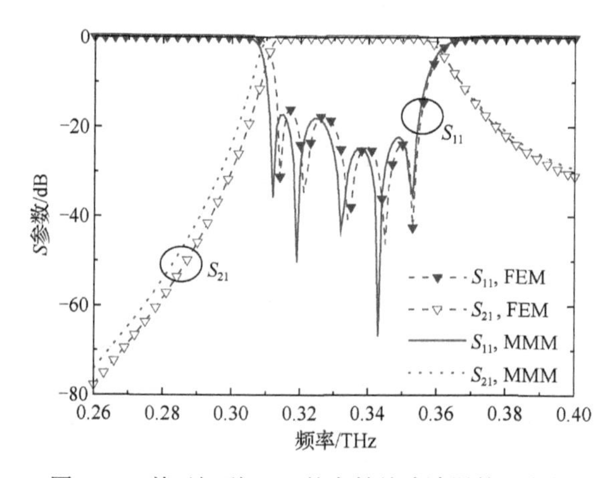

图 6-23　基于矩型 TSV 的太赫兹滤波器的 S 参数

为了将所提出的滤波器与传统的 3D IC 集成在一起，将矩型 TSV 换成普通的圆柱型 TSV，其三维视图如图 6-24 所示。根据文献[16]提出的考虑电磁泄漏的设计规则和 TSV 制造工艺的要求，圆柱型 TSV 的直径和节距分别选择为 10μm 和 20μm。此外，圆柱型 TSV 的长宽比为 10∶1。其他结构参数与 6.2 节中用于滤波器的结构参数相同。在本节中，基于圆柱型 TSV 的原型滤波器的制作和测量分别在下文中给出描述。

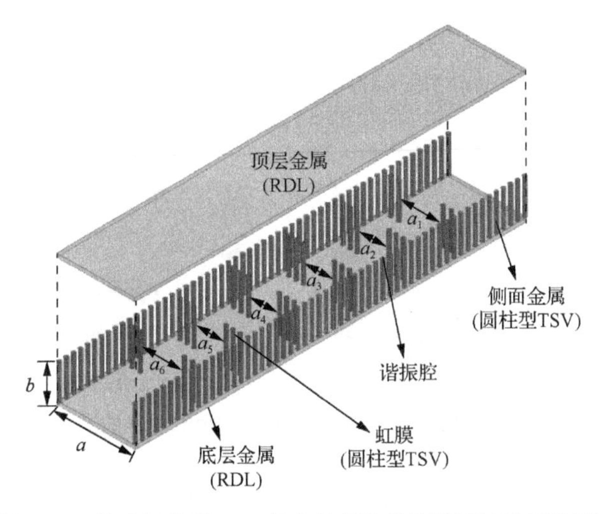

图 6-24　基于圆柱型 TSV 的太赫兹腔体带通滤波器三维视图

首先，基于圆柱型 TSV 太赫兹腔体带通滤波器采用标准 TSV 工艺在高阻硅衬底（介电常数为 11.9，电阻率为 1000Ω·cm）上制作，详细描述见文献[17]。图 6-25 为太赫兹腔体滤波器和部分 TSV 截面的扫描电子显微镜（SEM）照片。

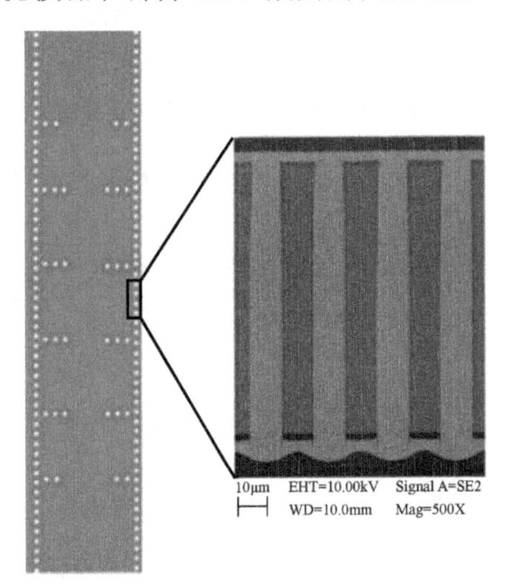

图 6-25　太赫兹腔体滤波器和部分 TSV 截面的 SEM 照片

利用文献[18]中的测试方法，基于圆柱型 TSV 测量太赫兹腔体带通滤波器的 S 参数。由于测量系统被限制在 100GHz 以上，本节采用简化的功率损耗法对基于圆柱型 TSV 太赫兹滤波器的 S 参数进行了研究，该方法可用于功能评估，且成本低廉。为了消除测量过程中非理想因素的影响，采用了开路-短嵌入方法[8]。图 6-26 为基于圆柱型 TSV 的太赫兹腔体滤波器的测试结构，包括开路结构、短路结构或待测结构。由于短路结构和器件待测结构相似，两种情况仅显示一张图（图 6-26（b））。采用 Agilent N5244A 矢量网络分析仪对太赫兹腔滤波器的 S 参数进行评估。

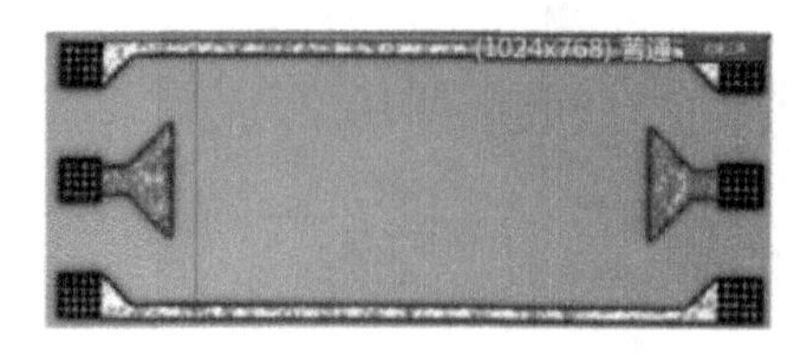

（a）开路结构

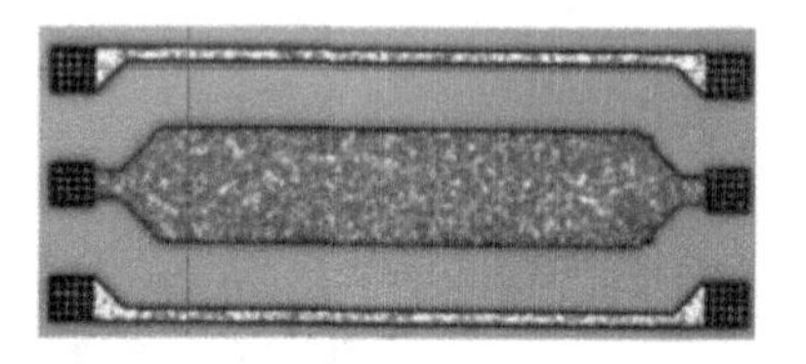

（b）短路结构或待测结构

图 6-26　基于圆柱型 TSV 的太赫兹腔体滤波器的测试结构

图 6-27 为基于矩型和圆柱型 TSV 太赫兹滤波器的 S 参数。非理想的制造工艺，如 RDL 段的不均匀厚度和 TSV 侧壁的粗糙度，导致信号在传输过程中形成散射。因此，测量结果与理想的仿真结果相比有一定的性能偏差。但如表 6-6 所示，有限元计算结果与实测结果 IL 和 RL 的误差均小于 1dB，是可以接受的。基于圆柱型 TSV 的空腔滤波器的实际带宽为 0.051THz，插入损耗为 1.5dB，通带反射大于 15dB。图 6-27 也给出了基于矩型 TSV 太赫兹滤波器的 S 参数。因为圆柱型 TSV 之间的间隙会有电磁泄漏现象，基于圆柱型 TSV 太赫兹滤波器比矩型 TSV 太赫兹滤波器表现出更差的滤波特性，这是由 TSV 的制造工艺决定的。

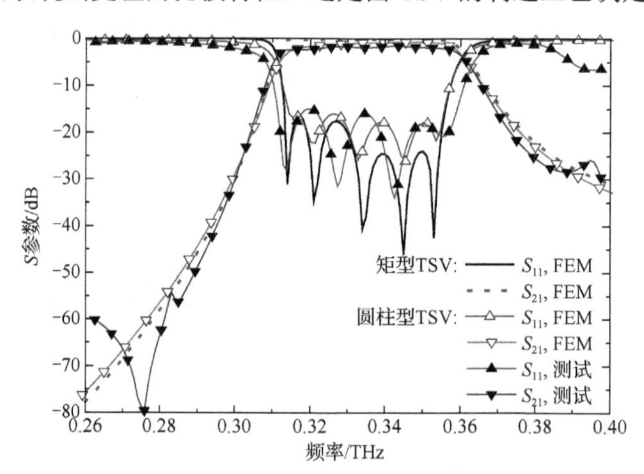

图 6-27　基于矩型和圆柱型 TSV 太赫兹滤波器的 S 参数

将所提出的太赫兹滤波器的特性与表 6-6 所列的相关工作进行了比较。注意，所提出的滤波器具有超紧凑的尺寸和优越的滤波特性。文献[19]中基于 TSV 的发夹滤波器，由于其工作原理是基于 TSV 之间的电磁耦合，因此电磁泄漏较大，而基于 TSV 的 SIW 滤波器利用了滤波器中传播的电磁场，电磁泄漏较小。在文献[9]中，基于 TDV 的双层 SIW 滤波器为三阶滤波器，而本工作中的滤波器为五阶滤波器。文献[10]中的四阶 SIW 滤波器是基于低温共烧陶瓷（LTCC）的，LTCC 比 TSV 大，工作在较低的频率。

表 6-6　基于 TSV 的太赫兹滤波器与其他太赫兹滤波器的比较

滤波器	方法	CF/THz	BW/THz	IL/dB	RL/dB	物理尺寸/mm^2	相对尺寸/λ_g^2
文献[19]	仿真	0.125	0.04	6.8	8	0.3×0.2	0.43×0.29
文献[9]	仿真	0.16	0.02	1.5	10	0.9×0.325×2	2.25×0.81
文献[10]	测试	0.14	0.023	2.4	11	1.8×0.79	2.90×1.27
本工作 1*	仿真	0.336	0.050	0.01	16	0.682× 0.21	2.60×0.80
本工作 2**	仿真	0.337	0.046	0.7	16		
	测试	0.331	0.051	1.5	15		

*本工作 1 表示基于矩型 TSV 的太赫兹滤波器。

**本工作 2 表示基于圆柱型 TSV 的太赫兹滤波器。

6.2.2　TSV 太赫兹串列型交叉耦合 SIW 滤波器设计

TSV 太赫兹串列型交叉耦合 SIW 滤波器以广义切比雪夫滤波器为基础。首先，指定有限传输零点、带内回波损耗和滤波器阶数。其次，构造$(N+2)\times(N+2)$初始交叉耦合矩阵。再次，通过 15 次相似矩阵的旋转变换得到$(N+2)\times(N+2)$折叠型交叉耦合矩阵。从次，提取 $N\times N$ 折叠型交叉耦合矩阵，通过一次旋转变换得到 $N\times N$ 串列型交叉耦合矩阵。最后，通过增加输入输出耦合矩阵元素得到$(N+2)\times(N+2)$串列型交叉耦合矩阵，设计流程见图 6-28。

根据$(N+2)\times(N+2)$串列型交叉耦合矩阵和$(N+2)\times(N+2)$四角元件交叉耦合矩阵得到基片集成波导交叉耦合滤波器的正耦合系数与负耦合系数。依据基片集成波导滤波器设计理论和太赫兹频段要求，设计矩型波导谐振腔的宽度与高度。然后通过耦合矩阵求得谐振腔长度。依据谐振腔尺寸建立 HFSS 的耦合谐振腔体模型，设计馈线尺寸，并研究谐振腔开窗尺寸与正耦合系数关系、S 型缝隙尺寸与负耦合系数关系。建立六阶的基片集成波导交叉耦合滤波器的 HFSS 模型，并通过调整尺寸，对 S 参数曲线进行优化。

在本节中，串列型交叉耦合矩阵首次应用于太赫兹频段的基于 TSV 的 SIW 带通滤波器。与直接耦合无源滤波器相比，本节利用交叉耦合拓扑结构具有良好的阻带性能特性，提出了一种具有紧凑馈线的新型 SIW 带通滤波器。

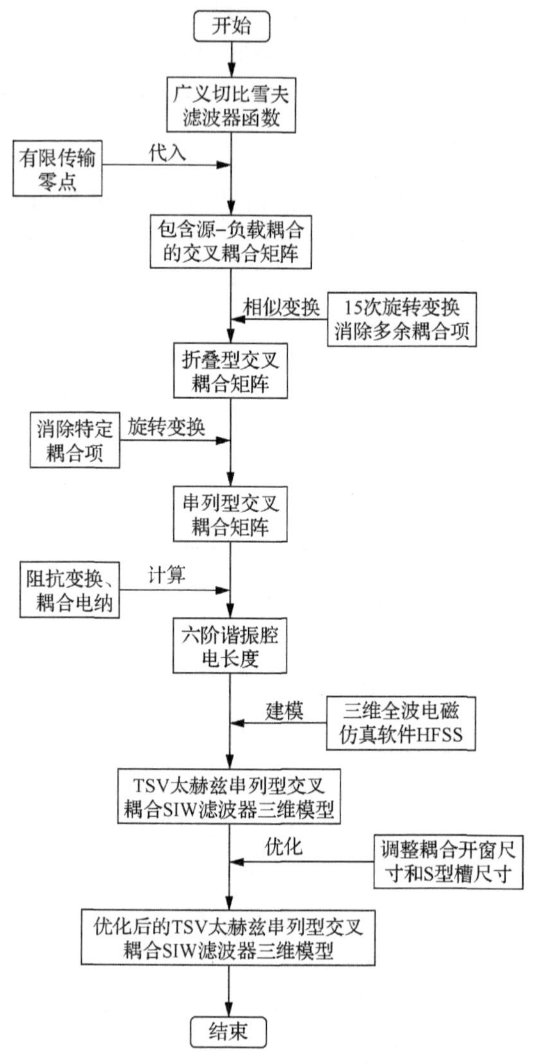

图 6-28　TSV 太赫兹串列型交叉耦合 SIW 滤波器流程图

基于广义切比雪夫滤波器[20-23]和拓扑重构，本小节设计了六阶串列型交叉耦合矩阵。首先给出了广义切比雪夫滤波器的性能指标，即有限传输零点、带内回波损耗和滤波器阶数。本小节中有限传输零点为−1.5522j 和 1.5522j，而带内回波损耗为 23dB。有限传输零点的值表示归一化滤波器在±1.5522j 处产生两个 40dB 的抑制瓣。此外，滤波器阶数 N 是 6。

构造$(N+2)\times(N+2)$耦合矩阵是设计滤波器网络最实用的方法之一，它可以根据指定的性能指标和滤波器的传输反射多项式直接合成。进一步，利用广义切比雪夫滤波器的特征函数导出短路导纳参数，可提取$(N+2)\times(N+2)$初始交叉耦合矩阵M。在本章中，它表示为

$$M=\begin{bmatrix} 0 & 0.3196 & -0.3196 & 0.4604 & -0.4604 & 0.4942 & -0.4942 & 0 \\ 0.3196 & -1.9638 & 0 & 0 & 0 & 0 & 0 & 0.3196 \\ -0.3196 & 0 & 1.9638 & 0 & 0 & 0 & 0 & 0.3196 \\ 0.4604 & 0 & 0 & 1.9017 & 0 & 0 & 0 & 0.4604 \\ -0.4604 & 0 & 0 & 0 & -1.9017 & 0 & 0 & 0.4604 \\ 0.4942 & 0 & 0 & 0 & 0 & 0.7622 & 0 & 0.4942 \\ -0.4942 & 0 & 0 & 0 & 0 & 0 & -0.7622 & 0.4942 \\ 0 & 0.3196 & 0.3196 & 0.4604 & 0.4604 & 0.4942 & 0.4942 & 0 \end{bmatrix} \tag{6-21}$$

为了得到$(N+2)\times(N+2)$串列型交叉耦合矩阵，式(6-21)中的矩阵需要经过两个相似变换阶段。第一阶段，对$(N+2)\times(N+2)$初始交叉耦合矩阵进行 15 次旋转变换，得到折叠型交叉耦合矩阵。第二阶段，对折叠型交叉耦合矩阵进行一次旋转变换，从而得到串列型交叉耦合矩阵。接下来，首先对耦合拓扑重构中关键的相似变换方法进行简要介绍。

矩阵的相似变换可以表示为

$$M'=RMR' \tag{6-22}$$

式中，M'和M分别为变换得到的矩阵和原矩阵；R和R'分别为旋转矩阵和其转置矩阵。旋转矩阵R可以表示为

$$R_{ii}=R_{jj}=\cos\theta_r \tag{6-23}$$

$$R_{ji}=-R_{ij}=\sin\theta_r \tag{6-24}$$

式中，i和j为R旋转中心的值；θ_r为R的旋转角度。可举例表示旋转矩阵为

$$R=\begin{bmatrix} 1 & 0 & 0 & 0 & 0 & 0 & 0 & 0 \\ 0 & 1 & & & & & & 0 \\ 0 & & c_r & & -s_r & & & 0 \\ 0 & & & 1 & & & & 0 \\ 0 & & s_r & & c_r & & & 0 \\ 0 & & & & & 1 & & 0 \\ 0 & & & & & & 1 & 0 \\ 0 & 0 & 0 & 0 & 0 & 0 & 0 & 1 \end{bmatrix} \tag{6-25}$$

式中，R的旋转中心值为[3, 5]。

在第一阶段，15 个旋转矩阵的旋转中心和旋转角度如表 6-7 所示。经过第一阶段的 15 次相似旋转变换后，可得到$(N+2)\times(N+2)$折叠型交叉耦合矩阵，如式（6-26）所示：

$$M_{\text{folded}} = \begin{bmatrix} 0.0000 & 1.0567 & 0.0000 & 0.0000 & 0.0000 & -0.0000 & -0.0000 & 0.0000 \\ 1.0567 & 0.0000 & 0.8867 & 0.0000 & 0.0000 & 0.0000 & -0.0000 & 0.0000 \\ 0.0000 & 0.8867 & -0.0000 & 0.6050 & -0.0000 & -0.1337 & 0.0000 & -0.0000 \\ 0.0000 & -0.0000 & 0.6050 & -0.0000 & 0.7007 & -0.0000 & -0.0000 & 0.0000 \\ 0.0000 & 0.0000 & -0.0000 & 0.7007 & -0.0000 & 0.6050 & -0.0000 & 0.0000 \\ -0.0000 & 0.0000 & -0.1337 & -0.0000 & 0.6050 & -0.0000 & 0.8867 & 0.0000 \\ -0.0000 & -0.0000 & 0.0000 & -0.0000 & 0.0000 & 0.8867 & 0.0000 & 1.0567 \\ 0.0000 & 0.0000 & -0.0000 & 0.0000 & 0.0000 & 0.0000 & 1.0567 & 0.0000 \end{bmatrix} \tag{6-26}$$

表 6-7　15 个旋转矩阵参数

位置	旋转中心参数	旋转角度参数
第一行	[6,7]	$\theta_r = -\arctan(M_{17}/M_{16})$
	[5,6]	$\theta_r = -\arctan(M_{16}/M_{15})$
	[4,5]	$\theta_r = -\arctan(M_{15}/M_{14})$
	[3,4]	$\theta_r = -\arctan(M_{14}/M_{13})$
	[2,3]	$\theta_r = -\arctan(M_{13}/M_{12})$
第八列	[3,4]	$\theta_r = \arctan(M_{38}/M_{48})$
	[4,5]	$\theta_r = \arctan(M_{48}/M_{58})$
	[5,6]	$\theta_r = \arctan(M_{58}/M_{68})$
	[6,7]	$\theta_r = \arctan(M_{68}/M_{78})$
第二行	[5,6]	$\theta_r = -\arctan(M_{26}/M_{25})$
	[4,5]	$\theta_r = -\arctan(M_{25}/M_{24})$
	[3,4]	$\theta_r = -\arctan(M_{24}/M_{23})$
第七列	[4,5]	$\theta_r = \arctan(M_{47}/M_{57})$
	[5,6]	$\theta_r = \arctan(M_{57}/M_{67})$
第三行	[4,5]	$\theta_r = -\arctan(M_{35}/M_{34})$

第二阶段是（N+2)×(N+2)折叠型交叉耦合矩阵到(N+2)×(N+2)串列型交叉耦合矩阵的变换。

与第一阶段的相似变换方法有很大不同，首先要去除$(N+2)\times(N+2)$折叠型交叉耦合矩阵的输入-输出耦合系数，得到 $N\times N$ 折叠型交叉耦合矩阵[20]，如式(6-27)所示：

$$M_{\text{folded}}^{N}=\begin{bmatrix} 0 & 0.8867 & 0 & 0 & 0 & 0 \\ 0.8867 & 0 & 0.6050 & 0 & -0.1337 & 0 \\ 0 & 0.6050 & 0 & 0.7007 & 0 & 0 \\ 0 & 0 & 0.7007 & 0 & 0.6050 & 0 \\ 0 & -0.1337 & 0 & 0.6050 & 0 & 0.8867 \\ 0 & 0 & 0 & 0 & 0.8867 & 0 \end{bmatrix} \tag{6-27}$$

接下来，可以从式（6-27）中得到 $N\times N$ 折叠型交叉耦合矩阵的偶模矩阵为

$$M_{\text{folded}\_e}^{N}=\begin{bmatrix} 0 & 0.8867 & 0 \\ 0.8867 & -0.1337 & 0.6650 \\ 0 & 0.6050 & 0.7007 \end{bmatrix} \tag{6-28}$$

然后，$N\times N$ 折叠型交叉耦合矩阵的偶模矩阵需要一次旋转变换来消除其中的某些矩阵元素。旋转中心点值为[2,3]，旋转角度为

$$\theta_1=\arctan\frac{M_{\text{floded}\_23}^{N}\pm\sqrt{{M_{\text{floded}\_23}^{N}}^{2}-M_{\text{floded}\_25}^{N}M_{\text{floded}\_34}^{N}}}{M_{\text{floded}\_34}^{N}} \tag{6-29}$$

经过上述旋转变换后，$N\times N$ 串列型交叉耦合矩阵的偶模矩阵表达式为

$$M_{\text{tandem}\_e}^{N}=\begin{bmatrix} 0 & 0.8820 & -0.0919 \\ 0.8820 & 0 & 0.6780 \\ -0.0919 & 0.6780 & 0.5670 \end{bmatrix} \tag{6-30}$$

$N\times N$ 串列型交叉耦合矩阵由式（6-30）恢复的形式如下：

$$M_{\text{tandem}}^{N}=\begin{bmatrix} 0 & 0.8820 & 0 & -0.0919 & 0 & 0 \\ 0.8820 & 0 & 0.6780 & 0 & 0 & 0 \\ 0 & 0.6780 & 0 & 0.5670 & 0 & -0.0919 \\ -0.0919 & 0 & 0.5670 & 0 & 0.6780 & 0 \\ 0 & 0 & 0 & 0.6780 & 0 & 0.8820 \\ 0 & 0 & -0.0919 & 0 & 0.8820 & 0 \end{bmatrix} \tag{6-31}$$

最后，将 $N\times N$ 串列型交叉耦合矩阵与$(N+2)\times(N+2)$折叠型交叉耦合矩阵的输入-输出耦合系数相加，得到$(N+2)\times(N+2)$串列型交叉耦合矩阵，其可表示为

$$M_{\text{tandem}}=\begin{bmatrix} 0.0000 & 1.0567 & 0.0000 & 0.0000 & 0.0000 & -0.0000 & -0.0000 & 0.0000 \\ 1.0567 & 0.0000 & 0.8820 & 0.0000 & -0.0919 & 0.0000 & -0.0000 & 0.0000 \\ 0.0000 & 0.8820 & -0.0000 & 0.6780 & -0.0000 & -0.0000 & 0.0000 & -0.0000 \\ 0.0000 & -0.0000 & 0.6780 & -0.0000 & 0.5670 & -0.0000 & -0.0919 & 0.0000 \\ 0.0000 & -0.0919 & -0.0000 & 0.5670 & -0.0000 & 0.6780 & -0.0000 & 0.0000 \\ -0.0000 & 0.0000 & -0.0000 & -0.0000 & 0.6780 & -0.0000 & 0.8820 & 0.0000 \\ -0.0000 & -0.0000 & 0.0000 & -0.0919 & 0.0000 & 0.8820 & 0.0000 & 1.0567 \\ 0.0000 & 0.0000 & -0.0000 & 0.0000 & 0.0000 & 0.0000 & 1.0567 & 0.0000 \end{bmatrix} \tag{6-32}$$

基于$(N+2)\times(N+2)$串列型交叉耦合矩阵，通过阻抗变换和耦合电纳的计算，得到了 SIW 带通滤波器的电长度。本节提出的六阶串列型交叉耦合矩阵的耦合拓扑如图 6-29（a）所示。如图 6-29（b）所示，通过谐振腔 1 到 4 和谐振腔 3 到 6 的电容耦合形式实现了负耦合系数；通过六个谐振腔的电感耦合形式，实现了正耦合系数；信号通过电感传输时的相位为+90°，通过电容传输时的相位为−90°。

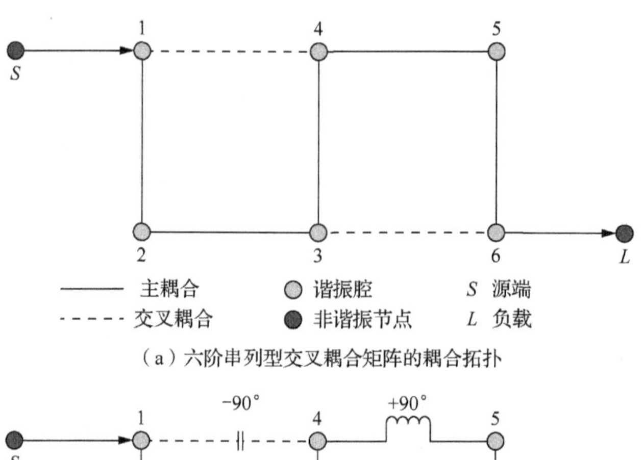

（a）六阶串列型交叉耦合矩阵的耦合拓扑

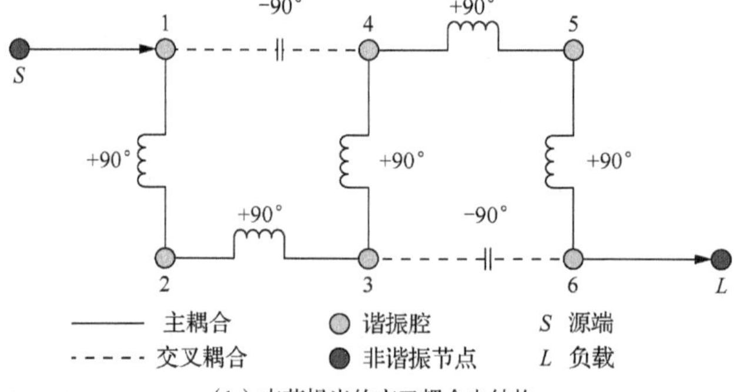

（b）本节提出的交叉耦合电结构

图 6-29　本节提出的六阶串列型交叉耦合矩阵的耦合拓扑和交叉耦合电结构

阻抗变换包括两种耦合系数，即输入-输出耦合系数和谐振腔间耦合系数。本小节将输入-输出耦合的阻抗变换描述为

$$K_{12}=\frac{M_{\text{tandem},12}}{\sqrt{\left(\lambda_{g1}+\lambda_{g2}\right)/n\pi\left(\lambda_{g1}-\lambda_{g2}\right)}} \tag{6-33}$$

$$K_{78}=\frac{M_{\text{tandem},78}}{\sqrt{\left(\lambda_{g1}+\lambda_{g2}\right)/n\pi\left(\lambda_{g1}-\lambda_{g2}\right)}} \tag{6-34}$$

式中，λ_{g1} 和λ_{g2} 分别为理想的低通带频率和高通带频率的波长；n 为谐振腔的半波数，在本小节的矩型 SIW 谐振腔中为 1；K_{12} 和 K_{78} 是阻抗变换器的值。在谐振腔内部耦合的阻抗变换 K_{ij} 可以描述为

$$K_{ij}=\frac{M_{\text{tandem},ij}}{\left(\lambda_{g1}+\lambda_{g2}\right)/n\pi\left(\lambda_{g1}-\lambda_{g2}\right)}\quad (i,j=2,3,4,5,6,7) \tag{6-35}$$

$(N+2)\times(N+2)$串列型交叉耦合矩阵的耦合电纳由两部分组成，即谐振器在传播方向上的端部耦合电纳和侧壁耦合电纳，如图 6-30 所示。

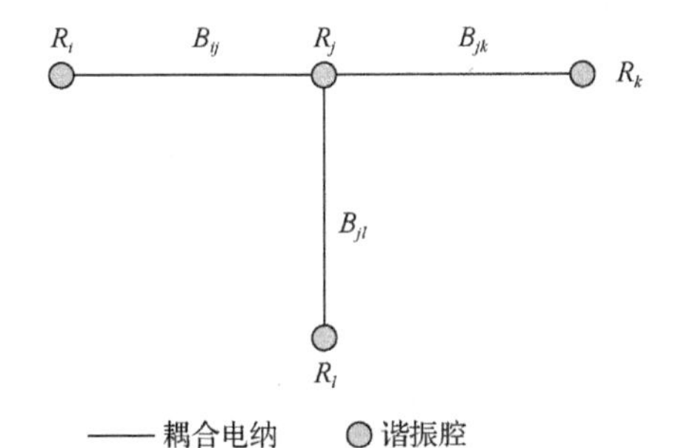

图 6-30　耦合谐振腔的耦合电纳

在图 6-30 中，R_i、R_j、R_l 和 R_k 为谐振腔，B_{ij}、B_{jk} 和 B_{jl} 为相邻谐振腔之间的耦合。根据前面推导的阻抗变换，端部耦合电纳为

$$B_{ij}=K_{ij}-\frac{1}{K_{ij}}\quad (i,j=1,2,3,4,5,6,7,8) \tag{6-36}$$

$$B_{jk}=K_{jk}-\frac{1}{K_{jk}}\quad (i,j=1,2,3,4,5,6,7,8) \tag{6-37}$$

根据$(N+2)\times(N+2)$串列型交叉耦合矩阵的耦合系数，可得到侧壁耦合电纳为

$$B_{jl}=\frac{M_{\text{tandem},ij}}{\left(\lambda_{g1}+\lambda_{g2}\right)/n\pi\left(\lambda_{g1}-\lambda_{g2}\right)}\quad (i,j=2,3,4,5,6,7) \tag{6-38}$$

谐振腔的电长度可分为两部分，通过耦合电纳计算。在本小节中，其公式表达式为

$$\theta_{1j}=\frac{\pi}{2}+\frac{1}{2}\left(\operatorname{arccot}\frac{B_{ij}}{2}-\arcsin B_{jl}\right)(\mathrm{rad})\quad (i=1,2,3,4,5,6,7,8;\ j=2,3,4,5,6,7) \tag{6-39}$$

$$\theta_{2j}=\frac{\pi}{2}+\frac{1}{2}\left(\operatorname{arccot}\frac{B_{jk}}{2}-\arcsin B_{jl}\right)(\mathrm{rad})\quad (i=1,2,3,4,5,6,7,8;\ j=2,3,4,5,6,7) \tag{6-40}$$

基于上述推导，可以得到六阶串列型交叉耦合滤波器中谐振腔的电长度，在应用 SIW 滤波器结构时，需要参考 SIW 结构理论[19-24]。本节采用 TE_{101} 模式设计 SIW 谐振腔，在性能良好的情况下，使滤波器尺寸最小。SIW 谐振腔的宽度可以表示为[21]

$$W_{\mathrm{a}}=\frac{\lambda_0}{\sqrt{2}} \tag{6-41}$$

式中，λ_0 为 SIW 谐振腔中心频率的波长。

根据谐振腔的电长度和宽度，可以得到基于 TSV 的太赫兹串列型交叉耦合 SIW 滤波器的三维结构，如图 6-31 所示。本小节的 SIW 滤波器采用耦合窗实现电感正耦合，S 型槽实现电容负耦合。根据图 6-31 可见，该 SIW 滤波器包括三层结构，即顶层 RDL、TSV 层和底层 RDL。其中 RDL 高度为 H_1，TSV 层高度为 H_2。

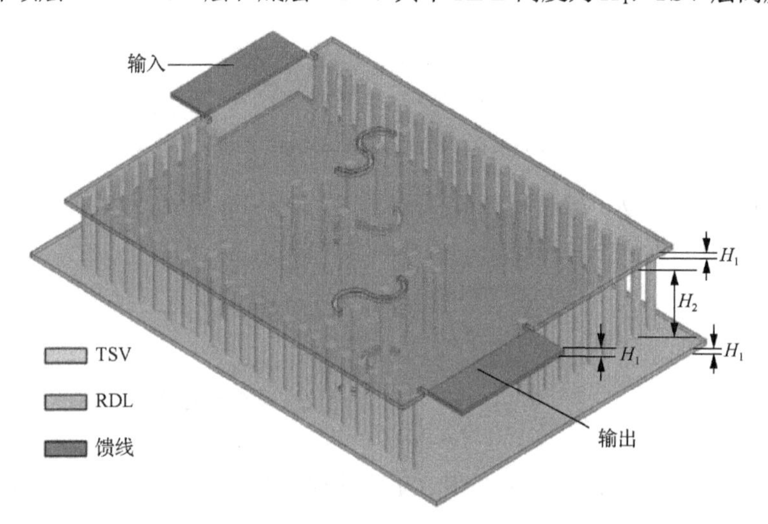

图 6-31　基于 TSV 的太赫兹串列型交叉耦合 SIW 滤波器的三维结构图

图 6-32 给出了基于 TSV 的太赫兹串列型交叉耦合 SIW 滤波器的俯视图。RDL 顶层由馈线、共面波导槽、S 型槽和其余 RDL 四部分组成，如图 6-32 所示。馈线长度为 L_1，宽度为 W_1；共面波导槽长度为 L_2，宽度为 W_2。另外，S 型槽的环宽为 W_S，外圈半径为 D_S。S 型槽与相邻 TSV 的水平距离为 W_{14}。最后，剩下的 RDL 是六个谐振腔的顶部表面。

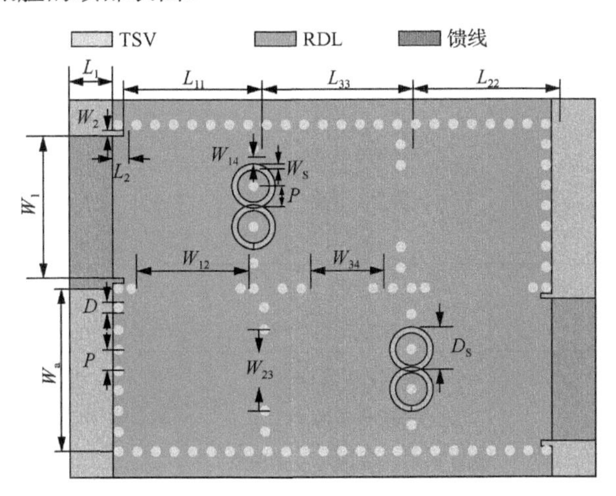

图 6-32　基于 TSV 的太赫兹串列型交叉耦合 SIW 滤波器的俯视图

根据串列型交叉耦合拓扑，TSV 位置设置如图 6-32 所示。由于所提出的矩阵是对称的，所以 6 个谐振腔有 3 组长度，分别是 L_{11}、L_{22} 和 L_{33}。6 个谐振腔的宽度均为 W_a。为了实现交叉耦合效应，耦合窗宽分别为 W_{12}、W_{23} 和 W_{34}。TSV 的直径为 D，相邻两个 TSV 的距离为 P。此外，底层 RDL 包括两个部分，如图 6-32 所示。其中一个部分为倒 S 型槽，即 S 型槽上部 RDL 180 度旋转；另一部分的面积是上部和馈线的面积之和。

在三维电磁仿真软件 HFSS 中建立并优化了 SIW 滤波器的三维模型，该软件可通过有限元法提供误差可忽略的滤波器全波电磁仿真的计算方法[10]。通过观察 S 参数和电磁变化，可以描述和讨论整个滤波器的性能。本小节提出的基于 TSV 的太赫兹串列型交叉耦合 SIW 滤波器的物理参数如表 6-8 所示。

表 6-8　基于 TSV 的太赫兹串列型交叉耦合 SIW 滤波器的物理参数

结构	结构参数	符号	取值/μm
馈线	长度	L_1	47.2
	宽度	W_1	140
	高度	H_1	5

续表

结构	结构参数	符号	取值/μm
共面波导槽	长度	L_2	10
	宽度	W_2	5
	高度	H_2	5
TSV	直径	D	10
	高度	H_3	80
谐振腔	类型 1 长度	L_{11}	146.4
	类型 2 长度	L_{22}	156.1
	类型 3 长度	L_{33}	157.1
	宽度	W_a	160
S 型槽	环半径	W_S	0.8
	外环半径	D_S	20.8
间距	相邻 TSV 距离	P	20
	S 型槽到邻近的 TSV	W_{14}	5
	类型 1 谐振腔到类型 2 谐振腔	W_{12}	116.4
	类型 2 谐振腔到类型 3 谐振腔	W_{23}	80
	类型 3 谐振腔到类型 4 谐振腔	W_{34}	77.1

如图 6-33 所示，从 S_{11} 曲线可以看出，在 355.6～377.9GHz 的带内频段，回波损耗（RL）大于 10.7dB。此外，S_{21} 曲线显示通频带插入损耗（IL）小于 2.0dB，而带外抑制优于 25dB，频率可达 1.078 f_0。另外，该滤波器的中心频率（CF）为 0.37THz，带宽（BW）为 0.0165THz。

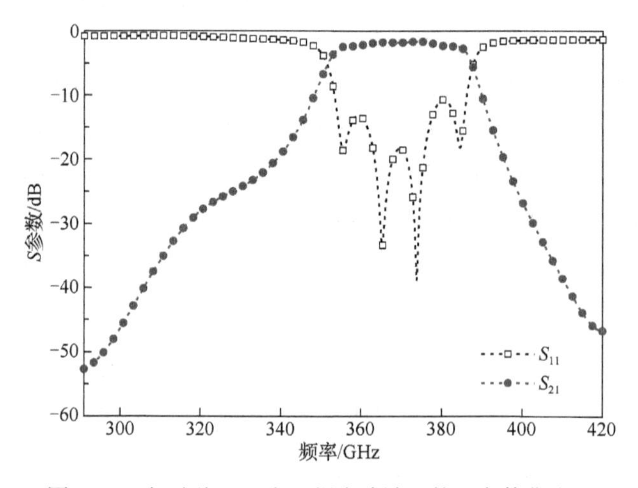

图 6-33 串列型 SIW 交叉耦合滤波器的 S 参数曲线图

串列型交叉耦合 SIW 滤波器的电场和磁场通过仿真，分布图如图 6-34 和图 6-35 所示，验证得出的耦合路径与图 6-29（b）相符合。在同一信号经过主耦合路径和次级路径交会处，信号相位相反，能量被抵消，从而产生传输零点。主耦合路径由谐振腔 1、2、3、4、5 和 6 组成，次级路径由两类路径组成。一个由谐振腔 1、4 和 5 组成；另一个由谐振腔 2、3 和 6 组成。

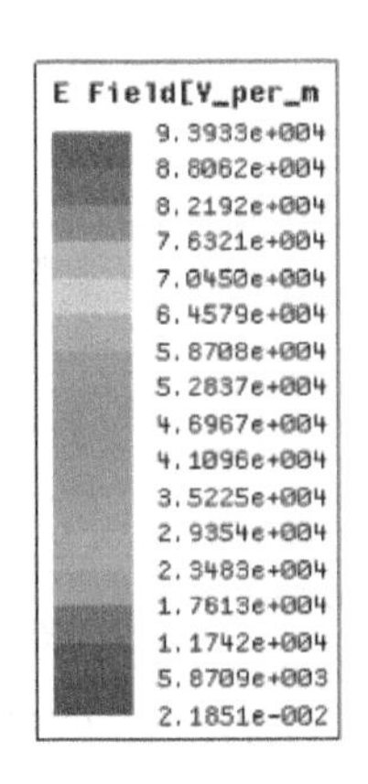

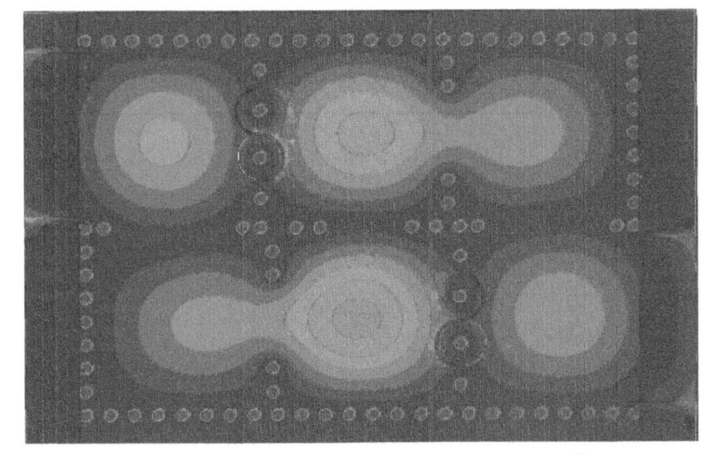

图 6-34　串列型交叉耦合 SIW 滤波器的电场分布图

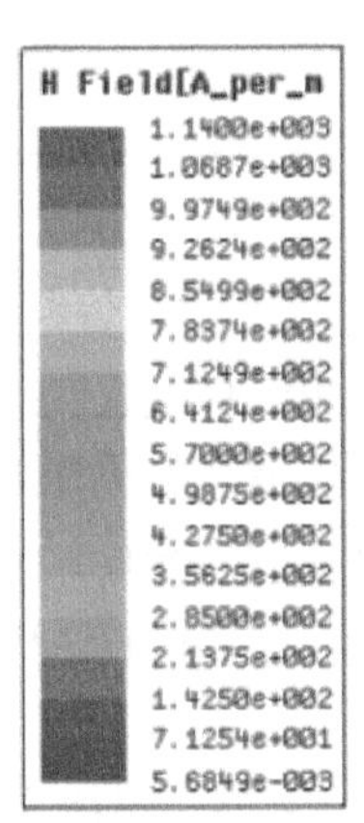

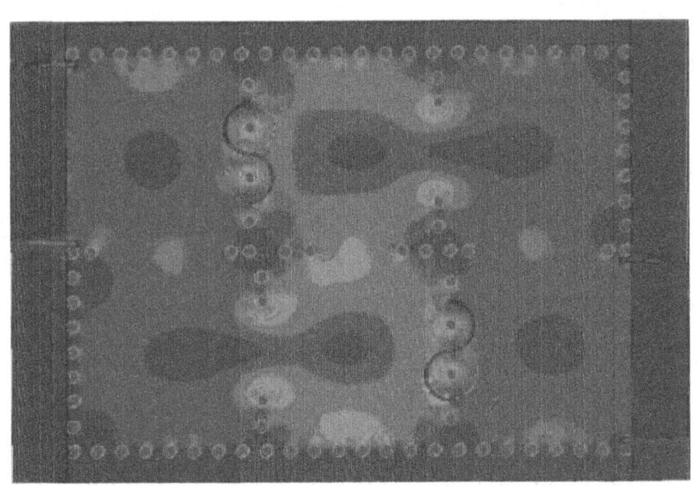

图 6-35　串列型交叉耦合 SIW 滤波器的磁场分布图

将相关太赫兹滤波器与本小节串列型交叉耦合 SIW 滤波器的性能进行对比，见表 6-9。本小节设计的滤波器通带的最大插入损耗分别约为文献[24]的 0.5×和文献[10]的 0.83×。此外，该尺寸比第二个滤波器[24]、第三个滤波器[9]和第四个滤波器[10]分别小约 0.0635×、0.28×和 0.115×。在工艺比较上，第一个滤波器[11]和本小节提出的滤波器都具有工艺简单、成本低的优点，而基于石英通孔（TQV）的滤波器[24]和基于介质通孔（TDV）的滤波器[9]与传统工艺不兼容。此外，第四个滤波器[10]是基于低温共烧陶瓷（LTCC）的滤波器，这样会增加成本。该滤波器的阻带抑制扩展达到25dB，高于第三个滤波器[9]的18.4dB。对比表6-9中阻带抑制扩展的值，在阻带抑制扩展25dB时，本小节提出的滤波器的扩展频率为1.078 f_0，优于第一个滤波器[11]的1.158 f_0、第三个滤波器[9]的1.25 f_0和第四个滤波器[10]的1.127 f_0。

表6-9　太赫兹滤波器与串列型交叉耦合SIW滤波器性能比较

滤波器	技术	CF/THz	BW/THz	IL/dB	RL/dB	物理尺寸/mm^2	相对尺寸/λ_g^2	阻带抑制扩展
文献[11]	TSV（单层）	0.331	0.051	1.5	15	0.68×0.21	2.59×0.8	25dB 1.158 f_0
文献[24]	TQV（双层）	0.0414	0.005	4	12.8	1.659×0.777×2	0.79×0.37×2	25dB 1.072 f_0
文献[9]	TDV（双层）	0.16	0.02	1.5	10	0.9×0.325×2	2.25×0.81×2	18.4dB 1.25 f_0
文献[10]	LTCC（单层）	0.14	0.023	2.4	11	1.8×0.79	2.9×1.27	25dB 1.127 f_0
本小节	TSV（单层）	0.37	0.0165	2	10.7	0.496× 0.33	2.11×1.4	25dB 1.078 f_0

6.2.3　TSV太赫兹四角元件交叉耦合SIW滤波器设计

由6.2.2小节的方法可得到四角元件交叉耦合矩阵，根据四角元件交叉耦合矩阵可以确定基片集成波导尺寸参数。首先将该交叉耦合矩阵系数值变换为阻抗变换器值，再将阻抗变换器值转换为耦合电纳值。根据边壁耦合、端耦合电纳计算谐振腔电长度，并基于基片集成波导基本理论和太赫兹频段，通过MATLAB计算谐振腔长度、宽度、高度。

根据MATLAB计算得到的谐振腔尺寸，建立HFSS基片集成波导单谐振腔模型，通过阻抗匹配对馈线进行设计。然后建立HFSS耦合谐振腔对，设置谐振腔窗口或S型缝隙。通过得到的S参数曲线，计算实际耦合系数。根据实际耦合系数与理想耦合系数差距，调整谐振腔窗口尺寸或S型缝隙尺寸。最后，建立六阶基片集成波导交叉耦合滤波器的HFSS模型。

六阶基片集成波导交叉耦合滤波器采用六阶广义切比雪夫矩阵，通过设定有限的传输零点（ω_1=−2.3940和ω_2=2.3940）和带内回波损耗（为22dB），得到原点交叉耦合矩阵M_1：

$$M_1 = \begin{bmatrix} 0 & -0.3272 & 0.3272 & 0.4600 & -0.4600 & 0.4726 & -0.4726 & 0 \\ -0.3272 & 1.2247 & 0 & 0 & 0 & 0 & 0 & 0.3272 \\ 0.3272 & 0 & -1.2247 & 0 & 0 & 0 & 0 & 0.3272 \\ 0.4600 & 0 & 0 & 1.0253 & 0 & 0 & 0 & 0.4600 \\ -0.4600 & 0 & 0 & 0 & -1.0253 & 0 & 0 & 0.4600 \\ 0.4726 & 0 & 0 & 0 & 0 & -0.3846 & 0 & 0.4726 \\ -0.4726 & 0 & 0 & 0 & 0 & 0 & 0.3846 & 0.4726 \\ 0 & 0.3272 & 0.3272 & 0.4600 & 0.4600 & 0.4726 & 0.4726 & 0 \end{bmatrix} \tag{6-42}$$

为了得到四角元件拓扑，M_1 需要经过 23 次旋转变换，旋转矩阵参数如表 6-10 所示。矩阵的相似变换可以参见式（6-22）～式（6-24）。六阶交叉耦合 SIW 滤波器的耦合拓扑结构重构如图 6-36 所示。

表 6-10　23 次旋转矩阵参数

结构	旋转中心参数	旋转角度参数(θ_r)
箭型交叉耦合	[6,7]	$-\arctan(M_{17}/M_{16})$
	[5,6]	$-\arctan(M_{16}/M_{15})$
	[4,5]	$-\arctan(M_{15}/M_{14})$
	[3,4]	$-\arctan(M_{14}/M_{13})$
	[2,3]	$-\arctan(M_{13}/M_{12})$
	[6,7]	$-\arctan(M_{27}/M_{26})$
	[5,6]	$-\arctan(M_{26}/M_{25})$
	[4,5]	$-\arctan(M_{25}/M_{24})$
	[3,4]	$-\arctan(M_{24}/M_{23})$
	[6,7]	$-\arctan(M_{37}/M_{36})$
	[5,6]	$-\arctan(M_{36}/M_{35})$
	[4,5]	$-\arctan(M_{35}/M_{34})$
	[6,7]	$-\arctan(M_{47}/M_{46})$
	[5,6]	$-\arctan(M_{46}/M_{45})$
	[6,7]	$-\arctan(M_{57}/M_{56})$
相邻三角元件交叉耦合	[6,7]	$\arctan[M_{67}/(\omega_1+M_{77})]$
	[5,6]	$\arctan(M_{57}/M_{67})$

续表

结构	旋转中心参数	旋转角度参数(θ_r)
相邻三角元件交叉耦合	[4,5]	$\arctan(M_{46}/M_{56})$
	[3,4]	$\arctan(M_{35}/M_{45})$
	[6,7]	$\arctan[M_{67}/(\omega_2+M_{77})]$
	[5,6]	$\arctan(M_{57}/M_{67})$
四角元件交叉耦合	[4,5]	$\arctan(M_{46}/M_{56})$
	[3,4]	$-\arctan(M_{34}/M_{33})$

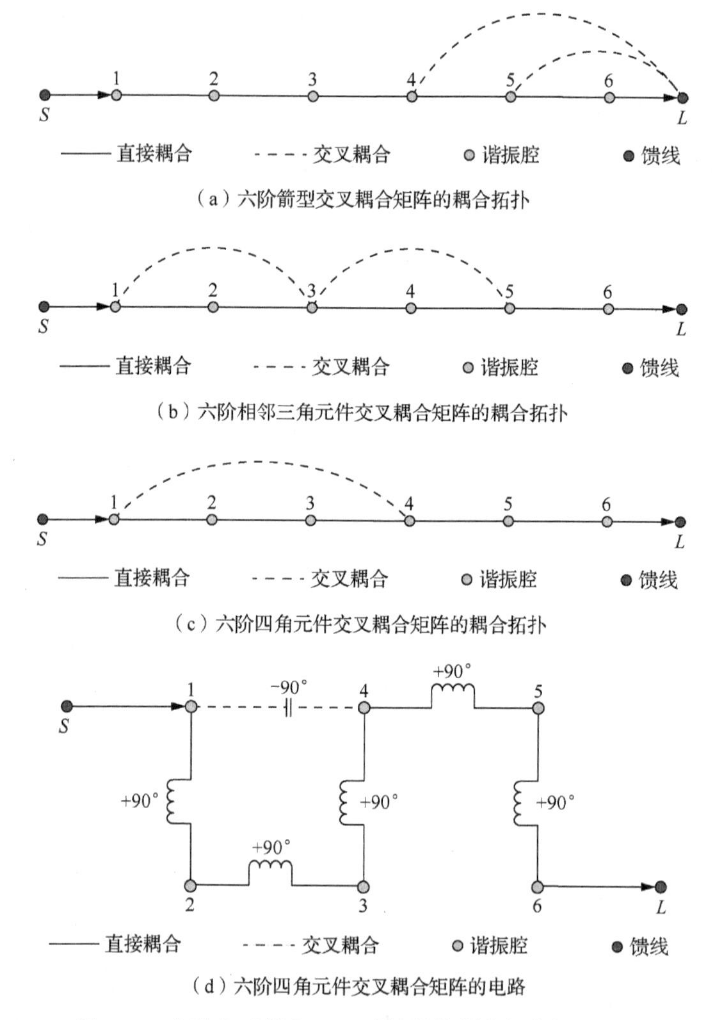

图 6-36　六阶交叉耦合 SIW 滤波器的耦合拓扑结构重构

通过一系列相似变换，可以将箭型交叉耦合矩阵 M_2、相邻三角元件交叉耦合矩阵 M_3、四角元件交叉耦合矩阵 M_4 描述为式（6-43）～式（6-45）。根据 M_4 表达式、式（6-33）～式（6-40）和图 6-36（d）中的电路，可推导得到谐振器的电长度表达式为式（6-46）。然后根据 SIW 理论[19-23]计算滤波器的物理参数。基于 TSV 的太赫兹四角元件交叉耦合 SIW 带通滤波器的二维结构图如图 6-37 所示。

$$M_2=\begin{bmatrix} 0 & -1.0411 & 0 & 0 & 0 & 0 & 0 & 0 \\ -1.0411 & 0 & 0.8761 & 0 & 0 & 0 & 0 & 0 \\ 0 & 0.8761 & 0 & 0.6205 & 0 & 0 & 0 & 0 \\ 0 & 0 & 0.6205 & 0 & 0.5858 & 0 & 0 & 0 \\ 0 & 0 & 0 & 0.5858 & 0 & -0.5640 & 0 & -0.1133 \\ 0 & 0 & 0 & 0 & -0.5640 & 0 & -0.9408 & 0 \\ 0 & 0 & 0 & 0 & 0 & -0.9408 & 0 & 1.0350 \\ 0 & 0 & 0 & 0 & -0.1133 & 0 & 1.0350 & 0 \end{bmatrix} \tag{6-43}$$

$$M_3=\begin{bmatrix} 0 & 1.0411 & 0 & 0 & 0 & 0 & 0 & 0 \\ 1.0411 & 0 & 0.8421 & -0.2418 & 0 & 0 & 0 & 0 \\ 0 & 0.8421 & 0.3411 & 0.5894 & 0 & 0 & 0 & 0 \\ 0 & -0.2418 & 0.5894 & -0.0318 & 0.5699 & 0.1636 & 0 & 0 \\ 0 & 0 & 0 & 0.5699 & -0.3092 & 0.5985 & 0 & 0 \\ 0 & 0 & 0 & 0.1636 & 0.5985 & 0 & 0.8761 & 0 \\ 0 & 0 & 0 & 0 & 0 & 0.8761 & 0 & 1.0411 \\ 0 & 0 & 0 & 0 & 0 & 0 & 1.0411 & 0 \end{bmatrix} \tag{6-44}$$

$$M_4=\begin{bmatrix} 0 & 1.0411 & 0 & 0 & 0 & 0 & 0 & 0 \\ 1.0411 & 0 & 0.8738 & 0 & -0.0638 & 0 & 0 & 0 \\ 0 & 0.8738 & 0 & 0.6630 & 0 & 0 & 0 & 0 \\ 0 & 0 & 0.6630 & 0 & 0.5824 & 0 & 0 & 0 \\ 0 & -0.0638 & 0 & 0.5824 & 0 & 0.6205 & 0 & 0 \\ 0 & 0 & 0 & 0 & 0.6205 & 0 & 0.8761 & 0 \\ 0 & 0 & 0 & 0 & 0 & 0.8761 & 0 & 1.0411 \\ 0 & 0 & 0 & 0 & 0 & 0 & 1.0411 & 0 \end{bmatrix} \tag{6-45}$$

$$\theta_{1j} = \pi + \frac{1}{2}\left(\operatorname{arccot}\frac{B_{ij}}{2}\operatorname{arccot}\frac{B_{jk}}{2}\right) - \arcsin B_{jl}\,(\text{rad}) \quad (i=1,2,3,4,5,6,7,8;\ j=2,3,4,5,6,7) \tag{6-46}$$

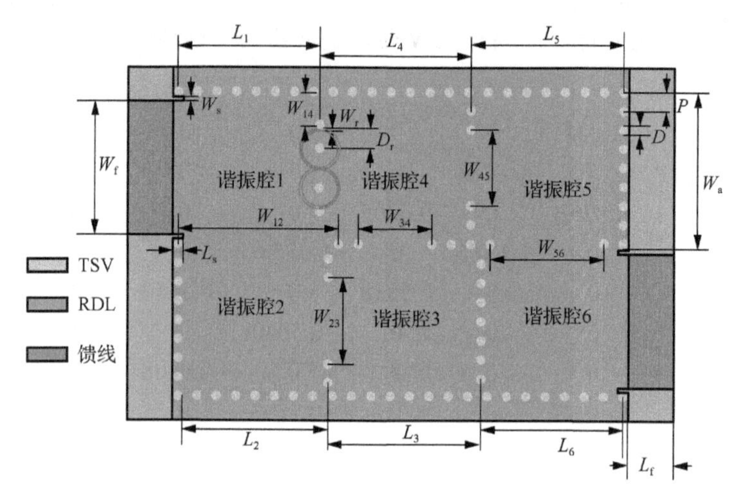

图 6-37　基于 TSV 的太赫兹四角元件交叉耦合 SIW 带通滤波器的二维结构图

采用 HFSS 软件进行三维模型仿真，基于 TSV 的太赫兹四角元件交叉耦合 SIW 滤波器的物理参数如表 6-11 所示。四角元件交叉耦合 SIW 滤波器的 S 曲线图如图 6-38 所示。从 S_{11} 曲线可以看出，在 358.6～377.9GHz 的带内频段，回波损耗（RL）大于 11.4dB。此外，S_{21} 曲线显示通频带插入损耗（IL）小于 2.0dB，带外抑制优于 25dB，频率可达 1.089 f_0。另外，该滤波器的中心频率（CF）和带宽（BW）分别为 0.368THz 和 0.0193THz。

表 6-11　基于 TSV 的太赫兹四角元件交叉耦合 SIW 滤波器的物理参数

结构	结构参数	符号	取值/μm
馈线	长度	L_f	47.4
	宽度	W_f	140
	高度	H_1	5
共面波导槽	长度	L_s	10
	宽度	W_s	5
	高度	H_2	5
TSV	直径	D	10
	高度	H_3	80

续表

结构	结构参数	符号	取值/μm
谐振腔	类型 1 长度	L_1	146.5
	类型 2 长度	L_2	156.2
	类型 3 长度	L_3	156.9
	类型 4 长度	L_4	157.2
	类型 5 长度	L_5	156.3
	类型 6 长度	L_6	146.3
	宽度	W_a	160
S 型槽	环宽	W_r	1.6
	外环半径	D_r	20.8
间距	相邻 TSV 距离	P	20
	S 型槽到邻近的 TSV	W_{14}	35
	类型 1 谐振腔到类型 2 谐振腔	W_{12}	166.5
	类型 2 谐振腔到类型 3 谐振腔	W_{23}	90
	类型 3 谐振腔到类型 4 谐振腔	W_{34}	77.2
	类型 4 谐振腔到类型 5 谐振腔	W_{45}	80
	类型 5 谐振腔到类型 6 谐振腔	W_{56}	116.3

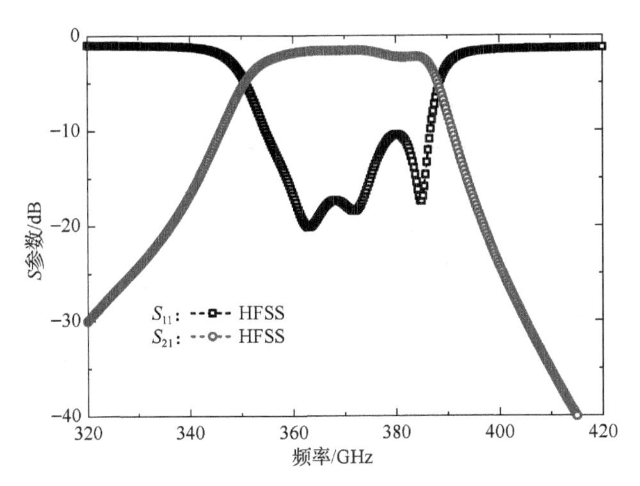

图 6-38　四角元件交叉耦合 SIW 滤波器的 S 参数曲线图

如表 6-12 所示，本小节提出的滤波器有三个优点。第一，在工作中，尺寸约为第二个滤波器[24]的 0.06 倍、第三个滤波器[9]的 0.265 倍、第四个滤波器[10]的 0.109 倍。第二，第一个滤波器[11]、第四个滤波器[10]和本小节提出的基于 TSV 的滤波器均只采用一层衬底，而基于石英通孔（TQV）的第二个滤波器[24]和基于介质通孔（TDV）的第三个滤波器[9]采用两层衬底。TSV 与传统工艺兼容，TQV 和 TDV 与传统工艺不兼容。基于低温共烧陶瓷（LTCC）的第四个滤波器[10]虽然只有一层衬底，但成本很高。第三，本小节提出的滤波器的阻带抑制 25dB 的扩展频率 1.089 f_0 低于第一个滤波器[11]的 1.158 f_0、第三个滤波器[9]的 1.25 f_0 和第四个滤波器[10]的 1.127 f_0。虽然第一个滤波器[11]和本小节提出的滤波器都具有第一个和第二个优点，但在带外性能方面，本小节提出的滤波器比第一个滤波器[11]具有更高的选择性。综上所述，本小节提出的滤波器可工作在太赫兹波段，具有尺寸紧凑、工艺兼容和高选择性。

表 6-12 太赫兹滤波器与四角元件交叉耦合 SIW 滤波器性能比较

滤波器	技术	CF /THz	BW /THz	IL /dB	RL /dB	物理尺寸/mm^2	相对尺寸/λ_g^2	阻带抑制扩展
文献[11]	TSV（单层）	0.331	0.051	1.5	15	0.68×0.21	2.59×0.8	25dB 1.158 f_0
文献[24]	TQV（双层）	0.0414	0.005	4	12.8	1.659×0.777×2	0.79×0.37×2	25dB 1.072 f_0
文献[9]	TDV（双层）	0.16	0.02	1.5	10	0.9×0.325×2	2.25×0.81×2	18.4dB 1.25 f_0
文献[10]	LTCC（单层）	0.14	0.023	2.4	11	1.8×0.79	2.90×1.27	25dB 1.127 f_0
本小节	TSV（单层）	0.368	0.0193	2	11.4	0.47× 0.33	1.99×1.4	25dB 1.089 f_0

6.3 小　　结

在 TSV 太赫兹发夹滤波器设计方面，本章通过基于 TSV 垂直互连、太赫兹频段和微带发夹滤波器设计理论，进行三维两臂发夹滤波器设计，实现了中心频率为 500GHz 的基于 TSV 的太赫兹两臂发夹滤波器。进一步通过基于 TSV 臂长可调和两臂发夹滤波器设计理论，进行了三维四臂发夹滤波器的设计，实现了基于 TSV 的太赫兹四臂发夹滤波器。

在 TSV 太赫兹 SIW 滤波器设计方面，本章首先提出了基于矩型和圆柱型 TSV 的腔体太赫兹 SIW 带通滤波器。基于矩型 TSV 的滤波器，采用有限元法和 MMM 技术研究了滤波器的滤波特性。基于圆柱型 TSV 的滤波器的制作和测量表明了该滤波器易与传统的三维集成电路集成。结果表明，所提出的滤波器比最先进的 SIW

具有更高的性能。然后设计了 TSV 太赫兹串列型交叉耦合 SIW 滤波器和 TSV 太赫兹四角元件交叉耦合 SIW 滤波器。TSV 太赫兹串列型交叉耦合 SIW 滤波器具有 2.0dB 带内插入损耗、10.7dB 带内回波损耗、16.5GHz 带宽和 1.078 f_0 时 25dB 阻带抑制扩展。TSV 太赫兹四角元件交叉耦合 SIW 滤波器具有 2.0dB 带内插入损耗、11.4dB 带内回波损耗、19.3GHz 带宽和 1.089 f_0 时 25dB 阻带抑制扩展。在太赫兹频段应用时，可以综合考虑带宽和阻带抑制扩展对交叉耦合拓扑方式进行选择。

参考文献

[1] WANG F J, KE L, YIN X K, et al. Compact TSV-based hairpin bandpass filter for THz applications[J]. IEEE Access, 2021, 9: 132078-132083.

[2] 郑海宇, 朱伟光, 张志涛, 等. 一种宽阻带微带发夹带通滤波器的设计[J]. 北京邮电大学学报, 2021, 44(1): 92-96.

[3] DAS T K, CHATTERJEE S. Harmonic suppression in a folded hairpin-line cross-coupled bandpass filter by using spur-line[C]. Kalyani: 2021 Devices for Integrated Circuit, 2021.

[4] NEDELCHEV M, STOSIĆ B, DONČOV N. Wave digital modeling in microstrip hairpin filter synthesis[C]. Brno: 2021 44th International Conference on Telecommunications and Signal Processing, 2021.

[5] HE X, XU X Q, ZHOU J Y. Fast optimization of hairpin filters using model-based deviation estimation[C]. Hong Kong: 2020 IEEE Asia-Pacific Microwave Conference, 2020.

[6] KAVITHA K, JAYAKUMAR M. Design and performance analysis of hairpin bandpass filter for satellite applications[J]. Procedia Computer Science, 2018, 143: 886-891.

[7] DU M K, LI L X, NI L Z, et al. Ultra-high Q $Ba(Mg_{1/3}Ta_{0.675})O_3$ microwave dielectric ceramics realized by slowly cooling step process and the simulation design for hairpin dielectric filters[J]. Ceramics International, 2021, 47(14): 19716-19726.

[8] HU S, WANG L, XIONG Y Z, et al. TSV technology for millimeter-wave and terahertz design and applications[J]. IEEE Transactions on Components, Packaging and Manufacturing Technology, 2011, 1(2): 260-267.

[9] LIU X X, ZHU Z M, LIU Y, et al. Wideband substrate integrated waveguide bandpass filter based on 3-D ICs[J]. IEEE Transactions on Components, Packaging and Manufacturing Technology, 2019, 9(4): 728-735.

[10] WANG K, WONG S, SUN G, et al. Synthesis method for substrate-integrated waveguide bandpass filter with even-order Chebyshev response[J]. IEEE Transactions on Components, Packaging and Manufacturing Technology, 2016, 6(1): 126-135.

[11] WANG F J, PAVLIDIS V F, YU N M. Miniaturized SIW bandpass filter based on TSV technology for THz applications[J]. IEEE Transactions on Terahertz Science and Technology, 2020, 10(4): 423-426.

[12] WANG F J, KE L, YIN X K, et al. TSV-based hairpin bandpass filter for 6G mobile communication applications[J]. IEICE Electronics Express, 2021, 18(5): 247.

[13] 甘本祓，吴万春. 现代微波滤波器的结构与设计[M]. 北京：科学出版社, 1974.

[14] CAMERON R J, MANSOUR R R, KUDSIA C M. Microwave Filters for Communication Systems Fundamentals, Design and Applications[M]. Hoboken: Wiley-Interscience, 2007.

[15] XU F, WU K. Guided-wave and leakage characteristics of substrate integrated waveguide[J]. IEEE Transactions on Microwave Theory and Techniques, 2005, 53(1): 66-73.

[16] YIN X K, ZHU Z M, LIU Y, et al. Ultra-compact TSV-based L-C low-pass filter with stopband up to 40GHz for microwave application[J]. IEEE Transactions on Microwave Theory and Techniques, 2019, 67(2): 738-745.

[17] ZHAO X H, BAO J F, SHAN G C, et al. D-band micromachined silicon rectangular waveguide filter[J]. IEEE Microwave Wireless Components Letters, 2012, 22(5): 230-232.

[18] LI L Y, MA K X, MOU S. Modeling of new spiral inductor based on substrate integrated suspended line technology[J]. IEEE Transactions on Microwave Theory and Techniques, 2017, 65(8): 2672-2680.

[19] WANG F J, KE L, YIN X K, et al. TSV-based cross-coupled SIW THz bandpass filter with quadrangle components topology [C]. Nanjing: International Conference on Microwave and Millimeter Wave Technology, 2021.

[20] LIU Q, ZHOU D F, FU Y F, et al. Generalized Chebyshev SIW filter based on a novel negative-slope dispersive coupling structure[C]. Shanghai: 2020 International Conference on Microwave and Millimeter Wave Technology, 2020.

[21] ZHUANG Z, WU Y, YANG Q H, et al. Broadband power amplifier based on a generalized step-impedance quasi-Chebyshev lowpass matching approach[J]. IEEE Transactions on Plasma Science, 2020, 48(1): 311-318.

[22] HAN Y K, DENG H W, ZHU J M, et al. Compact dual-band dual-mode SIW balanced BPF with intrinsic common-mode suppression[J]. IEEE Microwave and Wireless Components Letters, 2021, 31(2): 101-104.

[23] LI Q, YANG T. Compact UWB half-mode SIW bandpass filter with fully reconfigurable single and dual notched bands[J]. IEEE Transactions on Microwave Theory and Techniques, 2021, 69(1): 65-74.

[24] LIU X X, ZHU Z M, LIU Y, et al. Compact bandpass filter and diplexer with wide-stopband suppression based on balanced substrate-integrated waveguide[J]. IEEE Transactions on Microwave Theory and Techniques, 2021, 69(1): 54-64.